高等职业教育土建类专业系列教材

土力学与地基基础

主　编　唐业茂

副主编　蒋仓兰　占美森

参　编　徐雪枫　戴梦军

机械工业出版社

本书参照现行的国家规范、标准进行编写，反映了当前新技术、新工艺、新方法和岗位职业资格特点。全书共分为10个项目，下设40个任务和5个试验，其内容主要包括土的物理性质及工程分类、土中应力计算、土的压缩性与地基沉降量计算、土的抗剪强度、土压力及挡土墙设计、岩土工程勘察、天然地基上的浅基础、桩基础、地基处理和土工试验。每个项目前均设置了内容提要和学习要求，提纲挈领；每个项目内容中均有接近工作实际的例题或案例；每个项目后均设置了思考题和习题，以加深学生对知识点的掌握。本书内容简明、通俗易懂、难易适中、实用性强，便于学习。

本书既可作为土建施工类或工程管理类的高职高专教材，也可作为相关工程技术人员的参考用书。

为方便教学，本书配有课程标准、电子课件和习题参考答案等教学资源，凡选用本书作为教材的教师可登录机械工业出版社教育服务网 www.cmpedu.com 下载，咨询电话：010-88379375。

图书在版编目（CIP）数据

土力学与地基基础/唐业茂主编．—北京：机械工业出版社，2018.10（2025.6 重印）
高等职业教育土建类专业系列教材
ISBN 978-7-111-60916-2

Ⅰ.①土…　Ⅱ.①唐…　Ⅲ.①土力学-高等职业教育-教材②地基-基础（工程）-高等职业教育-教材
Ⅳ.①TU4

中国版本图书馆 CIP 数据核字（2018）第 213011 号

机械工业出版社（北京市百万庄大街22号　邮政编码100037）
策划编辑：饶雯婧　李　莉　责任编辑：饶雯婧　臧程程
责任校对：陈　越　封面设计：张　静
责任印制：常天培
河北虎彩印刷有限公司印刷
2025年6月第1版第8次印刷
184mm×260mm · 10.25 印张 · 261 千字
标准书号：ISBN 978-7-111-60916-2
定价：35.00 元

电话服务　网络服务
客服电话：010-88361066　机　工　官　网：www.cmpbook.com
010-88379833　机　工　官　博：weibo.com/cmp1952
010-68326294　金　　书　　网：www.golden-book.com
封底无防伪标均为盗版　机工教育服务网：www.cmpedu.com

前言

本书是根据职业院校土建学科专业教学的基本要求及其人才培养目标，结合建筑工程的实际发展情况，参照现行的国家规范、标准编写而成的。

本书具有以下特点：

1）突出职业特性。在进行了充分的行业和企业调研基础上，以地基基础工程设计与施工所需的技能为学习目标，对教材进行定位；内容选择上以从业实际应用的经验和实施心得为主，以适度够用为辅，参照现行的建设工程规范、标准，通过引用企业实际工作项目进行编写。

2）按项目化模式编写。每个项目下分为若干任务，项目与任务均接近实际工作，以必需、够用为度，尽量避免烦琐的公式推导，使教材结构简单，重点突出，实用性强。

3）每个项目前均设置了内容提要和学习要求，且分条列出了知识要点、能力要求和相关知识，提纲挈领；每个项目内容中均有接近工作实际的例题或案例；每个项目后均设置了思考题和习题，以加深学生对知识点的掌握。

本书由九江职业大学唐业茂担任主编，蒋仓兰和占美森担任副主编，参编人员有徐雪枫和戴梦军。具体编写分工如下：徐雪枫编写项目1；唐业茂编写绪论和项目2至项目5；蒋仓兰编写项目6和项目7；占美森编写项目8和项目9；戴梦军编写项目10。

在本书编写过程中，参阅了大量的文献和资料，在此特向相关作者表示由衷的感谢。

由于编者水平有限，书中或存在不妥之处，敬请读者批评指正。

编　者

目录

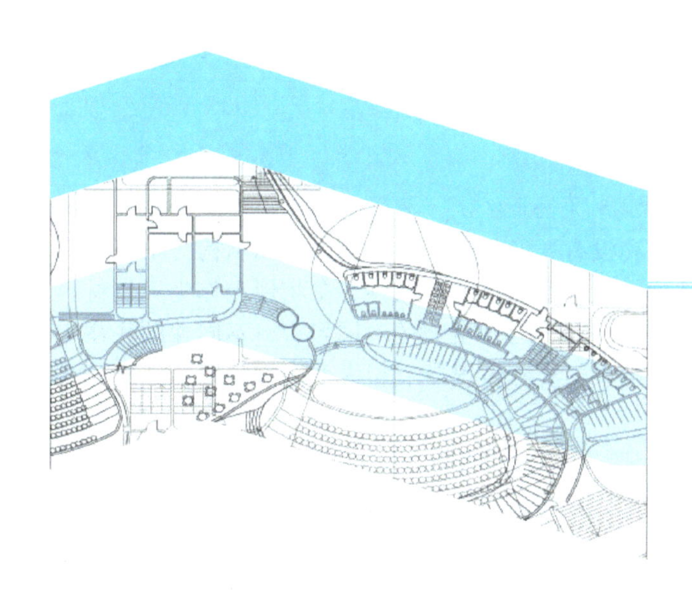

绪　论

1. 基本概念

土是自然地质的历史产物，每一个体都经历了漫长的风化、搬运、沉积和地质运动的历史，因而形成了独特的结构和性质。土是不连续介质材料，或者说是碎散的颗粒集合，其矿物成分、裂隙分布、颗粒大小、形状与级配、状态与结构，使其千差万别。土又是由固体颗粒、水和气体三相组成的，固体颗粒形成骨架，孔隙中充满水和气体，三相间不同的比例关系及其相互作用，使土具有复杂的物理力学性质。土力学是研究这种碎散颗粒集合体受力与变形规律的科学。

任何建筑物都建造在地层或岩层上，建筑物的荷载由下面的地层或岩层来承担，受建筑物影响的那一部分地层或岩层称为地基；而建筑物向地基传递荷载的下部结构称为基础，如图 0-1 所示。地基分为天然地基和人工地基。天然地基是指未经人工加固处理就可以满足设计要求的地基；人工地基是指经过人工处理或加固的地基。持力层是指基础底面以下直接接触的第一层土；下卧层是指持力层以下的土层。埋置深度是指基础底面到室外设计地坪的距离，简称埋深。根据基础的埋置深度与施工方法不同可将基础分为浅基础和深基础。浅基础是指基础的埋深少于 5m，只需经过挖槽、排水等一般施工方法就可以建造起来的基础；对于浅层土质不良，需要利用深层良好地基，采用专门的施工方法和施工机具建造的基础，称为深基础。

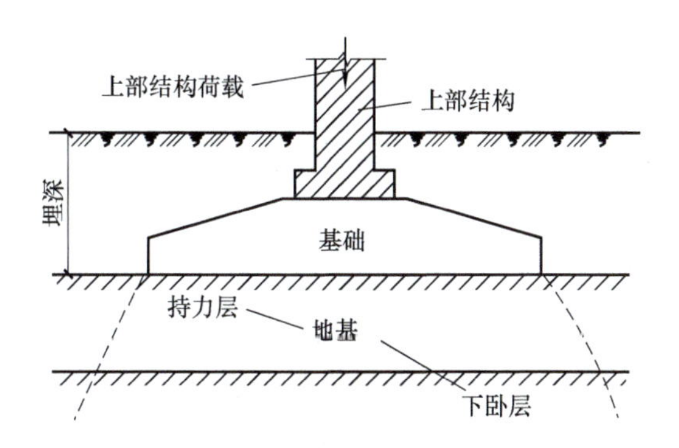

图 0-1　地基与基础示意图

建筑物由地基、基础和上部结构三部分组成，三者是相互联系、相互制约的一个整体。因此在解决地基基础问题时，应从地基—基础—上部结构相互作用的整体概念出发，全面考虑建筑物的设计和施工。

2. 土的工程问题

土的碎散性、多相性和地质历史形成的变异性是土区别于其他一切介质的三个特性。理论力学将研究对象理想化为没有大小的质点和没有变形的刚体；材料力学和结构力学将研究对象理想化为线弹性材料组成的构件和结构。但是由于土的碎散性、多相性和作为天然材料的变异性，这些理想化在土力学中基本不适用。在土力学研究的不同场合、不同课题往往需要不同的假设和理想化，这样预测和计算的结果与实际情况就有很大的差别，因此经验公式和修正系数是不可缺少的。

土的主要受力骨架是由不连续的颗粒组成的，“一盘散沙”说明砂土一般没有固定的形状；土的强度不是由固体颗粒的矿物强度决定的，而是由颗粒间的摩擦力和微弱的黏结力决定的。因而土的强度低，主要是与约束有关的抗剪强度。因此强度问题是土力学的核心问题，地基破坏引起的建筑物倒塌、挡土墙的滑移与倾覆、土的边坡失稳、地质灾害的滑坡与泥石流等都属于强度问题。本书项目 4 和项目 5 介绍了土的强度问题。

土的变形主要源于土颗粒移动造成的相对位置变化或颗粒破碎，体积压缩是由于孔隙的减小。土的变形问题是重要的工程问题，建筑物的倾斜开裂、路基沉降、土石坝变形裂缝、湿陷、冻融等工程变形问题不胜枚举。与土变形有关的固结理论成为土力学的标志性理论。本书项目 2 和项目 3 介绍了与土变形有关的内容。

土的碎散颗粒集合体中，充满了流体，在不等势情况下将发生流体的运动。挡水、输水与储水土工构造物的渗漏、渗流造成的渗透变形成为堤坝溃决、基坑倒塌的主要原因。本书项目 1 介绍了土的渗流问题。

土的强度、变形和渗流是土的三大工程问题，解决这三大问题的是三个重要定律。莫尔-库仑强度理论揭示了土的破坏机理，描述了剪切面上的剪应力 τ 与该面上正应力 σ 间的关系；太沙基的有效应力原理建立了土的沉降量化分析计算方法；达西定律揭示了单位渗流量与水头坡降成正比的关系，是解决土工问题和渗流分析的基础。这三个理论构成了土力学的骨架，是目前解决工程问题的理论基础，是土力学的教学重点。

地基与基础工程设计与施工与土力学密不可分，其设计理论与计算方法均建立在土力学的基础之上。地基与基础是地下隐蔽工程，一旦失事，难以补救。在建筑史上，许多建筑工程质量事故就是发生在地基基础问题上，如著名的意大利比萨斜塔、我国的虎丘塔所发生的塔身严重倾斜，就是地基不均匀沉降所致；加拿大特朗斯康谷仓，由于地基强度破坏发生整体滑动，是建筑物失稳的例子；1998 年九江长江大堤决堤，是管涌造成的；2009 年上海闵行区一栋 13 层建筑物全部倒塌，被称为“楼脆脆”，是由于楼房北侧 10m 多高的堆土，南侧 4.6m 深的基坑，两侧压力差使土体水平移动，导致房屋整体倾斜。本书的项目 6 ~ 9 介绍了地基与基础工程的勘察、设计、施工及软弱地基的处理等内容。

3. 课程性质及学习要求

土力学与地基基础是建筑工程技术、水利工程、公路桥梁工程等专业的一门技术基础课，包括工程地质、工程勘察、土力学、地基基础及钢筋混凝土、砖石结构和建筑施工等专业内容，综合性强。该课程具有理论公式多、概念抽象、系统性差、计算工作量大、实践性强等特点。学习时应重视工程地质的基本知识，必须认真认识土的基本属性和特点，牢固掌握土的应力、变形、强度的相互关系及土力学基本原理，从而能够应用这些基本原理，分析和解决地基基础问题。

通过本课程的学习，要求达到以下基本要求：

1）掌握土的物理性质指标的测试方法、指标间的换算方法；了解土的工程分类。
2）掌握土的自重应力和附加应力的计算方法。
3）掌握基础最终沉降量的计算方法。
4）掌握土压力的计算方法和重力式挡土墙的设计。
5）掌握地基承载力的确定方法和基础底面尺寸的计算方法。
6）掌握单桩承载力的确定方法，了解桩基础的设计过程。
7）掌握常用地基处理方法的基本原理及设计方法。

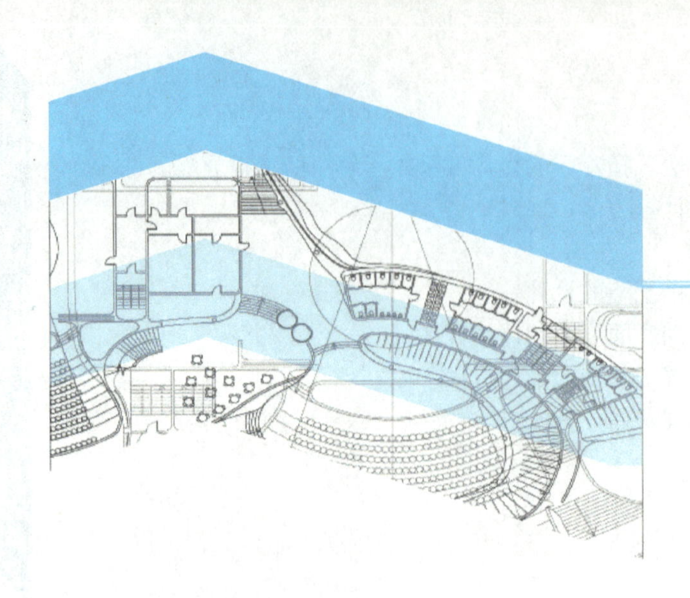

项目1

土的物理性质及工程分类

内容提要

本项目主要介绍了土的三相组成、土的物理性质指标、土的物理状态指标、地基土的工程分类和土的渗透性及渗透变形。

学习要求

知识要点	能力要求	相关知识
土的物理性质指标	1）熟悉指标的定义及物理意义 2）掌握由3个基本指标推算6个导出指标的方法，熟练应用换算公式	含水率、土粒相对密度、孔隙比、饱和度、重度、有效重度
土的物理状态指标	1）掌握评价无黏性土密实度的方法 2）掌握评价黏性土稠度的方法	相对密实度、标准贯入试验、土的界限含水率、塑性指数、液性指数
地基土的工程分类	1）熟悉6大类土的工程特性 2）掌握地基土的定名方法	风化、土粒粒组划分、土的野外鉴别

任务1　土的三相组成

土是岩石在长期风化、剥蚀、搬运、沉积过程中形成的，由固体颗粒、水和气体三相组成，固体颗粒形成骨架，骨架中充满水和气体。

1.1.1　土的固体颗粒

土中固体颗粒的大小、形状、矿物成分及粒径大小的搭配情况，是决定土的物理力学性质的主要因素。

1. 土的矿物成分

土按照矿物成分分为原生矿物和次生矿物。

（1）原生矿物

原生矿物是岩石经物理风化作用形成的碎屑物，其成分与母岩相同。砂粒大部分为原生矿物，如石英、长石、云母等。

（2）次生矿物

次生矿物是岩石经过化学风化作用形成新的矿物成分，成为一种颗粒很细的新矿物，黏土几乎都是次生矿物。黏土矿物的粒径小于0.005mm。常见的黏土矿物有高岭石、蒙脱石、伊利石。

2. 土的粒组划分

在研究土的工程性质时，将土中不同粒径的土粒按某一粒径范围分成若干粒组；同一粒组的土，有较接近的物理力学性质；土的粒径从大到小，可塑性从无到有，黏性从无到有，透水性从大到小，毛细水从无到有。工程上将各种不同的土粒按性质相近的原则划分若干粒组，见表1-1。

表1-1 土粒粒组的划分

序 号	粒组名称	粒组范围/mm	主要特性
1	漂石或块石	>200	无黏性，无毛细水
2	卵石或碎石	20～200	无黏性，无毛细水
3	圆砾或角砾	2～20	无黏性，弱毛细现象
4	砂粒	0.075～2	易透水，无黏性
5	粉粒	0.005～0.075	稍黏性，毛细现象重
6	黏粒	<0.005	透水性小，毛细水上升高度大

3. 土的颗粒级配

土中各粒组的质量占土粒总质量的百分数，称为土的颗粒级配。工程中常用筛分法和密度计法确定各粒组的相对含量，且两种方法配合使用。

（1）筛分法

筛分法适用于土颗粒粒径为0.075～60mm的土。筛分法的主要设备为一套标准分析筛，筛子孔径分别为60mm、40mm、20mm、10mm、5mm、2mm、1mm、0.5mm、0.25mm、0.075mm。将一套孔径不同的标准筛按从上至下筛孔逐渐减小放置，依次成套。将土筛分，由上而下顺序称出各级筛上及盘内试样的质量，即可求出各粒组的相对含量。

（2）密度计法

密度计法适用于土颗粒粒径小于0.075mm的土。密度计法的主要仪器为密度计和容积为1000mL的量筒。根据土粒粒径大小不同，土粒在水中下沉速度也不同的特性，将密度计放入悬液中进行测定分析。

根据颗粒分析试验结果，绘制土的颗粒级配曲线，如图1-1所示，图中纵坐标表示小于（或大于）某粒径的土占总质量的百分数，横坐标表示土的粒径。由于土体中粒径往往相差很大，为便于绘制，将粒径坐标取为对数坐标表示。

图1-1中曲线a平缓，表示的土样所含土粒粒径范围广，粒径大小相差悬殊；曲线b较陡，表示土样所含土粒粒径范围窄，粒径较均匀。当土粒粒径大小相差悬殊时，较大颗粒间的孔隙被较小的颗粒所填充，土的密实度较好，称为级配良好的土；粒径相差不大，较均匀时称为级配不良的土。

工程上常用两个级配指标——不均匀系数和曲率系数来定量反映土的级配特征。

不均匀系数
$$C_u=\frac{d_{60}}{d_{10}} \tag{1-1}$$

曲率系数
$$C_c=\frac{d_{30}^2}{d_{10}d_{60}} \tag{1-2}$$

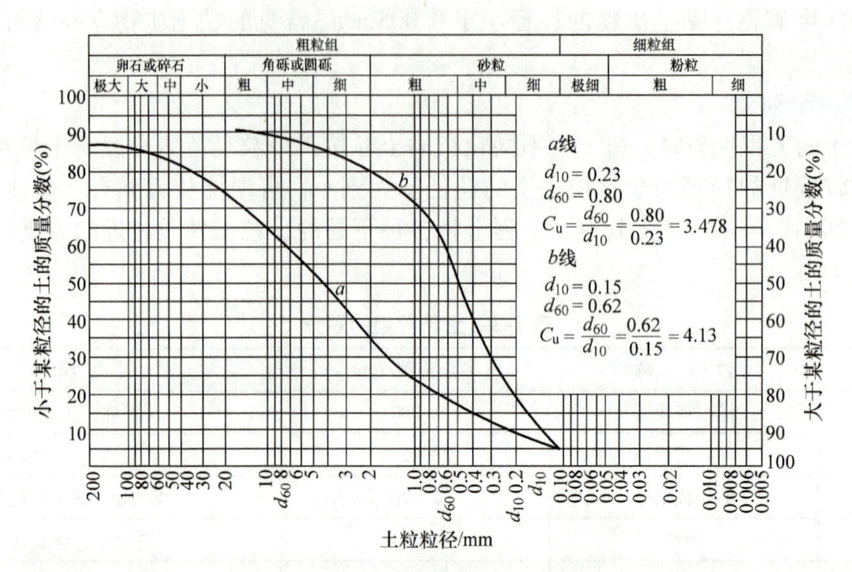

图 1-1 土的颗粒级配曲线

式中 d_{10}——有效粒径，小于某粒径的土粒质量占总质量的 10% 时相应的粒径；

d_{60}——限定粒径，小于某粒径的土粒质量占总质量的 60% 时相应的粒径；

d_{30}——小于某粒径的土粒质量占总质量的 30% 时相应的粒径。

不均匀系数 C_u 反映大小不同粒组的分布情况。$C_u<5$ 的土称为匀粒土，级配不良，级配不良的土不易夯实；C_u 越大，表示粒组分布范围比较广，$C_u\geqslant5$ 的土级配良好。曲率系数 C_c 则是描述累计曲线整体形状的指标。《土工试验方法标准》（2007 年版）（GB/T 50123—1999）中规定：对于纯净的砾、砂，当 $C_u\geqslant5$ 且 $C_c=1\sim3$ 时，级配良好；若不能同时满足上述条件，则级配不良。

1.1.2 土中水

土中水是组成土的第二种主要成分。土中水可处于液态、固态或气态。固态是冻土，结冻时强度高，而解冻时强度迅速降低。气态是水蒸气，对土的工程性质影响不大。建筑工程中讨论的土中水，主要是以液态形式存在的结合水和自由水。

1. 结合水

根据水与土颗粒表面结合的紧密程度，结合水可分为强结合水和弱结合水。

（1）强结合水

强结合水是指极细的黏粒表面带有负电荷，水分子就被颗粒表面电荷引力牢固地吸附，在其周围形成很薄的一层水。其性质接近于固态，不冻结，密度大于 $1g/cm^3$，具有很大的黏滞性，受外力不转移。这种水的冰点很低，沸点较高，-78℃才冻结，在 105℃以上才蒸发，不传递静水压力。

（2）弱结合水

弱结合水位于强结合水以外，是仍受土颗粒表面电荷吸引的一层水膜。显然，距土粒表面越远，水分子引力就越小。弱结合水也不能流动，含弱结合水的土具有塑性，不传递水压力，冻结温度低。

2. 自由水

自由水是不受土粒电场吸引的水，其性质与普通水相同，分为重力水和毛细水。

（1）重力水

重力水存在于地下水位以下的土孔隙中，它能在重力或压力差作用下流动，能传递水压力，对土粒有浮力作用。

（2）毛细水

毛细水不仅受到重力的作用，还受到表面张力的支配，土粒之间形成环形弯液面（图1-2），能沿着土的细孔隙从潜水面上升到一定的高度。毛细水存在于地下水位以上的土孔隙中，由于水和空气交界处弯液面上产生的表面张力作用，土中自由水从地下水位通过毛细管逐渐上升，形成毛细水。毛细管直径越小，毛细水的上升高度越高，因此粉粒土中毛细水上升高度比砂类土高。工程建设中，在寒冷地区要注意地基土的冻胀影响，地下室受毛细水影响时要采取防潮措施。

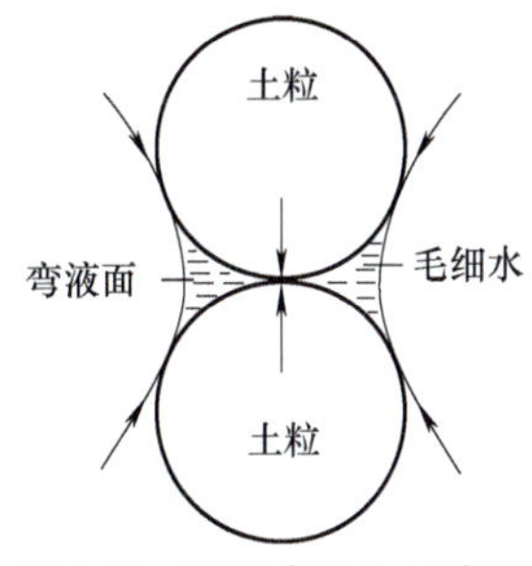

图1-2　毛细水压力示意图

1.1.3　土中气体

在土的固体颗粒之间，没有被水充填的部分都充满气体，土中气体可分为自由气体和封闭气体两种。

（1）自由气体

自由气体与大气连通，土层受压力作用时土中气体能够从孔隙中挤出，对土的性质影响不大，工程建设中不予考虑。

（2）封闭气体

封闭气体与大气隔绝，存在于黏性土中，土层受压力作用时气体被压缩或溶解于水中。封闭气体的存在，增大了土的弹性和压缩性，降低了土的透水性，对土的性质有较大影响。

1.1.4　土的结构

土的结构是指土粒的大小、形状、互相排列及联结的形式，它主要分为单粒结构、蜂窝结构和絮状结构三种基本类型。

（1）单粒结构

单粒结构是较粗的矿物颗粒在水或空气中在自重作用下下沉形成的，如图1-3所示。单粒结构是碎石土和砂土的主要结构特征，其特点是土粒间存在点与点的接触。根据形成条件不同，单粒结构可分为疏松状态（图1-3a）和密实状态（图1-3b）。呈密实状态单粒结构的土，强度较高，压缩性低，是较为良好的天然地基。具有疏松单粒结构的土，土粒间的孔隙较大，其骨架是不稳定的，当受到振动及其他外力作用时，土粒易于发生相对移动，引起很大的变形，这种土层如未经处理一般不宜作为建筑物地基。

（2）蜂窝结构

较细的颗粒（粒径为0.005～0.075mm）在水中下沉时，碰上正在下沉或已沉积的土粒，如土粒间的引力相对自重而言已经足够大，则此颗粒就停留在最初的接触位置上不再下沉，形成大孔隙的蜂窝状结构（图1-4）。蜂窝结构是以粉粒为主的土的结构特征。

（3）絮状结构

悬浮在水中的细小黏粒（粒径＜0.005mm）当介质发生变化时，土粒互相聚合，以边—边、面—边的接触方式形成絮状物下沉，沉积为大孔隙的絮状结构（图1-5）。絮状结构是黏土颗粒特有的结构形式。

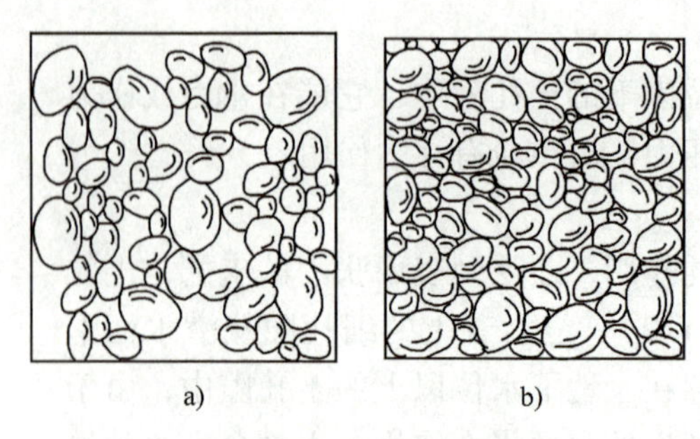

图 1-3　土的单粒结构

a）疏松排列的单粒结构　b）密实排列的单粒结构

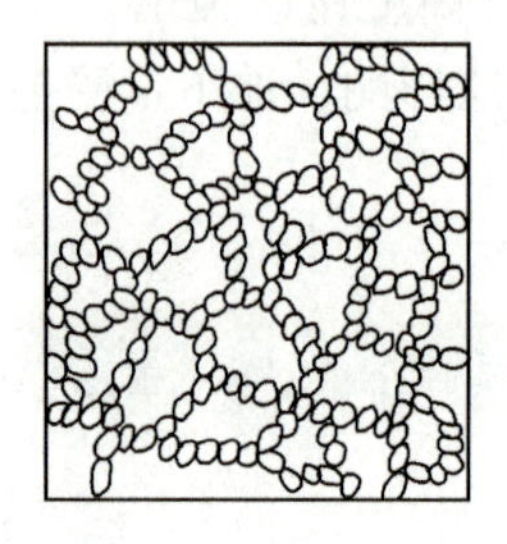

图 1-4　土的蜂窝结构

图 1-5　土的絮状结构

具有蜂窝结构和絮状结构的土，其土粒之间有着大量的孔隙，结构不稳定，当其天然结构被破坏后，土的压缩性增大而强度降低。因此，在土工试验或施工过程中，都必须尽量减少对土的扰动，避免破坏土的原状结构。

任务 2　土的物理性质指标

1.2.1　土的三相简图

土的三相简图如图 1-6 所示。土中符号含义如下：

m_s——土粒的质量；

m_w——土中水的质量；

m_a——土中空气的质量，$m_a \approx 0$；

m——土的质量，$m = m_a + m_w + m_s = m_w + m_s$；

V_s——土粒的体积；

V_w——土中水的体积；

V_a——土中气体的体积；

V_v——土中孔隙的体积，$V_v = V_a + V_w$；

V——土的体积，$V = V_s + V_w + V_a$。

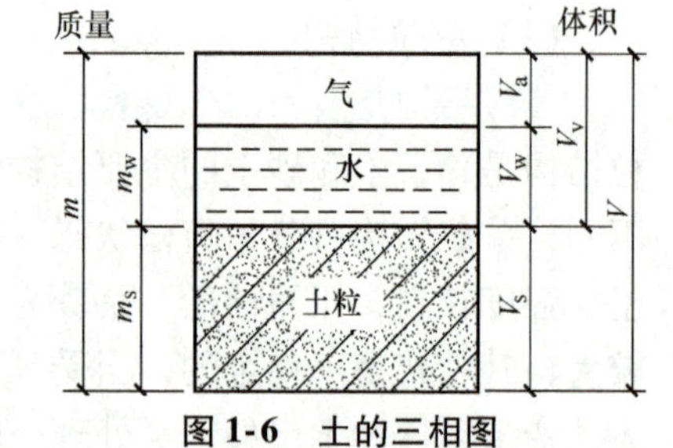

图 1-6　土的三相图

1.2.2　土的三个实测指标

1. 天然密度 ρ 与重度 γ

土的天然密度是指在天然状态下，单位体积土的质量，即

$$\rho = \frac{m}{V} \tag{1-3}$$

在天然状态下，单位体积土所受的重力称为土的重度，即

$$\gamma = \frac{G}{V} = \frac{mg}{V} = \rho g \tag{1-4}$$

式中 ρ——土的密度（g/cm^3）；

γ——土的重度（kN/m^3）；

g——重力加速度，约等于 $9.807m/s^2$，在工程计算中常近似取 $g = 10m/s^2$；

m——土的质量（g）；

V——土的体积（cm^3）。

土的天然密度一般介于 $1.8 \sim 2.2g/cm^3$ 之间，其中一般黏性土 $\rho = 1.8 \sim 2.0g/cm^3$；砂土 $\rho = 1.6 \sim 2.0g/cm^3$；腐殖土 $\rho = 1.5 \sim 1.7g/cm^3$。土的密度测定通常采用环刀法参看本书项目10试验2的相关内容。

2. 天然含水率 w

土的天然含水率是指在天然状态下，土中水的质量与土粒质量之比，即

$$w = \frac{m_w}{m_s} \times 100\% \tag{1-5}$$

式中 w——土的含水率；

m_w——土中水的质量（g）；

m_s——土粒的质量（g）。

含水率的测定通常采用烘干法参看本书项目10试验1。

3. 土粒相对密度 d_s

土粒质量与同体积4℃时水的质量之比称为土粒相对密度，即

$$d_s = \frac{m_s}{V_s \rho_w} = \frac{\rho_s}{\rho_w} \tag{1-6}$$

式中 d_s——土粒相对密度；

m_s——土粒的质量（g）；

V_s——土粒的体积（cm^3）；

ρ_w——4℃纯水的密度（g/cm^3），一般取 $1t/m^3$ 或 $1g/cm^3$；

ρ_s——土粒的密度（g/cm^3）。

土粒的相对密度取决于土的矿物成分和有机质含量。一般来说，砂土的相对密度为2.63～2.67，黏性土的相对密度为2.67～2.75。土粒相对密度可用比重瓶法测定。

1.2.3 土的六个导出指标

1. 干密度 ρ_d 和干重度 γ_d

土的单位体积内的土颗粒的质量，称为土的干密度，即

$$\rho_d = \frac{m_s}{V} \tag{1-7}$$

干密度通常作为填土密实度的施工控制指标。干密度越大，土越密实，强度越高。

相应地，土的单位体积内颗粒的重力，称为土的干重度，即

$$\gamma_d = \rho_d g \tag{1-8}$$

式中 ρ_d——土的干密度（g/cm^3）；

γ_d——土的干重度（kN/m^3）。

2. 饱和密度ρ_{sat}和饱和重度γ_{sat}

土中孔隙完全被水充满时土的密度称为土的饱和密度，即

$$\rho_{sat}=\frac{m_w+m_s}{V}=\frac{\rho_w V_v+m_s}{V} \tag{1-9}$$

相应地，土中孔隙完全被水充满时，土的重度称为饱和重度，即

$$\gamma_{sat}=\rho_{sat}g \tag{1-10}$$

式中　ρ_{sat}——土的饱和密度（g/cm^3）；

γ_{sat}——土的饱和重度（kN/m^3）；

V_v——土中孔隙的体积（cm^3）。

3. 有效密度ρ'和有效重度γ'

土的有效密度是指土粒质量与同体积水的质量之差与土的总体积之比，也称为浮密度，即

$$\rho'=\frac{m_s-\rho_w V_s}{V} \tag{1-11}$$

式中　ρ'——土的有效密度（g/cm^3）。

如果已知土的饱和密度ρ_{sat}，就可以得到计算有效密度的推导公式，即

$$\rho'=\frac{m_s-\rho_w V_s}{V}=\frac{m_s-\rho_w(V-V_v)}{V}=\frac{m_s+\rho_w V_v-\rho_w V}{V}=\rho_{sat}-\rho_w \tag{1-12}$$

扣除浮力以后的单位体积土所受重力称为有效重度，即

$$\gamma'=\rho' g=(\rho_{sat}-\rho_w)g=\gamma_{sat}-\gamma_w \tag{1-13}$$

式中　γ'——土的有效重度（kN/m^3）；

γ_w——水的重度，取$10kN/m^3$。

在计算地下水位以下土层的自重应力时，应考虑浮力的作用，采用有效重度。

4. 孔隙比

孔隙比是指土中孔隙体积与土粒体积之比，即

$$e=\frac{V_v}{V_s} \tag{1-14}$$

一般而言，$e<0.6$时，土密实，压缩性小；$e>1.0$时，土疏松，压缩性大。

5. 孔隙率

孔隙率是指土中孔隙体积与土的总体积之比，以百分数表示，即

$$n=\frac{V_v}{V}\times 100\% \tag{1-15}$$

孔隙率与孔隙比的关系：

$$n=\frac{V_v}{V}=\frac{V_v}{V_v+V_s}=\frac{e}{1+e} \tag{1-16}$$

6. 饱和度

饱和度是指土中孔隙水的体积与孔隙体积之比，以百分数表示，即

$$S_r=\frac{V_w}{V_v}\times 100\% \tag{1-17}$$

饱和度是衡量土体潮湿程度的物理指标。$S_r\leqslant 50\%$表示土稍湿；$50\%<S_r\leqslant 80\%$表示土很湿；若$S_r>80\%$，土体处于饱和状态；若$S_r=1.0$，则土中孔隙无水，土体处于完全饱和

状态。

实际工作中，为了减少计算工作量，可根据表1-2给出的各物理性质指标之间的关系，直接计算。

表1-2　土的三相比例指标常用换算公式

名　称	符号	基本公式	常用换算公式	单位	常见的数值范围
天然含水率	w	$w=\frac{m_w}{m_s}\times100\%$	$w=\frac{S_r e}{d_s}$，$w=\frac{\rho}{\rho_d}-1$	—	20%～60%
土粒相对密度	d_s	$d_s=\frac{\rho_s}{\rho_w}$	$d_s=\frac{S_r e}{w}$	—	黏性土：2.72～2.75 粉　土：2.70～2.71 砂　土：2.65～2.69
天然密度	ρ	$\rho=\frac{m}{V}$	$\rho=\rho_d(1+w)$ $\rho=\frac{d_s(1+w)}{1+e}\rho_w$	g/cm^3	1.6～2.0
天然重度	γ	$\gamma=\rho g$	$\gamma=\frac{d_s+S_r e}{1+e}\gamma_w$	kN/m^3	16～20
干密度	ρ_d	$\rho_d=\frac{m_s}{V}$	$\rho_d=\frac{\rho}{1+w}=\frac{d_s}{1+e}\rho_w$	g/cm^3	1.3～1.8
干重度	γ_d	$\gamma_d=\rho_d g$	$\gamma_d=\frac{\gamma}{1+w}=\frac{d_s}{1+e}\gamma_w$	kN/m^3	13～18
饱和密度	ρ_{sat}	$\rho_{sat}=\frac{\rho_w V_v+m_s}{V}$	$\rho_{sat}=\frac{d_s+e}{1+e}\rho_w$	g/cm^3	1.8～2.3
饱和重度	γ_{sat}	$\gamma_{sat}=\rho_{sat}g$	$\gamma_{sat}=\frac{d_s+e}{1+e}\gamma_w$	kN/m^3	18～23
有效密度	ρ'	$\rho'=\frac{m_s-\rho_w V_s}{V}$	$\rho'=\rho_{sat}-\rho_w$ $\rho'=\frac{d_s-1}{1+e}\rho_w$	g/cm^3	0.8～1.3
有效重度	γ'	$\gamma'=\frac{m_s g-\gamma_w V_s}{V}$	$\gamma'=\gamma_{sat}-\gamma_w$ $\gamma'=\frac{d_s-1}{1+e}\gamma_w$	kN/m^3	8～13
孔隙比	e	$e=\frac{V_v}{V_s}$	$e=\frac{d_s\rho_w}{\rho_d}-1=\frac{d_s\rho_w(1+w)}{\rho}-1$	—	黏性土和粉土：0.4～1.2 砂土：0.3～0.9
孔隙率	n	$n=\frac{V_v}{V}\times100\%$	$n=\frac{e}{1+e}=1-\frac{\rho_d}{d_s\rho_w}$	—	黏性土和粉土：30%～60% 砂土：25%～45%
饱和度	S_r	$S_r=\frac{V_w}{V_v}\times100\%$	$S_r=\frac{wd_s}{e}=\frac{w\rho_d}{n\rho_w}$	—	0～100%

例1-1 一块原状土样，经试验测得土的天然密度$\rho=1.9\mathrm{g/cm^3}$，含水率$w=28\%$，土粒相对密度$d_s=2.69$。试求土的孔隙比e、孔隙率n、饱和度S_r、干密度ρ_d、饱和密度ρ_{sat}以及有效密度ρ'。

解：设$V=1\mathrm{cm^3}$，则$m=m_s+m_w=\rho V=1.9$，由式（1-5）得$m_w=0.28m_s$

联立上述二式解得$m_s=1.484$，$m_w=0.416$

由式（1-6）得$V_s=\dfrac{m_s}{d_s\rho_w}=\dfrac{1.484}{2.69\times1}\mathrm{cm^3}=0.552\mathrm{cm^3}$

$$V_w=\frac{m_w}{\rho_w}=\frac{0.416}{1}\mathrm{cm^3}=0.416\mathrm{cm^3}$$

$$V_a=V-V_s-V_w=(1-0.552-0.416)\mathrm{cm^3}=0.032\mathrm{cm^3}$$

$$V_v=V_w+V_a=(0.416+0.032)\mathrm{cm^3}=0.448\mathrm{cm^3}。$$

根据各物理指标意义可得

孔隙比：$e=\dfrac{V_v}{V_s}=\dfrac{0.448}{0.552}=0.812$

孔隙率：$n=\dfrac{V_v}{V}\times100\%=\dfrac{0.448}{1}\times100\%=44.8\%$

饱和度：$S_r=\dfrac{V_w}{V_v}\times100\%=\dfrac{0.416}{0.448}\times100\%=92.9\%$

干密度：$\rho_d=\dfrac{m_s}{V}=\dfrac{1.484}{1}\mathrm{g/cm^3}=1.484\mathrm{g/cm^3}$

饱和密度：$\rho_{sat}=\dfrac{m_s+V_v\rho_w}{V}=\dfrac{1.484+0.448\times1}{1}\mathrm{g/cm^3}=1.932\mathrm{g/cm^3}$

有效密度：$\rho'=\rho_{sat}-\rho_w=(1.932-1)\mathrm{g/cm^3}=0.932\mathrm{g/cm^3}$

以上计算是采用定义式，也可以直接利用表1-2换算式直接计算。

任务3　土的物理状态指标

土的物理状态指标，对于无黏性土是指土的密实程度，对于黏性土则是指土的软硬程度，也称为黏性土的稠度。

1.3.1　无黏性土的密实度

土的密实度通常是指单位体积土中固体颗粒的含量。根据土颗粒含量的多少，天然状态下的砂、碎石等处于从密实到松散的不同物理状态。呈密实状态时，具有较高的强度和较低的压缩性，为良好的天然地基；呈松散状态时，则是不良地基。

1. 砂土的密实度

（1）以孔隙比e评定密实度

砂土的密实度可用天然孔隙比衡量，当$e<0.60$时，属于密实砂土，强度高，压缩性小；当$e>0.95$时，为松散状态，强度低，压缩性大。孔隙比反映土的孔隙大小，对同一种土，土的天然孔隙比越大，土越松散；这种判别方法简单，但没有考虑土的级配情况影响。例如，同样孔隙比的砂土，当颗粒均匀时较密实，当颗粒不均匀时较疏松。

（2）以相对密实度D_r评定密实度

砂土的相对密实度考虑了土粒级配的影响，其表达式为

$$D_r = \frac{e_{max} - e}{e_{max} - e_{min}} \tag{1-18}$$

式中 e_{max}——砂土的最大孔隙比，即最疏松状态时的孔隙比；

e_{min}——砂土的最小孔隙比，即最密实状态时的孔隙比；

e——砂土在天然状态下的孔隙比。

从式（1-18）可知，当砂土的天然孔隙比接近于最小孔隙比时，相对密实度 D_r 接近于1，土呈最密实的状态；而当天然孔隙比接近于最大孔隙比时，则表明砂土处于最松散的状态，其相对密实度接近于0。

用相对密实度 D_r 判定砂土的密实度标准如下：

$0 < D_r \leqslant 0.33$　　松散

$0.33 < D_r \leqslant 0.67$　　中密

$0.67 < D_r \leqslant 1$　　密实

砂土的相对密实度是通过砂的最大干密度、最小干密度试验测定的。但准确测定各种土的 e_{max} 和 e_{min} 十分困难。

例1-2 某砂土天然状态下的重度为18.2kN/m³，含水率为13%，土粒的相对密度为2.65，最大孔隙比为0.85，最小孔隙比为0.40，该土处于什么状态？

解： 砂土的天然孔隙比 $e = \frac{d_s \gamma_w (1+w)}{\gamma} - 1 = \frac{2.65 \times 10 \times (1+0.13)}{18.2} - 1 = 0.645$

相对密实度 $D_r = \frac{e_{max} - e}{e_{max} - e_{min}} = \frac{0.85 - 0.645}{0.85 - 0.40} = 0.46$

因为 $0.33 < D_r < 0.67$，所以该砂层处于中密状态。

（3）用标准贯入试验划分密实度

在实际工程中，砂土的密实度可根据《建筑地基基础设计规范》（GB 50007—2011）用标准贯入试验锤击数 N 进行划分。标准贯入试验是用标准的锤重（63.5kg），以一定落距（76cm）自由下落，将一标准贯入器打入土中30cm，记录锤击数 N。锤击数的大小反映土层的密实程度，具体划分标准见表1-3。

表1-3　砂土的密实度

标准贯入试验锤击数 N	密　实　度
$N \leqslant 10$	松散
$10 < N \leqslant 15$	稍密
$15 < N \leqslant 30$	中密
$N > 30$	密实

2. 碎石土的密实度

对于碎石土的密实度，可通过野外鉴别，根据土的骨架含量和排列、可挖性及可钻性等综合判定，将碎石土分为密实、中密、稍密和松散四种，见表1-4。

碎石土的密实度也可根据《建筑地基基础设计规范》（GB 50007—2011）用重型圆锥动力触探锤击数来划分碎石土的密实度，见表1-5。

表 1-4　碎石土的密实度的野外鉴别方法

密实度	骨架颗粒含量与排列	可 挖 性	可 钻 性
密实	骨架颗粒含量大于总重的70%，呈交错排列，连续接触	锹、镐挖掘困难，用撬棍方能松动，井壁一般较稳定	钻进极困难，冲击钻探时，钻杆、吊锤跳动剧烈，孔壁较稳定
中密	骨架颗粒含量等于总重的60%~70%，呈交错排列，大部分接触	锹、镐可挖掘，井壁有掉块现象，从井壁上取出大颗粒处能保持颗粒凹面形状	钻进较困难，冲击钻探时，钻杆、吊锤跳动不剧烈，孔壁有坍塌现象
稍密	骨架颗粒含量小于总重的60%，排列混乱，大部分不接触	锹可以挖掘，井壁易坍塌，从井壁上取出大颗粒后，砂土立即坍塌	钻进较容易，冲击钻探时，钻杆稍有跳动，孔壁易坍塌
松散	骨架颗粒含量小于总重的55%，排列十分混乱，绝大部分不接触	锹易挖掘，井壁极易坍塌	钻进容易，冲击钻探时，钻杆无跳动，孔壁极易坍塌

表 1-5　碎石土的密实度

重型圆锥动力触探锤击数 $N_{63.5}$	密 实 度
$N_{63.5} \leqslant 5$	松散
$5 < N_{63.5} \leqslant 10$	稍密
$10 < N_{63.5} \leqslant 20$	中密
$N_{63.5} > 20$	密实

注：本表适用于平均粒径小于或等于50mm且最大粒径不超过100mm的卵石、碎石、圆砾、角砾。

1.3.2　黏性土的稠度

黏性土粒间存在黏聚力而使土具有黏性。随含水率的变化可将黏性土划分为固态、半固态、可塑及流动状态。

1. 界限含水率

黏性土从一种状态变到另一种状态的含水率分界点称为界限含水率。如图1-7所示，土的界限含水率主要有液限、塑限和缩限三种，它对黏性土的分类和工程性质的评价有重要意义。液限 w_L 是指黏性土由流动状态转到可塑状态的界限含水率；塑限 w_p 是指黏性土由可塑转到半固态的界限含水率；缩限 w_s 是指黏性土由半固态转为固态的界限含水率。

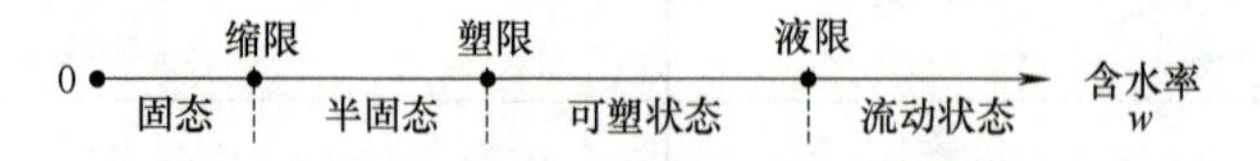

图 1-7　黏性土物理状态与含水率的关系

液限、塑限的测定可以参看本书项目10。

2. 塑性指数和液性指数

(1) 塑性指数

液限与塑限的差值即为塑性指数，记为 I_P，它表示土处在塑性状态时的含水率变化范围，从液限到塑限含水率的变化范围越大，土的可塑性越好。

$$I_P = w_L - w_P \tag{1-19}$$

塑性指数习惯上用不带%的数值表示。工程上常用它对黏性土进行分类，$I_P \leqslant 10$ 的土为粉土；$10 < I_P \leqslant 17$ 为粉质黏土；$I_P > 17$ 为黏土。

（2）液性指数

天然含水率与塑限的差值与塑性指数之比即为液性指数，记为 I_L。

$$I_L = \frac{w - w_P}{I_P} = \frac{w - w_P}{w_L - w_P} \tag{1-20}$$

液性指数是表示黏性土软硬程度（稠度）的物理指标。液性指数为 0~1 的土处于可塑状态；液性指数大于 1 的土处于流动状态；液性指数小于 0 的土则处于坚硬状态。因此根据液性指数的大小，将黏性土分为坚硬、硬塑、可塑、软塑和流塑 5 种状态，见表 1-6。

表 1-6　黏性土的状态

液性指数 I_L	状　态
$I_L \leqslant 0$	坚硬
$0 < I_L \leqslant 0.25$	硬塑
$0.25 < I_L \leqslant 0.75$	可塑
$0.75 < I_L \leqslant 1$	软塑
$I_L > 1$	流塑

任务 4　地基土的工程分类

建筑地基的土一般分为岩石、碎石土、砂土、粉土、黏性土和人工填土 6 类。

1.4.1　岩石

岩石按坚硬程度的划分见表 1-7，按风化程度的划分见表 1-8。

表 1-7　岩石按坚硬程度的划分

岩 石 类 别	代表性岩石
硬质岩石	花岗岩、花岗片麻岩、闪长岩、玄武岩、石灰岩、石英砂岩、石英岩、硅质砾岩等
软质岩石	页岩、黏土岩、绿泥石片岩、云母片岩等

表 1-8　岩石按风化程度的划分

风 化 程 度	特　征
微风化	岩质新鲜，表面稍有风化迹象
中等风化	① 结构和构造层理清晰 ② 岩体被节理、裂隙分割成岩块（20~50cm），裂隙中填充少量风化物；锤击声脆，且不易击碎 ③ 用镐难挖掘，岩芯钻方可钻进
强风化	① 结构和构造层理不清晰，矿物成分已显著变化 ② 岩体被节理、裂隙分割成碎石状（2~20cm），碎石用手可以折断 ③ 用镐可挖掘，手摇钻不易钻进

1.4.2　碎石土

粒径大于 2mm 的颗粒含量超过总质量的 50% 的土称为碎石土，其分类标准见表 1-9。

表 1-9　碎石土的分类

土的名称	颗粒形状	粒组含量
漂石	圆形及亚圆形为主	粒径大于 200mm 的颗粒含量超过全重 50%
块石	棱角形为主	
卵石	圆形及亚圆形为主	粒径大于 20mm 的颗粒含量超过全重 50%
碎石	棱角形为主	
圆砾	圆形及亚圆形为主	粒径大于 2mm 的颗粒含量超过全重 50%
角砾	棱角形为主	

注：分类时应根据粒组含量栏从上到下以最先符合者确定。

1.4.3　砂土

砂土是指粒径大于 2mm 的颗粒含量不超过全重 50% 且粒径大于 0.075mm 的颗粒含量超过全重 50% 的土。砂土可划分为 5 个亚类，见表 1-10。

表 1-10　砂土的分类

土的名称	粒组含量
砾砂	粒径大于 2mm 的颗粒含量占全重 25% ~ 50%
粗砂	粒径大于 0.5mm 的颗粒含量超过全重 50%
中砂	粒径大于 0.25mm 的颗粒含量超过全重 50%
细砂	粒径大于 0.075mm 的颗粒含量超过全重 85%
粉砂	粒径大于 0.075mm 的颗粒含量超过全重 50%

注：分类时应根据粒组含量栏从上到下以最先符合者确定。

1.4.4　粉土

粉土是指粒径大于 0.075mm 的颗粒含量不超过全重 50%，且塑性指数 $I_p \leqslant 10$ 的土。它的性质介于砂土和黏性土之间，它具有砂土和黏性土的某些特征。

1.4.5　黏性土

$I_P > 10$ 的土称为黏性土，其工程性质与土的成因、年代的关系密切。

黏性土按沉积年代分为老黏性土、一般黏性土和新近沉积黏性土。老黏性土是一种沉积年代久、工程性质较好的黏性土，一般具有较高的强度和较低的压缩性；一般黏性土分布面积最广，工程性质变化很大；新近沉积黏性土属欠固结状态，一般强度较低，压缩性大，工程性质较差，属于不良地基。

根据塑性指数大小，黏性土可再划分为粉质黏土和黏土两个亚类，当 $10 < I_P \leqslant 17$ 时为粉质黏土，当 $I_P > 17$ 时为黏土。

1.4.6　人工填土

人类活动堆填形成的堆积物，成分杂乱，均匀性差的土称为人工填土。根据物质组成和成因，人工填土分为素填土、杂填土和冲填土。素填土是由碎石土、砂土、粉土、黏性土等组成的土，其中不含杂质或含杂质很少；杂填土是由建筑垃圾、工业垃圾和生活垃圾组成的土；冲填土是由水力冲填、风力堆填形成的沉积土。

人工填土按堆填的时间分为老填土和新填土。超过 10 年的黏性土或超过 5 年的粉土称为老填土；不超过10年的黏性土或不超过5年的粉土称为新填土。

另外，天然含水率大于液限，孔隙比 $e \geqslant 1.5$ 的黏性土称为淤泥；天然含水率大于液限而 $1 \leqslant e < 1.5$ 时称为淤泥质土。淤泥和淤泥质土含水率大、强度低、压缩性高、透水性差，固结时间长。

例1-3 已知某土样经试验，不同粒组的质量占总质量百分比如下：粒径5~2mm占8%，2~1mm占6%，1~0.5mm占15%，0.5~0.25mm占42%，0.25~0.1mm占20%，0.1~0.075mm占9%，0.075mm以下为0，试确定该土名称。

解：粒径大于2mm的颗粒占8%，小于25%，则不属于砾砂。

粒径大于0.5mm的颗粒占8%+6%+15%=29%，小于50%，则不属于粗砂。

粒径大于0.25mm的颗粒占8%+6%+15%+42%=71%，大于50%，则根据表1-10确定该土为中砂。

例1-4 某土样测得天然含水率 $w=46\%$，天然重度 $\gamma=17.2\text{kN/m}^3$，土粒相对密度 $d_s=2.69$，液限 $w_L=41\%$，塑限 $w_P=21\%$，试确定该土样名称。

解：塑性指数 $I_P=w_L-w_P=41-21=20$

液限指数 $I_L=\dfrac{w-w_P}{I_P}=\dfrac{46-21}{20}=1.25$

孔隙比 $e=\dfrac{d_s\gamma_w(1+w)}{\gamma}-1=\dfrac{2.69\times10\times(1+0.46)}{17.2}-1=1.28$

该试样 $I_P>17$，$I_L>1$，确定黏土属于流塑状态；又因 $w>w_L$，$1<e<1.5$，故该土定名为淤泥质土。

任务5 土的渗透性

土体属于多孔介质，孔隙中水在水头差的作用下，水从高位侧流向低位侧的现象称为渗透或渗流，而土体可以被水透过的性质称为土的渗透性。渗流可能引起渗漏和渗透变形的问题，渗漏造成水量损失，如挡水土坝的渗水、闸基的渗漏等；渗透变形会使土体产生变形破坏，有流土、管涌等破坏形式，在1998年的大洪水中，九江长江大堤决堤，就是由管涌造成的。因此，工程中必须研究土的渗透性及渗流的运动规律，为工程的设计、施工提供必要的资料和依据。

1.5.1 达西定律

1856年法国工程师达西利用图1-8所示的试验装置对均质砂土进行了大量的试验研究，得出了渗透规律：地下水在孔隙中以一定的速度连续流动，其渗透速度与水力梯度成正比，即达西定律，其表达式为：

$$v=ki=k\frac{h}{L} \tag{1-21}$$

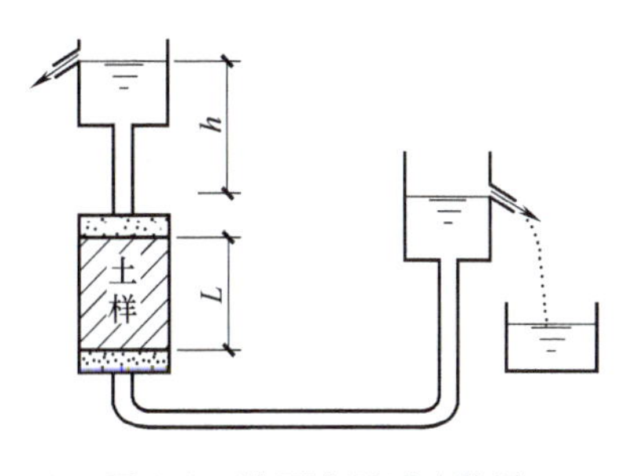

图1-8 达西渗透试验装置

式中 v——渗透速度（cm/s）；

k——土的渗透系数（cm/s）；

i——水力梯度或水力坡降，无量纲；

h——试样上下两断面间的水头损失（cm）；

L——渗径长度（cm）。

渗透系数可以通过试验直接测定；在无实测资料时，可以参照有关规范或已建工程资料来选定 k 值，常见土的渗透系数参考值见表1-11。

表1-11　土的渗透系数参考值

土的类别	渗透系数 k/(cm/s)	土的类别	渗透系数 k/(cm/s)
黏土	$<10^{-7}$	中砂	10^{-2}
粉质黏土	$10^{-6}\sim10^{-5}$	粗砂	10^{-2}
粉土	$10^{-5}\sim10^{-4}$	砾砂	10^{-1}
粉砂	$10^{-4}\sim10^{-3}$	砾石	$>10^{-1}$
细砂	10^{-3}		

1.5.2　渗透力

水在土体中流动时会引起水头损失，这种水头损失是由于水在土体孔隙中流动时作用在土粒上的拖曳力而引起的。由渗透水流作用在单位土体内土粒上的拖曳力称为渗透力。

单位体积土体内土粒所受到的单位渗透力为

$$j=\frac{J}{v}=\gamma_{w}i \tag{1-22}$$

式中　J——渗透力，其与土样中土粒骨架对水流的阻力大小相等，方向相反；

i——水力梯度或水力坡降。

渗透力具有以下特征：①渗透力是一种体积力，量纲为 kN/m^3；②渗透力与水力梯度成正比；③渗透力方向与渗流方向一致。

1.5.3　渗透变形

大量的研究和实践均表明，渗透变形可分为流土和管涌两种基本类型。

1. 流土

流土是指在向上渗流作用下，局部土体表面隆起或颗粒群同时发生移动而流失的现象。它主要发生在地基或土坝下游渗流溢出处。基坑开挖时所出现的流砂现象是流土的一种常见形式。

流土多发生在向上的渗流情况下，而此时渗透力的方向与渗流方向一致，一旦 $j>\gamma'$，流土就会发生。当 $j=\gamma'$时，土体处于流土的临界状态，此时的水力坡降定义为临界水力坡降，以 i_{cr}表示。

竖直向上的渗透力 $j=\gamma_{w}i$，单位土体本身的有效重度 $\gamma'=\frac{(d_s-1)\ \gamma_w}{1+e}$，当土体处于临界状态时，$j=\gamma'$，则由以上条件可得

$$i_{cr}=\frac{\gamma'}{\gamma_w}=\frac{d_s-1}{1+e} \tag{1-23}$$

防止发生流土的容许水力梯度 $[i]=\frac{i_{cr}}{F_s}$，F_s为安全系数，一般取2.0～2.5。

2. 管涌

管涌是指在渗流力的作用下，无黏性土中的细小颗粒通过粗大颗粒的孔隙发生移动或被水带出，导致土体内形成贯通的渗流管道的现象，在水流溢口或土体内部均有可能发生。管涌形成必须具备两个条件：①土中粗大颗粒所形成的孔隙必须大于细颗粒的直径，一般不均

匀系数 $C_u > 10$ 的土才会发生管涌；②渗流力大到能够带动细颗粒在粗颗粒形成的孔隙中运动。发生管涌的水力条件比较复杂，我国科学家在总结前人经验的基础上，得出了发生管涌的临界水力梯度 i_{cr} 的经验公式，即。

$$i_{cr} = \frac{d}{\sqrt{\frac{k}{n^3}}} \tag{1-24}$$

式中 d——细粒土粒径（cm）；

k——土的渗透系数（cm/s）；

n——土的孔隙率。

防止发生管涌的容许水力梯度 $[i] = \frac{i_{cr}}{F_s}$，F_s 为安全系数，一般取 1.5 ~ 2.0。

思考题

1. 土由哪几部分组成？土的三相体系比例变化对土的性质有什么影响？
2. 土的基本物理指标有哪三项？导出指标有哪些？
3. 叙述土的天然重度 γ、饱和重度 γ_{sat}、浮重度 γ' 和干重度 γ_d 的意义，比较同一种土各重度数值的大小。
4. 无黏性土和黏性土在矿物组成方面有什么重大区别？
5. 地基土分为哪几大类？划分各类土的依据是什么？

习题

1. 某原状土样用环刀法测密度，已知环刀体积为 60cm^3，环刀质量为 54g，环刀及土的总质量为 168g，现在取质量为 96.00g 的湿土，烘干后土重为 76.92g，土粒相对密度为 2.70，试计算该土样的 γ、w、γ_d、e、S_r。

2. 某饱和土样，测得其含水率 $w = 32.0\%$，液限 $w_L = 36.6\%$，塑限 $w_P = 19.0\%$，土粒相对密度 $d_s = 2.68$，天然密度 $\rho = 1.78\text{g/cm}^3$。试确定土的干密度 ρ_d、土的名称及稠度。

3. 某土样的颗粒分析见表 1-12，试确定土的名称。

表 1-12 某土样的颗粒分析

筛孔直径/mm	20	10	2	0.5	0.25	0.1	底盘	总计
留筛土重/g	194	206	354	587	801	630	178	2950
占全部土重百分比（%）	6.5	7.0	12.0	19.9	27.2	21.4	6.0	100
大于某孔径的土重百分比（%）	6.5	13.5	25.5	45.4	72.6	94.0		

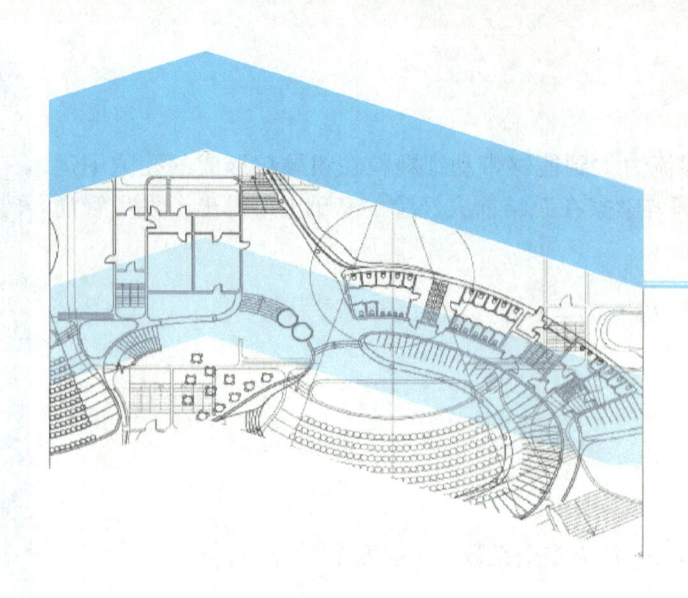

项目 2

土中应力计算

内容提要

本项目主要介绍了土中自重应力的计算、基础底面压力的计算、土中附加应力的计算。

学习要求

知识要点	能力要求	相关知识
竖向自重应力计算	1）掌握成层土自重应力的计算方法 2）熟悉自重应力分布曲线的变化规律	均质土层、水平自重应力、有效重度
基底压力计算	1）掌握中心荷载或偏心荷载作用时的基底压力运算 2）掌握基底附加压力的计算方法	中心荷载、偏心荷载、偏心距、基础埋深、设计地面
附加应力计算	1）学会均布矩形荷载作用下地基中的附加应力计算 2）学会均布条形荷载作用下地基中的附加应力计算	附加应力系数、角点法、竖向均布荷载、附加应力扩散

任务 1　土中自重应力

土中的应力包括自重应力和附加应力。土的自重应力是在未建造基础前，由土体本身重力作用所产生的应力。附加应力是由建筑物荷载或地基堆载等在土中引起的新增应力。一般土的自重不产生地基土的变形（新填土除外），而附加应力是产生地基变形的主要原因。

2.1.1　均质土的自重应力

假定地面是无限延伸的平面，对于天然重度为 γ 的均质土层，如图 2-1b 所示的土柱微单元体，深度为 z 处单位面积上的土竖向自重应力 σ_{cz} 为

$$\sigma_{cz} = \gamma z \tag{2-1}$$

式中　σ_{cz}——天然地面下任意深度 z 处的土竖向自重应力（kPa）；

γ——土的天然重度（kN/m^3）；

z——土层的深度。

由式（2-1）可知，自重应力随深度 z 线性增大，呈三角形分布，如图 2-1a 所示。

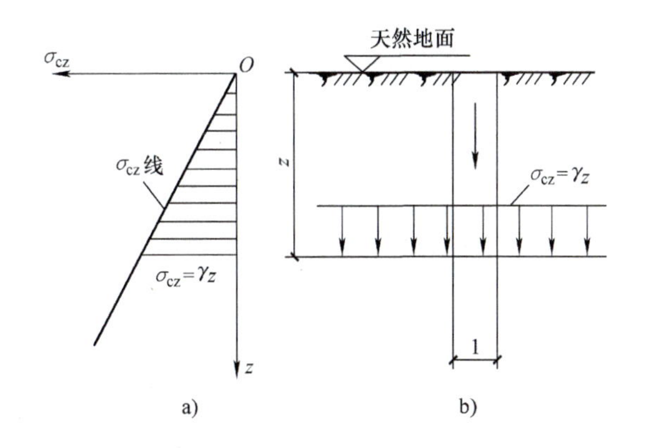

图 2-1 均质土的自重应力分布

a）沿深度的分布 b）任意水平面上的分布

2.1.2 成层土的自重应力

通常地基土是分层的，有时有地下水存在，各层土重度不同。如图 2-2 所示，若各土层的厚度为 h_i，重度为 γ_i，则任意深度 z 处的自重应力可通过各层土自重应力累加求得，即

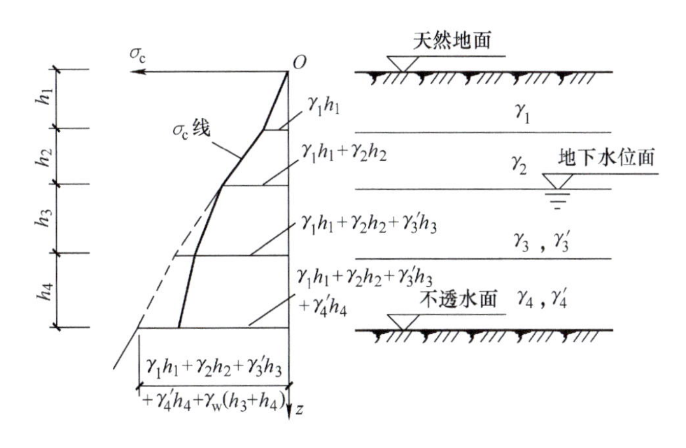

图 2-2 成层土的自重应力分布

$$\sigma_{cz}=\gamma_1 h_1+\gamma_2 h_2+\gamma_3 h_3+\cdots+\gamma_n h_n=\sum_{i=1}^{n}\gamma_i h_i \tag{2-2}$$

式中 γ_i——第 i 层土的天然重度，地下水位以下取有效重度 γ'（kN/m³）；

h_i——第 i 层土的厚度（m）；

n——从天然地面到深度 z 处的土层数。

由图 2-2 可知，自重应力分布曲线的变化规律为

1）自重应力大小随深度增加而增大。

2）自重应力分布曲线是一条折线，拐点在土层交界处或地下水位面处，同一土层自重应力按直线变化。

2.1.3 地下水对土中的自重应力影响

地下水位升降，使地基土中自重应力也相应发生变化。图 2-3a 为地下水位下降的情况，如我国有些城市由于过量开采地下水，以致地下水位长期大幅下降，使土中自重应力增加，而引起地面大面积沉降的严重后果。

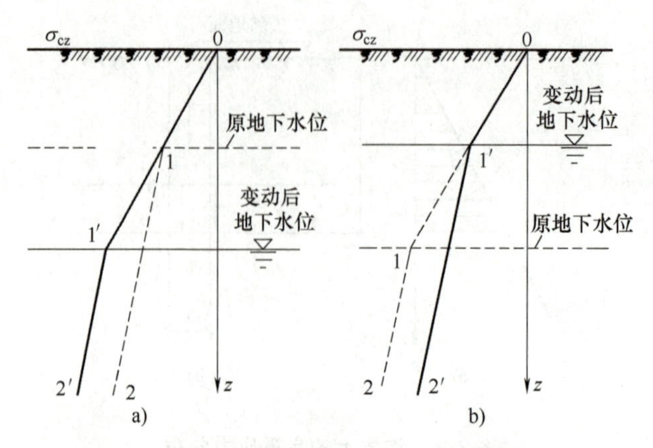

图 2-3　地下水位升降引起土中自重应力的变化

0－1－2—变化前的自重应力分布　0－1′－2′—变化后的自重应力分布

图 2-3b 为地下水位长期上升的情况，如在人工抬高蓄水水位或大量废水渗入地下的地区。由于地下水位上升使原来未受浮力作用的土层受到了浮力作用，致使土中自重应力减小。地下水位上升一般对工程也有危害，例如地基土的抗剪强度降低，湿陷性黄土产生湿陷，挡土墙侧压力增加等。

例 2-1　某地基土层的剖面图和资料如图 2-4 所示，试计算并绘制竖向自重应力沿深度的分布曲线。

解： $\sigma_{cz1}=\gamma_1 h_1=17.2\times2.0\text{kPa}=34.4\text{kPa}$

$\sigma_{cz2}=\gamma_1 h_1+\gamma_2 h_2=34.4\text{kPa}+(18.6-10)\times3.0\text{kPa}=60.2\text{kPa}$

$\sigma_{cz3}=\gamma_1 h_1+\gamma_2 h_2+\gamma_3 h_3=60.2\text{kPa}+(19.2-10)\times4.0\text{kPa}=97.0\text{kPa}$

自重应力 σ_{cz} 沿深度的分布如图 2-4 所示。

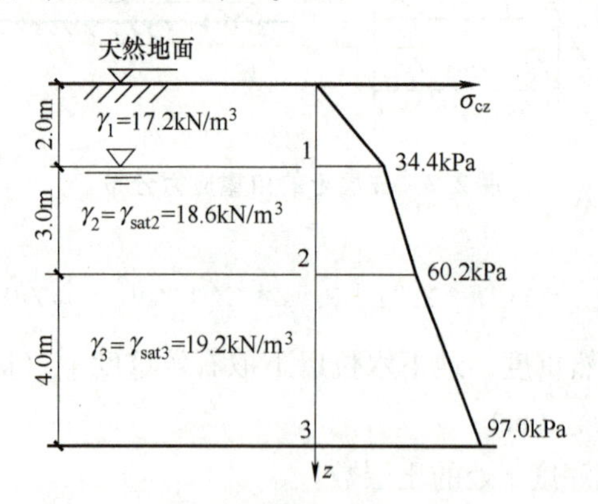

图 2-4　例 2-1 附图

任务 2　基 底 压 力

建筑物上部结构荷载通过基础传递给地基，在基础底面与地基之间产生了接触应力。基础底面处单位面积土体所受到的压力，即为基底压力。基底压力一般按材料力学公式简化计算。

2.2.1　中心荷载作用下的基底压力

如图 2-5 所示，基础所受荷载的合力通过基础形心，基底压力呈均匀分布，此时基底平均压力设计值为

$$p=\frac{F+G}{A} \tag{2-3}$$

$$G=\gamma_G Ad \tag{2-4}$$

式中 p——基底平均压力（kPa）；

F——上部结构传至基础顶面的竖向力（kN）；

A——基础底面积（m^2）；

G——基础及其台阶上回填土自重（kN）；

γ_G——基础和填土的平均重度，一般取 $\gamma_G=20kN/m^3$，地下水位以下取有效重度；

d——基础埋深，必须从设计地面（图 2-5a）或室内外平均地面算起（图 2-5b）。

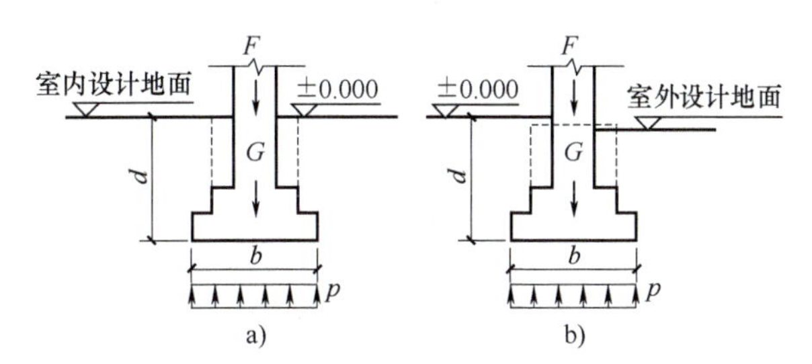

图 2-5 中心荷载作用下基底压力分布

对于基础长度大于宽度 10 倍的条形基础（即 $l/b\geqslant10$），通常长度方向取 1m 进行计算，此时基底压力为

$$p=\frac{F+G}{b} \tag{2-5}$$

2.2.2 偏心荷载作用下的基底压力

在单向偏心荷载作用下，设计时通常将基础长边定为偏心方向，如图 2-6 所示，此时基底边缘压力为

$$p_{\min}^{\max}=\frac{F+G}{bl}\pm\frac{M}{W}=\frac{F+G}{bl}\left(1\pm\frac{6e}{l}\right) \tag{2-6}$$

式中 p_{max}、p_{min}——基底边缘的最大压力和最小压力（kPa）；

M——作用于基底形心上的力矩（kN · m），$M=(F+G)\ e$；

W——基础底面的抵抗矩（m^3），对于矩形基础，$W=bl^2/6$；

e——荷载距中心的距离，即偏心距（m）。

由上式可知：

1）$e<l/6$ 时，基底压力分布图成梯形分布，$p_{min}>0$，如图 2-6a 所示。

2）$e=l/6$ 时，基底压力为三角形分布，$p_{min}=0$，如图 2-6b 所示。

3）$e>l/6$ 时，基底压力一侧将出现拉应力，$p_{min}<0$，如图 2-6c 所示。

对于前两种情况，基底压力按式（2-5）计算，第三种情况基底将出现拉应力，由于基底与地基之间不能承受拉应力，基底与地基局部脱开，使基底压力重新分布。根据受力平衡条件可求得基础边缘最大压力为

$$p_{max}=\frac{2(F+G)}{3ab}=\frac{2(F+G)}{3b(l/2-e)} \tag{2-7}$$

式中，$a=l/2-e$，如图 2-6c 所示。

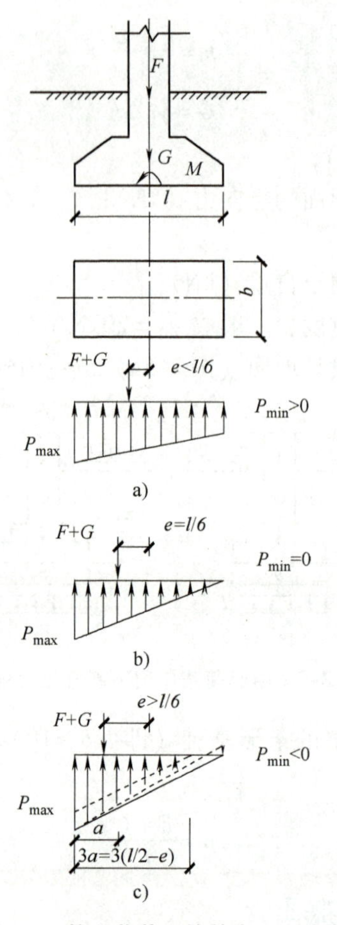

图 2-6 偏心荷载下的基底压力分布

工程设计中不宜使 $e>l/6$，应改变偏心距或调整基础的宽度，使 $e\leqslant l/6$，以便充分利用地基承载能力。

如果条形基础受偏心荷载作用，同样沿长度取 1m 进行计算，偏心方向与基础宽度一致，则偏心荷载合力沿基底宽度两端所引起的基底压力为

$$p_{\min}^{\max}=\frac{F+G}{b}(1\pm 6e) \tag{2-8}$$

2.2.3 基底附加压力

一般天然土层在自重应力作用下变形已经完成；在基础开挖后的基底压力应扣除原先存在的土的自重应力，才是新增加的压力，即基底附加压力，其表达式为

$$p_0=p-\gamma_0 d \tag{2-9}$$

式中 p_0——基底附加压力（kPa）；

γ_0——基础底面以上土的加权平均重度（kN/m^3）；

d——基础埋深，一般从天然地面算起（m）。

例 2-2 某基础底面尺寸 $l=4m$，$b=3m$，埋深为 1.5m，基底中心处偏心力矩 $M=160kN\cdot m$，上部结构传来竖向荷载 $F=400kN$，求基底压力。

解：(1) 基础及基础上回填土重量

$$G=\gamma_G Ad=20\times3\times4\times1.5kN=360kN$$

(2) 偏心距

$$e=\frac{M}{F+G}=\frac{160}{400+360}\text{m}=0.21\text{m}<\frac{1}{6}=0.67\text{m}$$

(3) 基底压力

$$p_{\min}^{\max}=\frac{F+G}{bl}\left(1\pm\frac{6e}{l}\right)=\frac{400+360}{3\times4}\times\left(1\pm\frac{6\times0.21}{4}\right)\text{kPa}=\frac{83.3}{43.4}\text{kPa}$$

任务3 土中附加应力

建筑物在土中引起的应力称为附加应力。附加应力是引起地基变形的主要因素。

2.3.1 竖向集中力作用下地基中的附加应力

竖向集中力作用下土中的附加应力如图2-7所示，计算公式见式(2-10)。

$$\sigma_z=\frac{3P}{2\pi}\cdot\frac{z^3}{R^5}=\frac{3P}{2\pi z^2}\frac{1}{\left[1+\left(\frac{r}{z}\right)^2\right]^{5/2}}=\alpha\frac{P}{z^2} \tag{2-10}$$

式中 P——作用于坐标原点的竖向集中力(kN)；

R——计算点 M 至集中力 P 作用点 O 的距离(m)，$R=\sqrt{x^2+y^2+z^2}$；

α——附加应力系数，$\alpha=\frac{3}{2\pi\left[1+\left(\frac{r}{z}\right)^2\right]^{5/2}}$，$\alpha$ 是 r/z 的函数，可由公式计算或查表2-1得到。

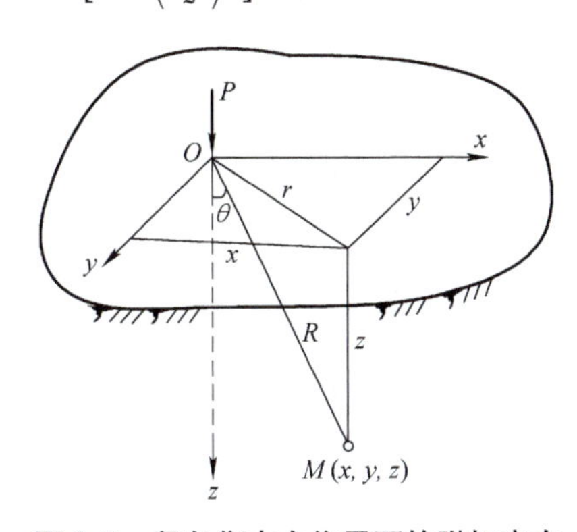

图2-7 竖向集中力作用下的附加应力

表2-1 竖向集中荷载作用下附加应力系数 α

r/z	α	r/z	α	r/z	α	r/z	α	r/z	α
0	0.4775	0.50	0.2733	1.00	0.0844	1.50	0.0251	2.00	0.0085
0.05	0.4745	0.55	0.2466	1.05	0.0744	1.55	0.0224	2.20	0.0058
0.10	0.4657	0.60	0.2214	1.10	0.0658	1.60	0.0200	2.40	0.0040
0.15	0.4516	0.65	0.1978	1.15	0.0581	1.65	0.0179	2.60	0.0029
0.20	0.4329	0.70	0.1762	1.20	0.0513	1.70	0.0160	2.80	0.0021
0.25	0.4103	0.75	0.1565	1.25	0.0454	1.75	0.0144	3.00	0.0015
0.30	0.3849	0.80	0.1386	1.30	0.0402	1.80	0.0129	3.50	0.0007
0.35	0.3577	0.85	0.1226	1.35	0.0357	1.85	0.0116	4.00	0.0004
0.40	0.3294	0.90	0.1083	1.40	0.0317	1.90	0.0105	4.50	0.0002
0.45	0.3011	0.95	0.0956	1.45	0.0282	1.95	0.0095	5.00	0.0001

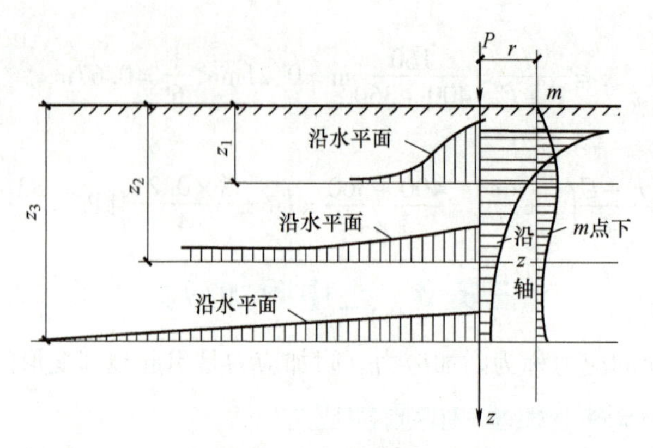

图 2-8　竖向集中力作用下的附加应力分布

对式（2-10）进行分析，可以得到竖向集中力产生的附加应力 σ_z 在地基中的分布规律，如图 2-8 所示。在集中力作用线上，σ_z 随深度增加而减小；在任一深度水平线上，在集中力作用线上的附加应力最大，向两侧逐渐减少；非集中力作用线的竖直线上，地表附加应力为零，随深度增加，附加应力增大，当深度增加到某一数值时又逐渐减小。

2.3.2　均布矩形荷载作用下地基中的附加应力

设矩形基础的宽度为 b，长度为 l，作用在地基上的竖向均布荷载 p_0，求地基内各点的附加应力 σ_z 的方法是：先求出矩形面积的角点下附加应力，再利用“角点法”求出任意点下的附加应力。

1. 角点下的附加应力

角点下的附加应力是指将基底角点作为坐标的原点，如图 2-9 所示，基底角点 O 作为坐标原点。在矩形荷载面积内任取微分面积 $dA = dxdy$，并将其上作用的荷载以集中力 dP 代替，则 $dP = p_0 dxdy$。利用式（2-10）可求出该集中力在角点 O 以下深度 z 处 M 点所引起的竖直向附加应力 $d\sigma_z$ 为

$$d\sigma_z = \frac{3dP}{2\pi} \cdot \frac{z^3}{R^5} = \frac{3p_0}{2\pi} \cdot \frac{z^3}{(x^2+y^2+z^2)^{5/2}} dxdy \tag{2-11}$$

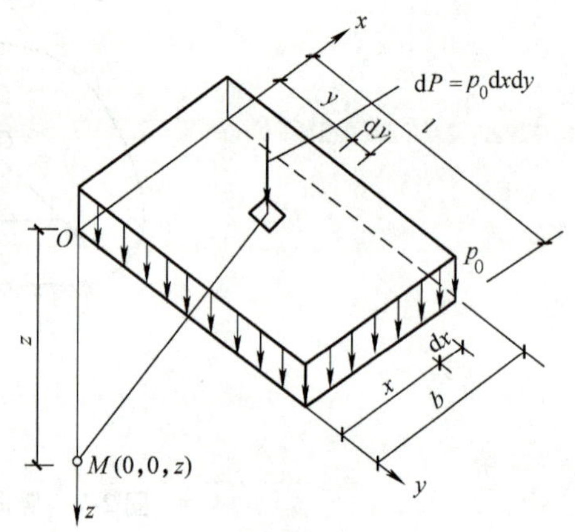

图 2-9　均布矩形荷载作用下角点的附加应力

将式（2-11）在矩形基底范围内积分 $\sigma_z = \iint_A d\sigma_z$，经计算可得出矩形面积上均布荷载 p_0 在 M 点引起的附加应力 σ_z 为

$$\sigma_z = \alpha_c p_0 \tag{2-12}$$

式中　p_0——矩形均布荷载（kPa）；

α_c——为矩形竖直向均布荷载角点下的应力分布系数，可按照 $m = \frac{l}{b}$，$n = \frac{z}{b}$（l 为矩形基底长边，b 为短边）值由表 2-2 查取。

应用角点法时要注意三点：①所划分的每一个矩形都有一个公共角点；②所划分的矩形受荷面积总和不变；③查表时，所有分块矩形都是长边为 l，短边为 b。

2. 任意点的附加应力

如果要求解地基中任意点 O 下的附加应力，这时可以通过 O 点作辅助线把荷载面积分成若干个矩形面积，使 O 点正好位于这些矩形面积的公共角点上，利用式（2-12）和应力叠加原理，即可求得任意点 O 下的附加应力，这种附加应力的计算方法，称为“角点法”。角点法有四种情况计算式。

1）计算点 O 在基底内，如图 2-10a 所示。

$$\sigma_z = (\alpha_{c\text{I}} + \alpha_{c\text{II}} + \alpha_{c\text{III}} + \alpha_{c\text{IV}})p_0 \tag{2-13}$$

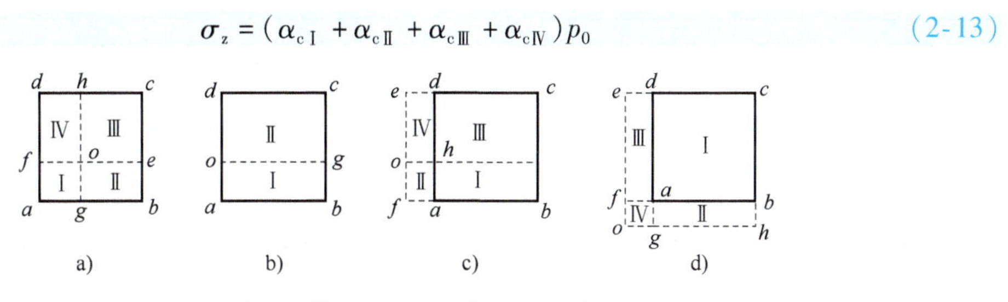

图 2-10 角点法计算均布矩形荷载下的地基附加应力

a）基底内 b）基底边缘 c）基底边缘外侧 d）基底角点外侧

2）计算点 O 在基底边缘，如图 2-10b 所示。

$$\sigma_z = (\alpha_{c\text{I}} + \alpha_{c\text{II}})p_0 \tag{2-14}$$

3）计算点 O 在基底边缘外侧，如图 2-10c 所示。

$$\sigma_z = (\alpha_{c\text{I}} + \alpha_{c\text{III}} - \alpha_{c\text{II}} - \alpha_{c\text{IV}})p_0 \tag{2-15}$$

4）计算点 O 在基底角点外侧，如图 2-10d 所示。

$$\sigma_z = (\alpha_{c\text{I}} - \alpha_{c\text{II}} - \alpha_{c\text{III}} + \alpha_{c\text{IV}})p_0 \tag{2-16}$$

例 2-3 某矩形基础，基底面积为 $2\times1\text{m}^2$，如图 2-11 所示，其上作用有竖向均布荷载 $p_0=200\text{kPa}$，求 A、E、J、O、F 和 G 点下 $z=2\text{m}$ 深度处的附加应力，并利用计算结果说明附加应力的扩散规律。

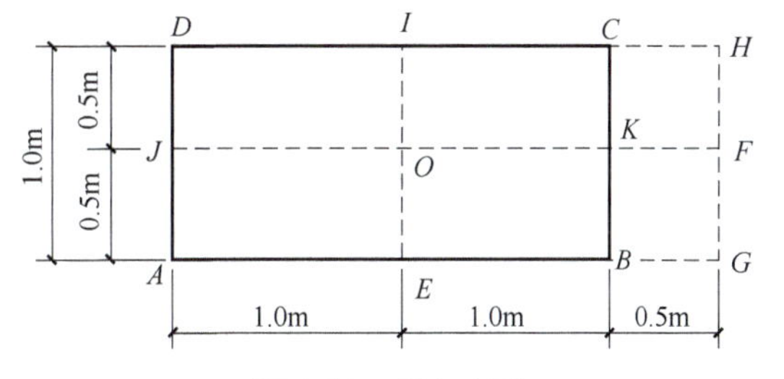

图 2-11 例 2-3 图

解：（1）A 点下的附加应力

A 点是矩形 $ABCD$ 的角点，且 $m=\dfrac{l}{b}=\dfrac{2}{1}=2$，$n=\dfrac{z}{b}=\dfrac{2}{1}=2$，查表 2-2 得 $\alpha_c=0.1202$，故

$$\sigma_{zA}=\alpha_c p_0=0.1202\times200\text{kPa}=24.0\text{kPa}$$

（2）E 点下的附加应力

通过 E 点将矩形荷载面积划分为两个相等的矩形 $EADI$ 和 $EBCI$。先求 $EADI$ 的角点应力系数 α_c：

$m=\dfrac{l}{b}=\dfrac{1}{1}=1$，$n=\dfrac{z}{b}=\dfrac{2}{1}=2$，查表 2-2 得 $\alpha_c=0.0840$，故

$$\sigma_{zE}=2\alpha_c p_0=2\times0.0840\times200\text{kPa}=33.60\text{kPa}$$

（3）J 点下的附加应力

通过 J 点将矩形荷载面积划分为两个相等的矩形 $JABK$ 和 $JDCK$。先求 $JABK$ 的角点应力系数 α_c：

$m=\dfrac{l}{b}=\dfrac{2}{0.5}=4$，$n=\dfrac{z}{b}=\dfrac{2}{0.5}=4$，查表 2-2 得 $\alpha_c=0.0674$，故

$$\sigma_{zJ}=2\alpha_c p_0=2\times0.0674\times200\text{kPa}=26.96\text{kPa}$$

表 2-2　均布矩形荷载作用下角点的应力系数 α_c

$n=z/b$ \ $m=l/b$	1.0	1.2	1.4	1.6	1.8	2.0	3.0	4.0	5.0	6.0	10.0
0.0	0.2500	0.2500	0.2500	0.2500	0.2500	0.2500	0.2500	0.2500	0.2500	0.2500	0.2500
0.2	0.2486	0.2489	0.2490	0.2491	0.2491	0.2491	0.2492	0.2492	0.2492	0.2492	0.2492
0.4	0.2401	0.2420	0.2429	0.2434	0.2437	0.2439	0.2442	0.2443	0.2443	0.2443	0.2443
0.6	0.2229	0.2275	0.2300	0.2321	0.2324	0.2329	0.2339	0.2341	0.2342	0.2342	0.2342
0.8	0.1999	0.2075	0.2120	0.2147	0.2165	0.2176	0.2196	0.2200	0.2202	0.2202	0.2202
1.0	0.1752	0.1851	0.1911	0.1955	0.1981	0.1999	0.2034	0.2042	0.2044	0.2045	0.2046
1.2	0.1516	0.1626	0.1705	0.1758	0.1793	0.1818	0.1870	0.1882	0.1885	0.1887	0.1888
1.4	0.1308	0.1423	0.1508	0.1569	0.1613	0.1644	0.1712	0.1730	0.1735	0.1738	0.1740
1.6	0.1123	0.1241	0.1329	0.1436	0.1445	0.1482	0.1567	0.1590	0.1598	0.1601	0.1604
1.8	0.0969	0.1083	0.1172	0.1241	0.1294	0.1334	0.1434	0.1463	0.1474	0.1478	0.1482
2.0	0.0840	0.0947	0.1034	0.1103	0.1158	0.1202	0.1314	0.1350	0.1363	0.1368	0.1374
2.2	0.0732	0.0832	0.0917	0.0984	0.1039	0.1084	0.1205	0.1248	0.1264	0.1271	0.1277
2.4	0.0642	0.0734	0.0812	0.0879	0.0934	0.0979	0.1108	0.1156	0.1175	0.1184	0.1192
2.6	0.0566	0.0651	0.0725	0.0788	0.0842	0.0887	0.1020	0.1073	0.1095	0.1106	0.1116
2.8	0.0502	0.0580	0.0649	0.0709	0.0761	0.0805	0.0942	0.0999	0.1024	0.1036	0.1048
3.0	0.0447	0.0519	0.0583	0.0640	0.0690	0.0732	0.0870	0.0931	0.0959	0.0973	0.0987
3.2	0.0401	0.0467	0.0526	0.0580	0.0627	0.0668	0.0806	0.0870	0.0900	0.0916	0.0933
3.4	0.0361	0.0421	0.0477	0.0527	0.0571	0.0611	0.0747	0.0814	0.0847	0.0864	0.0882
3.6	0.0326	0.0382	0.0433	0.0480	0.0523	0.0561	0.0694	0.0763	0.0799	0.0816	0.0837
3.8	0.0296	0.0348	0.0395	0.0439	0.0479	0.0516	0.0645	0.0717	0.0753	0.0773	0.0796
4.0	0.0270	0.0318	0.0362	0.0403	0.0441	0.0474	0.0603	0.0674	0.0712	0.0733	0.0758
4.4	0.0227	0.0268	0.0306	0.0343	0.0376	0.0407	0.0527	0.0597	0.0639	0.0662	0.0696
4.8	0.0193	0.0229	0.0262	0.0294	0.0324	0.0352	0.0463	0.0533	0.0576	0.0601	0.0635
5.0	0.0179	0.0212	0.0243	0.0274	0.0302	0.0328	0.0435	0.0504	0.0547	0.0573	0.0610
6.0	0.0127	0.0151	0.0174	0.0196	0.0218	0.0233	0.0325	0.0388	0.0431	0.0460	0.0506
7.0	0.0094	0.0112	0.0130	0.0147	0.0164	0.0180	0.0251	0.0306	0.0346	0.0376	0.0428
8.0	0.0073	0.0087	0.0101	0.0114	0.0127	0.0140	0.0198	0.0246	0.0283	0.0311	0.0367
9.0	0.0058	0.0069	0.0080	0.0091	0.0102	0.0112	0.0161	0.0202	0.0235	0.0262	0.0319
10.0	0.0047	0.0056	0.0065	0.0074	0.0083	0.0092	0.0132	0.0167	0.0198	0.0222	0.0280

（4）O 点下的附加应力

通过 O 点将矩形荷载面积分为 4 个相等的矩形 $OEAJ$，$OJDI$，$OICK$ 和 $OKBE$。先求 $OEAJ$ 角点的附加应力系数 α_c：

$m=\dfrac{l}{b}=\dfrac{1}{0.5}=2$，$n=\dfrac{z}{b}=\dfrac{2}{0.5}=4$，查表 2-2 得 $\alpha_c=0.0474$，故

$$\sigma_{zO}=4\alpha_c p_0=4\times0.0474\times200\text{kPa}=37.92\text{kPa}$$

（5）F 点下的附加应力

过 F 点作矩形 $FGAJ$，$FJDH$，$FGBK$ 和 $FKCH$。假设 $\alpha_{c\,\mathrm{I}}$ 为矩形 $FGAJ$ 和 $FJDH$ 的角点应力

系数；$\alpha_{c\text{II}}$为矩形 $FGBK$ 和 $FKCH$ 的角点应力系数。

求$\alpha_{c\text{I}}$：
$$m=\frac{l}{b}=\frac{2.5}{0.5}=5, n=\frac{z}{b}=\frac{2}{0.5}=4$$

查表 2-2 得 $\alpha_{c\text{I}}=0.0712$

求$\alpha_{c\text{II}}$：
$$m=\frac{l}{b}=\frac{0.5}{0.5}=1, n=\frac{z}{b}=\frac{2}{0.5}=4$$

查表 2-2 得 $\alpha_{c\text{II}}=0.0270$，故

$$\sigma_{zF}=2\times(0.0712-0.0270)\times200\text{kPa}=17.68\text{kPa}$$

（6）G 点下的附加应力

通过 G 点作矩形 $GADH$ 和 $GBCH$，分别求出它们的角点应力系数 $\alpha_{c\text{I}}$ 和 $\alpha_{c\text{II}}$。

求$\alpha_{c\text{I}}$：
$$m=\frac{l}{b}=\frac{2.5}{1}=2.5, n=\frac{z}{b}=\frac{2}{1}=2$$

查表 2-2 得 $\alpha_{c\text{I}}=\dfrac{0.1202+0.1314}{2}=0.1258$。

求$\alpha_{c\text{II}}$：
$$m=\frac{l}{b}=\frac{1}{0.5}=2, n=\frac{z}{b}=\frac{2}{0.5}=4$$

查表 2-2 得 $\alpha_{c\text{II}}=0.0474$，故

$$\sigma_{zG}=(0.1258-0.0474)\times200\text{kPa}=15.68\text{kPa}$$

附加应力的扩散规律为：在地基中同一深度，离受荷中心越远的点，其附加应力值越小，矩形面积中心点处附加应力最大。

2.3.3 均布条形荷载作用下地基中的附加应力

如图 2-12 所示，条形基础基底附加压力为均布荷载 p_0，坐标原点 O 取在条形基础宽度方向中心，地基中任意点 $M(x, z)$ 处附加应力 σ_z 为

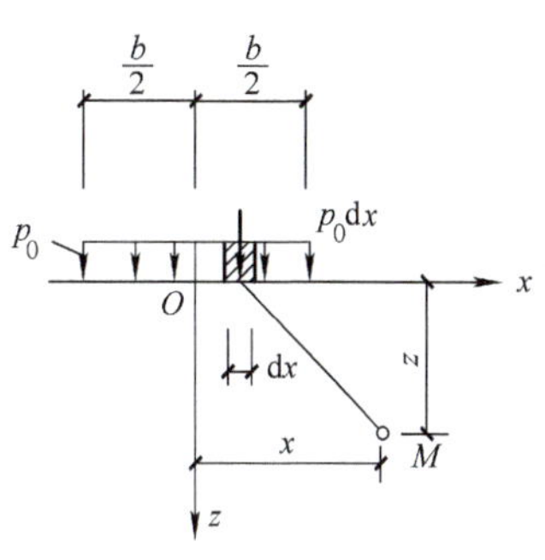

图 2-12 均布条形荷载作用下的附加应力

$$\sigma_z=\alpha_{sz}p_0 \tag{2-17}$$

式中 α_{sz}——均布条形荷载下的附加应力系数，可根据 $n=\dfrac{x}{b}$，$m=\dfrac{z}{b}$查表 2-3 得；

p_0——均布条形荷载（kPa）。

表 2-3 条形均布荷载作用下土的附加应力系数 α_{sz}

$m=z/b$	$n=x/b$					
	0.00	**0.25**	**0.50**	**1.00**	**1.50**	**2.00**
0.00	1.00	1.00	0.50	0.00	0.00	0.00
0.25	0.96	0.90	0.50	0.02	0.00	0.00
0.50	0.82	0.74	0.48	0.08	0.02	0.00
0.75	0.67	0.61	0.45	0.15	0.04	0.02
1.00	0.55	0.51	0.41	0.19	0.07	0.03
1.25	0.46	0.44	0.37	0.20	0.10	0.04
1.50	0.40	0.38	0.33	0.21	0.11	0.06
1.75	0.35	0.34	0.30	0.21	0.13	0.07
2.00	0.31	0.31	0.28	0.20	0.14	0.08
3.00	0.21	0.21	0.20	0.17	0.13	0.10

（续）

$m=z/b$	$n=x/b$					
	0.00	**0.25**	**0.50**	**1.00**	**1.50**	**2.00**
4.00	0.16	0.16	0.15	0.14	0.12	0.10
5.00	0.13	0.13	0.12	0.12	0.11	0.09
6.00	0.11	0.10	0.10	0.10	0.10	—

思考题

1. 什么是自重应力？什么是附加应力？它们在地基中有什么分布规律？
2. 基底压力和基底附加压力有何区别？它们之间的关系式是什么？
3. 角点法计算地基中的附加应力有哪些注意事项？
4. 偏心荷载作用下的基底压力如何计算？什么情况下会出现应力重新分布？

习题

1. 某建筑场地的地层分布均匀，第一层杂填土厚1.5m，$\gamma_1=17\text{kN/m}^3$；第二层粉质黏土厚4m，$\gamma_2=19\text{kN/m}^3$，$d_{s2}=2.73$，$w_2=31\%$，地下水位在地面下2m深处；第三层淤泥质黏土厚8m，$\gamma_3=18.2\text{kN/m}^3$，$d_{s3}=2.74$，$w_3=41\%$；第四层粉土厚3m，$\gamma_4=19.5\text{kN/m}^3$，$d_{s4}=2.72$，$w_4=27\%$；第五层砂岩未钻穿。试计算各层交界处的竖向自重应力σ_{cz}。

2. 某柱下方形基础边长为4m，基底压力为300kPa，基础埋深为1.5m，地基土重度为18kN/m^3，试求基底中心点O下2m和4m深处的竖向附加应力。

3. 已知条形均布荷载$p_0=200\text{kPa}$，荷载面宽度$b=2\text{m}$，试计算条形荷载面中心点下2m深处和基础边缘下2m深处的竖向附加应力。

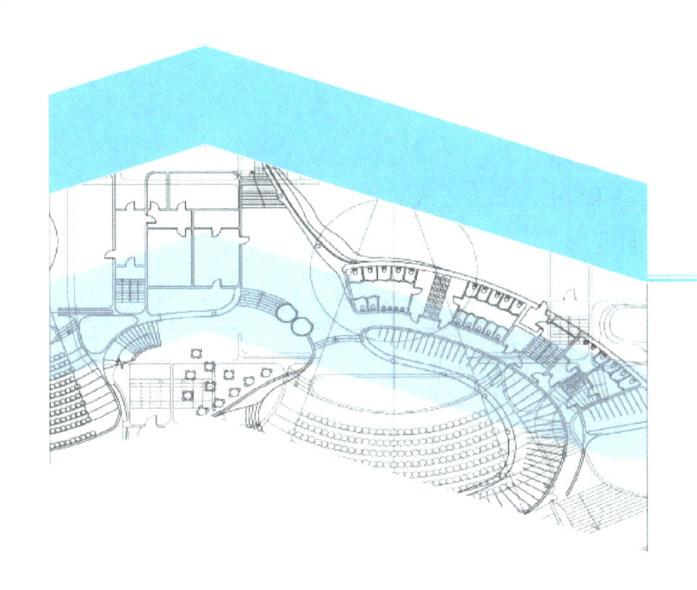

项目 3

土的压缩性与地基沉降量计算

内容提要

本项目主要介绍了土的压缩性、地基最终沉降量的计算方法、地基变形与时间的关系。

学习要求

知识要点	能力要求	相关知识
分层总和法计算地基最终沉降量	1）掌握分层总和法的计算公式 2）熟悉分层总和法的计算步骤 3）计算矩形建筑基底中心点下的最终沉降量	压缩曲线、压缩系数、孔隙比、自重应力、基底附加压力、附加压力
规范法计算地基最终沉降量	1）掌握沉降经验系数的取值方法 2）熟悉规范法的计算公式和步骤 3）计算多层土的最终沉降量	压缩模量 E_s、平均附加应力系数、地基承载力特征值
地基变形与时间关系	1）学会计算某一时间点的地基沉降量 2）学会计算达到某一固结度所需时间	渗透系数、土的固结系数、固结度、时间因数

任务 1　土的压缩性

土的压缩性是指土体在压力作用下体积缩小的特性。研究土的压缩性主要是为了计算地基的变形，地基的变形与附加应力之间的关系。

3.1.1　土体压缩的原因分析

土由三相组成，固体颗粒形成骨架，骨架中有水和气体，所以引起土体的压缩可能有两个方面：①固体土颗粒、水、气体本身被压缩；②土中水和气体的排出，孔隙体积的减小。研究表明，工程实践中可能遇到压力（<600kPa）作用下，固体土颗粒和孔隙水本身的压缩量是很微小的，不足总压缩量的 1/400，可以忽略不计；而气体只有在封闭情况下才能被压缩，土中封闭气体只有在土的饱和度很高时才可能出现，而饱和度高的土含气率很小，所以一般也可忽略不计。因此，土体压缩的主要原因是水和气体从孔隙中排出。

3.1.2　室内侧限压缩试验与压缩曲线

1. 室内侧限压缩试验

土的室内侧限压缩试验采用的试验装置为压缩仪，如图 3-1 所示。试验时用金属环刀从原状土中切取土样，将土样连同环刀置于刚性护环中，由于金属环刀及刚性护环的限制，使得土样在竖向压力作用下只能发生竖向变形，而无侧向变形。在土样上下放置透水石使土样的孔隙水排出。

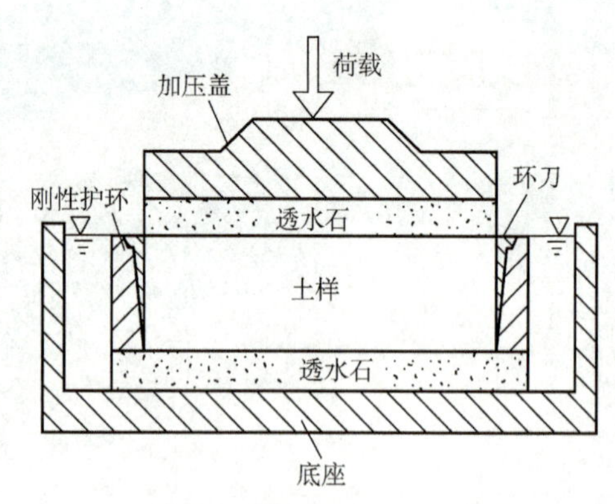

图 3-1　侧限压缩试验示意图

压缩时荷载逐级施加，常用的分级荷载分别为：50kPa、100kPa、200kPa、300kPa、400kPa。每一级荷载下，待压缩稳定后，测定每级的压缩量，再换算出孔隙比，一个压缩量对应一个孔隙比。

如图 3-2 所示，设土样初始高度为 H_0，孔隙比为 e_0。在荷载 p_i 作用下土样稳定后总压缩量为 Δs_i（各级荷载的 Δs_i 均从 H_0 算起），孔隙比为 e_i，根据压缩前后土粒体积不变的原则，可得

$$\frac{1+e_0}{H_0}=\frac{1+e_i}{H_0-\Delta s_i} \tag{3-1}$$

则

$$e_i=e_0-\frac{\Delta s_i}{H_0}(1+e_0) \tag{3-2}$$

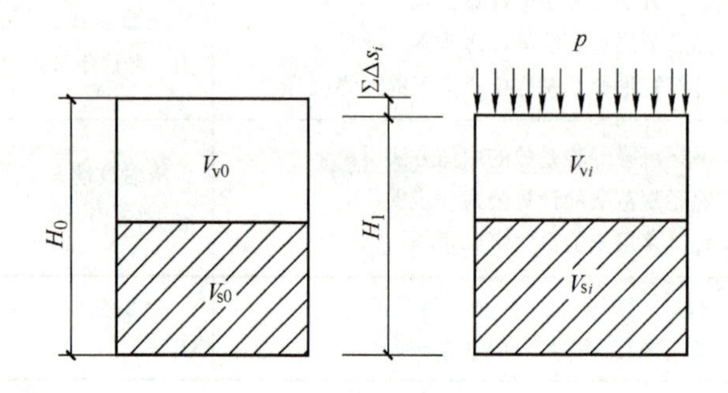

图 3-2　土的压缩性示意图

土样初始孔隙比 e_0 由土样初始状态的实测指标换算求得，即 $e_0=\dfrac{d_s\rho_w(1+w)}{\rho}-1$，其中 d_s、ρ_w、w、ρ 分别为土粒相对密度、水的密度、土样初始含水率和土的密度。

根据式（3-2）即可得到各级荷载 p_i 下对应的孔隙比 e_i，从而可绘制出土样的压缩曲线 e-p 曲线，如图 3-3 所示。

压缩曲线反映了土的压缩性的高低，曲线越陡，土的压缩性越高；相反，压缩性越低。

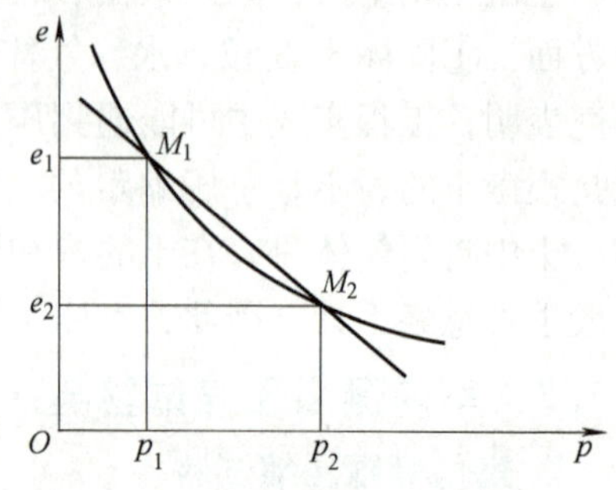

图 3-3　土的压缩曲线（e-p 曲线）

2. 压缩性指标

（1）压缩系数

由图 3-3 可见，当压力 p 的变化范围不大时，从 p_1 到 p_2，可用压缩曲线上相应的 M_1、M_2 的连线代替曲线。土在此段的压缩性可用该割线的斜率来反映，则直线 M_1M_2 的斜率称为土体在该段的压缩系数，即

$$a = \frac{e_1 - e_2}{p_2 - p_1} = -\frac{\Delta e}{\Delta p} \tag{3-3}$$

式中 a——土的压缩系数（MPa^{-1}）；

p_1——增压前的压力（kPa）；

p_2——增压后的压力（kPa）；

e_1、e_2——增压前后土体在 p_1 和 p_2 作用下压缩稳定后的孔隙比。式中负号表示土体孔隙比随压力 p 的增加而减小。

式（3-3）中 a 的单位为 MPa^{-1}，p 的单位为 kPa，因此上式可写为 $a = 1000\frac{e_1 - e_2}{p_2 - p_1}$。

由公式可以看出，压缩系数表示单位压力增量作用下土的孔隙比的减小量，故压缩系数 a 越大，土的压缩性就越大。但压缩系数的大小并非常数，而是随割线位置的变化而不同。从图3-3中可以看出，取不同的压力段，其割线斜率是不相同的，即有不同的压缩系数。

从对土评价的一致性出发，《建筑地基基础设计规范》（GB 50007—2011）中规定，取压力 $p_1 = 100$kPa、$p_2 = 200$kPa 对应的压缩系数 a_{1-2} 作为判别土压缩性的标准。规范中按照 a_{1-2} 的大小将土的压缩性划分如下：

$a_{1-2} < 0.1MPa^{-1}$ 低压缩性土

$0.1MPa^{-1} \leqslant a_{1-2} < 0.5MPa^{-1}$ 中压缩性土

$a_{1-2} \geqslant 0.5MPa^{-1}$ 高压缩性土

（2）压缩模量

土体在完全侧限条件下，其竖向压力的变化增量与相应竖向应力的比值，称为土的压缩模量 E_s，即

$$E_s = \frac{\Delta p}{\varepsilon} \tag{3-4}$$

土体压缩模量 E_s 与压缩系数 a 的关系为

$$E_s = \frac{1 + e_1}{a} \tag{3-5}$$

由式（3-5）可以看出，压缩模量 E_s 与压缩系数 a 成反比，E_s 越大，a 就越小，同时土的压缩性就越低。同样，可以用相应于 $p_1 = 100$kPa、$p_2 = 200$kPa 范围内的压缩模量 E_s 值评价地基土的压缩性，即

$E_s < 4$MPa 高压缩性土

$4MPa \leqslant E_s \leqslant 15MPa$ 中压缩性土

$E_s > 15$MPa 低压缩性土

任务2 地基最终沉降量计算

地基最终沉降量是指地基在建筑物荷载作用下最后的稳定沉降量。目前一般采用分层总和法和《建筑地基基础设计规范》（GB 50007—2011）推荐的方法。

3.2.1 分层总和法

1. 计算假设

地基土为均质，可采用弹性理论；不产生侧向变形，可采用室内侧限压缩指标、中心点

下附加应力计算各分层变形量。

2. 计算步骤

1）地基土分层。分层厚度 $H_i \leqslant 0.4b$，b 为基础宽度，且必须将天然土层面（不同土层的压缩性及重度不同）及地下水位面（水位下土受到浮力）作为分层界面。

2）计算各分层界面处土的自重应力 σ_{cz}，土的自重应力应从天然地面起算。

3）计算基底压力 p 及基底附加压力 p_0。

4）计算各分层界面处附加应力 σ_z，附加压力应从基础底面算起。

5）确定计算深度 z_n。一般取地基附加应力等于自重应力的20%深度作为沉降计算深度的限值（即 $\sigma_z/\sigma_{cz} \leqslant 0.2$）；若在该深度以下为高压缩性土，则应取地基附加应力等于自重应力的10%深度处作为沉降计算深度的限值（即 $\sigma_z/\sigma_{cz} \leqslant 0.1$）。

6）计算各分层土的沉降量。

计算各分层土的平均自重应力 $p_{1i} = \dfrac{\sigma_{czi} + \sigma_{cz(i-1)}}{2}$，根据 p_{1i} 在压缩曲线上查取 e_{1i}。

计算各分层土的平均自重应力和平均附加应力之和 $p_{2i} = \dfrac{\sigma_{czi} + \sigma_{cz(i-1)}}{2} + \dfrac{\sigma_{zi} + \sigma_{z(i-1)}}{2}$，根据 p_{2i} 在压缩曲线上查取 e_{2i}。

式中，$\sigma_{cz(i-1)}$、σ_{czi} 分别为第 i 层土上下层面的自重应力，$\sigma_{z(i-1)}$、σ_{zi} 分别为第 i 层土上下层面的附加应力。

则任一分层的沉降量的计算公式为

$$s_i = \frac{e_{1i} - e_{2i}}{1 + e_{1i}} H_i \tag{3-6}$$

7）计算总变形量。

$$s = \sum s_i = \sum_{i=1}^{n} \frac{e_{1i} - e_{2i}}{1 + e_{1i}} H_i。 \tag{3-7}$$

例 3-1 某方形基础底面尺寸为 5m×5m，上部传至基础顶面的中心荷载 $F = 1300\text{kN}$，基础埋深 $d = 2\text{m}$，地基土分两层，第一层为杂填土，厚 2m，$\gamma_1 = 19\text{kN/m}^3$；第二层为粉质黏土，未见底，$\gamma_2 = 18\text{kN/m}^3$，地下水位位于地面下 3m，水位以下土的饱和重度 $\gamma_{2sat} = 19.8\text{kN/m}^3$。土的压缩曲线如图 3-4 所示（$A$、$B$ 线分别为地下水位上、下的压缩曲线），试计算基底中心点下的地基变形值。

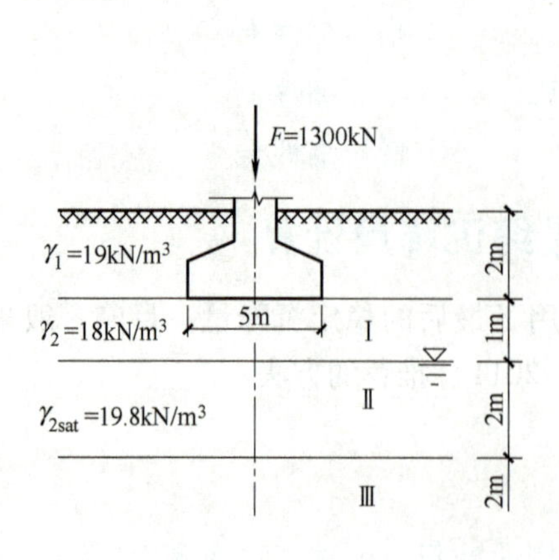

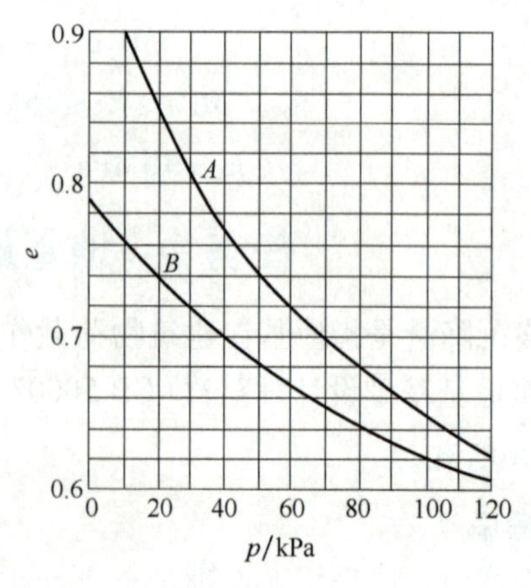

图 3-4 地基土层剖面与压缩曲线

解： 1）对地基土分层。每层土层最大分层厚度为：$0.4b=0.4\times5\text{m}=2\text{m}$。

地下水位面及天然层面均为分层界面，同时每层厚度小于$0.4b$，即2m，将本例从基底往下分为3层，层厚分别为1m、2m、2m，分别记作Ⅰ、Ⅱ、Ⅲ层。

2）计算各层面自重应力及各土层平均自重应力。自重应力是地基土层压缩前的应力，从原天然地面算起，计算结果见表3-1。

表3-1　自重应力计算结果

位　置	深度z/m	σ_{cz}/kPa	$\overline{\sigma}_{cz}$/kPa	土层编号
Ⅰ层顶面	2	38		
			47	Ⅰ
Ⅰ、Ⅱ层分层界面	3	56		
			66	Ⅱ
Ⅱ、Ⅲ层分层界面	5	76		
			86	Ⅲ
Ⅲ层底面	7	96		

3）计算基底压力。$p=\dfrac{F+G}{A}=\dfrac{1300+20\times5\times5\times2}{5\times5}\text{kPa}=92\text{kPa}$。

4）计算基底附加压力。$p_0=p-\gamma_1 d=(92-19\times2)\text{kPa}=54\text{kPa}$。

5）计算基底中点下各层面深度的附加应力σ_z及各层平均附加应力$\overline{\sigma}_z$，深度从基础底面算起，计算结果见表3-2。

表3-2　附加应力计算结果（$l=2.5\text{m}$，$b=2.5\text{m}$，$l/b=1$）

位　置	深度z/m	z/b	α_c	$\sigma_z=4p_0\alpha_c$/kPa	$\overline{\sigma}_z$/kPa	土层编号
Ⅰ层顶面	0	0	0.2500	54		
					52.93	Ⅰ
Ⅰ、Ⅱ层分层界面	1	0.4	0.2401	51.86		
					42.31	Ⅱ
Ⅱ、Ⅲ层分层界面	3	1.2	0.1516	32.75		
					25.45	Ⅲ
Ⅲ层底面	5	2.0	0.0840	18.14		

6）确定计算深度。在基础底面以下5m处，$\sigma_{cz}=96\text{kPa}$，$\sigma_z=18.14\text{kPa}$，$\dfrac{\sigma_z}{\sigma_{cz}}=\dfrac{18.14}{96}=0.189$，即$\sigma_z<0.2\sigma_{cz}$，符合要求，则压缩层的计算深度确定为5m。

7）计算各层变形量及总变形量。由公式$s_i=\dfrac{e_{1i}-e_{2i}}{1+e_{1i}}H_i$计算各分层变形量，总变形量为各分层变形量之和，计算结果见表3-3。

表 3-3 各层变形量及总变形量

土层编号	厚度/mm	$\bar{\sigma}_z$/kPa	$\bar{\sigma}_{cz}$/kPa	$(\bar{\sigma}_z+\bar{\sigma}_{cz})$/kPa	e_{1i}	e_{2i}	s_i/mm
Ⅰ	1000	52.93	47	99.93	0.745	0.660	48.71
Ⅱ	2000	42.31	66	108.31	0.660	0.620	48.19
Ⅲ	2000	25.45	86	111.45	0.638	0.609	35.41
$s=\sum s_i=(48.71+48.19+35.41)\text{ mm}=132.31\text{mm}$							

3.2.2 规范法

《建筑地基基础设计规范》(GB 50007—2011) 提出了地基最终沉降量计算的另一种方法，简称“规范法”，该法在计算中采用了平均附加应力系数，并引入了地基沉降计算经验系数，使计算结果更接近实测值。

1. 计算公式

$$s=\psi_s\sum_{i=1}^{n}s_i=\psi_s\sum_{i=1}^{n}\frac{p_0}{E_{si}}(z_i\bar{\alpha}_i-z_{i-1}\bar{\alpha}_{i-1}) \tag{3-8}$$

式中 s——地基最终沉降量(mm)；

ψ_s——沉降计算经验系数，根据地区沉降观测资料及经验确定，无地区经验时可根据变形计算深度范围内压缩模量的当量值($\bar{E}_s$)、基底附加压力按表 3-4 取值；

p_0——基底附加压力(kPa)；

E_{si}——基础底面下第 i 层土的压缩模量(MPa)；

z_i、z_{i-1}——基础底面至第 i 层土、第 $i-1$ 层土底面的距离(m)；

$\bar{\alpha}_i$、$\bar{\alpha}_{i-1}$——基础底面计算点至第 i 层土、第 $i-1$ 层土底面范围内平均附加应力系数，与基底压力分布情况有关，矩形面积上均布荷载作用下角点的平均附加应力系数 $\bar{\alpha}$ 可由表 3-5 查出，有关矩形面积上三角形分布荷载作用下的平均附加应力系数可查相关规范。

表 3-4 沉降计算经验系数 ψ_s

基底附加压力	$\bar{E}_s$/MPa				
	2.5	**4.0**	**7.0**	**15.0**	**20.0**
$p_0\geqslant f_{ak}$	1.4	1.3	1.0	0.4	0.2
$p_0\leqslant 0.75f_{ak}$	1.1	1.0	0.7	0.4	0.2

注：f_{ak} 为地基承载力特征值。

表 3-5 矩形面积上均布荷载作用下角点的平均附加应力系数 $\bar{\alpha}$

z/b \ l/b	1.0	1.2	1.4	1.6	1.8	2.0	2.4	2.8	3.2	3.6	4.0	5.0	10.0
0.0	0.2500	0.2500	0.2500	0.2500	0.2500	0.2500	0.2500	0.2500	0.2500	0.2500	0.2500	0.2500	0.2500
0.2	0.2496	0.2497	0.2497	0.2498	0.2498	0.2498	0.2498	0.2498	0.2498	0.2498	0.2498	0.2498	0.2498
0.4	0.2474	0.2479	0.2481	0.2483	0.2483	0.2484	0.2485	0.2485	0.2485	0.2485	0.2485	0.2485	0.2485
0.6	0.2423	0.2437	0.2444	0.2448	0.2451	0.2452	0.2454	0.2455	0.2455	0.2455	0.2455	0.2455	0.2456

（续）

z/b \ l/b	1.0	1.2	1.4	1.6	1.8	2.0	2.4	2.8	3.2	3.6	4.0	5.0	10.0
0.8	0.2346	0.2372	0.2387	0.2395	0.2400	0.2403	0.2407	0.2408	0.2409	0.2409	0.2410	0.2410	0.2410
1.0	0.2252	0.2291	0.2313	0.2326	0.2335	0.2340	0.2346	0.2349	0.2351	0.2352	0.2352	0.2353	0.2353
1.2	0.2149	0.2199	0.2229	0.2248	0.2260	0.2268	0.2278	0.2282	0.2285	0.2286	0.2287	0.2288	0.2289
1.4	0.2043	0.2102	0.2140	0.2164	0.2190	0.2191	0.2204	0.2211	0.2215	0.2217	0.2218	0.2220	0.2221
1.6	0.1939	0.2006	0.2049	0.2079	0.2099	0.2113	0.2130	0.2138	0.2143	0.2146	0.2148	0.2150	0.2152
1.8	0.1840	0.1912	0.1960	0.1994	0.2018	0.2034	0.2055	0.2066	0.2073	0.2077	0.2079	0.2082	0.2084
2.0	0.1746	0.1822	0.1875	0.1912	0.1938	0.1958	0.1982	0.1996	0.2004	0.2009	0.2012	0.2015	0.2018
2.2	0.1659	0.1737	0.1793	0.1833	0.1862	0.1883	0.1911	0.1927	0.1937	0.1943	0.1947	0.1952	0.1955
2.4	0.1578	0.1657	0.1715	0.1757	0.1789	0.1812	0.1843	0.1862	0.1873	0.1880	0.1885	0.1890	0.1895
2.6	0.1503	0.1583	0.1642	0.1686	0.1719	0.1745	0.1779	0.1799	0.1812	0.1820	0.1825	0.1832	0.1838
2.8	0.1433	0.1514	0.1574	0.1619	0.1654	0.1680	0.1717	0.1739	0.1753	0.1763	0.1769	0.1777	0.1784
3.0	0.1369	0.1449	0.1510	0.1556	0.1592	0.1619	0.1658	0.1682	0.1698	0.1708	0.1715	0.1725	0.1733
3.2	0.1310	0.1390	0.1450	0.1497	0.1533	0.1562	0.1602	0.1628	0.1645	0.1657	0.1664	0.1675	0.1685
3.4	0.1256	0.1334	0.1394	0.1441	0.1478	0.1508	0.1550	0.1577	0.1595	0.1607	0.1616	0.1628	0.1639
3.6	0.1205	0.1282	0.1342	0.1389	0.1427	0.1456	0.1500	0.1528	0.1548	0.1561	0.1570	0.1583	0.1595
3.8	0.1158	0.1234	0.1293	0.1340	0.1378	0.1408	0.1452	0.1482	0.1502	0.1516	0.1526	0.1541	0.1554
4.0	0.1114	0.1189	0.1248	0.1294	0.1332	0.1362	0.1408	0.1438	0.1459	0.1474	0.1485	0.1500	0.1516
4.2	0.1073	0.1147	0.1205	0.1251	0.1289	0.1319	0.1365	0.1396	0.1418	0.1434	0.1445	0.1462	0.1479
4.4	0.1035	0.1107	0.1164	0.1210	0.1248	0.1279	0.1325	0.1357	0.1379	0.1396	0.1407	0.1425	0.1444
4.6	0.1000	0.1070	0.1127	0.1172	0.1209	0.1240	0.1287	0.1319	0.1342	0.1359	0.1371	0.1390	0.1410
4.8	0.0967	0.1036	0.1091	0.1136	0.1173	0.1204	0.1250	0.1283	0.1307	0.1324	0.1337	0.1357	0.1379
5.0	0.0935	0.1003	0.1057	0.1102	0.1139	0.1169	0.1216	0.1249	0.1273	0.1291	0.1304	0.1325	0.1348
5.2	0.0906	0.0972	0.1026	0.1070	0.1106	0.1136	0.1183	0.1217	0.1241	0.1259	0.1273	0.1295	0.1320
5.4	0.0878	0.0943	0.0996	0.1039	0.1075	0.1105	0.1152	0.1186	0.1211	0.1229	0.1243	0.1265	0.1292
5.6	0.0852	0.0916	0.0968	0.1010	0.1046	0.1076	0.1122	0.1156	0.1181	0.1200	0.1215	0.1238	0.1266
5.8	0.0828	0.0890	0.0941	0.0983	0.1018	0.1047	0.1094	0.1128	0.1153	0.1172	0.1187	0.1211	0.1240
6.0	0.0805	0.0866	0.0916	0.0957	0.0991	0.1021	0.1067	0.1101	0.1126	0.1146	0.1161	0.1185	0.1216
6.2	0.0783	0.0842	0.0891	0.0932	0.0966	0.0995	0.1041	0.1075	0.1101	0.1120	0.1136	0.1161	0.1193
6.4	0.0762	0.0820	0.0869	0.0909	0.0942	0.0971	0.1016	0.1050	0.1076	0.1096	0.1111	0.1137	0.1171
6.6	0.0742	0.0799	0.0847	0.0886	0.0919	0.0948	0.0993	0.1027	0.1053	0.1073	0.1088	0.1114	0.1149
6.8	0.0723	0.0779	0.0826	0.0865	0.0898	0.0926	0.0970	0.1004	0.1030	0.1050	0.1066	0.1092	0.1129
7.0	0.0705	0.0761	0.0806	0.0844	0.0877	0.0904	0.0949	0.0982	0.1008	0.1028	0.1044	0.1071	0.1109
7.2	0.0688	0.0742	0.0787	0.0825	0.0857	0.0884	0.0928	0.0962	0.0987	0.1008	0.1023	0.1051	0.1090
7.4	0.0672	0.0725	0.0769	0.0806	0.0838	0.0865	0.0908	0.0942	0.0967	0.0988	0.1004	0.1031	0.1071
7.6	0.0656	0.0709	0.0752	0.0789	0.0820	0.0846	0.0889	0.0922	0.0948	0.0968	0.0984	0.1012	0.1054
7.8	0.0642	0.0693	0.0736	0.0771	0.0802	0.0828	0.0871	0.0904	0.0929	0.0950	0.0966	0.0994	0.1036

（续）

z/b \ l/b	1.0	1.2	1.4	1.6	1.8	2.0	2.4	2.8	3.2	3.6	4.0	5.0	10.0
8.0	0.0627	0.0678	0.0720	0.0755	0.0785	0.0811	0.0853	0.0886	0.0912	0.0932	0.0948	0.0976	0.1020
8.2	0.0614	0.0663	0.0705	0.0739	0.0769	0.0795	0.0837	0.0869	0.0894	0.0914	0.0931	0.0959	0.1004
8.4	0.0601	0.0649	0.0690	0.0724	0.0754	0.0779	0.0820	0.0852	0.0878	0.0898	0.0914	0.0943	0.0988
8.6	0.0588	0.0636	0.0676	0.0710	0.0739	0.0764	0.0805	0.0836	0.0862	0.0882	0.0898	0.0927	0.0973
8.8	0.0576	0.0623	0.0663	0.0696	0.0724	0.0749	0.0790	0.0821	0.0846	0.0866	0.0882	0.0912	0.0959
9.2	0.0554	0.0599	0.0637	0.0670	0.0697	0.0721	0.0761	0.0792	0.0817	0.0837	0.0853	0.0882	0.0931
9.6	0.0533	0.0577	0.0614	0.0645	0.0672	0.0696	0.0734	0.0765	0.0789	0.0809	0.0825	0.0855	0.0905
10.0	0.0514	0.0556	0.0592	0.0622	0.0649	0.0672	0.0710	0.0739	0.0763	0.0783	0.0799	0.0829	0.0880
10.4	0.0496	0.0537	0.0572	0.0601	0.0627	0.0649	0.0686	0.0716	0.0739	0.0759	0.0775	0.0804	0.0857
10.8	0.0479	0.0519	0.0553	0.0581	0.0606	0.0628	0.0664	0.0693	0.0717	0.0736	0.0751	0.0781	0.0834
11.2	0.0463	0.0502	0.0535	0.0563	0.0587	0.0609	0.0644	0.0672	0.0695	0.0714	0.0730	0.0759	0.0813
11.6	0.0448	0.0486	0.0518	0.0545	0.0569	0.0590	0.0625	0.0652	0.0675	0.0694	0.0709	0.0738	0.0793
12.0	0.0435	0.0471	0.0502	0.0529	0.0552	0.0573	0.0606	0.0634	0.0656	0.0674	0.0690	0.0719	0.0774
12.8	0.0409	0.0444	0.0474	0.0499	0.0521	0.0541	0.0573	0.0599	0.0621	0.0639	0.0654	0.0682	0.0739
13.6	0.0387	0.0420	0.0448	0.0472	0.0493	0.0512	0.0543	0.0568	0.0589	0.0607	0.0621	0.0649	0.0707
14.4	0.0367	0.0398	0.0425	0.0448	0.0468	0.0486	0.0516	0.0540	0.0561	0.0577	0.0592	0.0619	0.0677
15.2	0.0349	0.0379	0.0404	0.0426	0.0446	0.0463	0.0492	0.0515	0.0535	0.0551	0.0565	0.0592	0.0650
16.0	0.0332	0.0361	0.0385	0.0407	0.0425	0.0442	0.0469	0.0492	0.0511	0.0527	0.0540	0.0567	0.0625
18.0	0.0297	0.0323	0.0345	0.0364	0.0381	0.0396	0.0422	0.0442	0.0460	0.0475	0.0487	0.0512	0.0570
20.0	0.0269	0.0292	0.0312	0.0330	0.0345	0.0359	0.0383	0.0402	0.0418	0.0432	0.0444	0.0468	0.0524

注：l、b 为矩形的长度与宽度，z 为基底以下的深度。

2. 地基变形计算深度的确定

《建筑地基基础设计规范》（GB 50007—2011）用符号 z_n 表示地基变形计算深度，并规定其应符合下列要求：

$$\Delta s'_n \leqslant 0.025 \sum_{i=1}^{n} s'_i \tag{3-9}$$

式中　$\Delta s'_n$——在由计算深度向上取厚度为 Δz 的土层计算变形值，Δz 由表 3-6 确定；

s'_i——在计算深度范围内，第 i 层土的计算变形值。

表 3-6　Δz 取值

b/m	$b \leqslant 2$	$2 < b \leqslant 4$	$4 < b \leqslant 8$	$8 < b$
Δz/m	0.3	0.6	0.8	1.0

如确定的计算深度下部仍有较软土层时应继续计算。当无相邻荷载影响、基础宽度在 1 ~ 30m 范围时，基础中点的地基变形计算深度也可以按下列简化公式计算：

$$z_n = b(2.5 - 0.4\ln b) \tag{3-10}$$

式中　b——基础宽度（m）。

在计算深度范围内存在基岩时，z_n可取至基岩表面；当存在较厚的坚硬黏土层（孔隙比小于0.5，压缩模量大于50MPa）或存在较厚的密实砂卵石层（压缩模量大于80MPa）时，z_n可取至该层土表面。

3. 沉降计算经验系数的确定

沉降计算经验系数，按地区沉降观测资料及经验确定，无地区经验时可根据变形计算深度范围内压缩模量的当量值（$\overline{E}_s$）、基底附加压力按表3-4取值。

$\overline{E}_s$为沉降计算深度范围内压缩模量当量值，其计算公式为

$$\overline{E}_s = \frac{\sum A_i}{\sum \frac{A_i}{E_{si}}} \tag{3-11}$$

式中　A_i——第i层土附加应力系数沿土层厚度的积分值。

4. 计算步骤

1）计算基底附加应力。

2）将地基土按压缩模量E_s分层。

3）计算各分层沉降量。

4）确定计算深度。

5）确定沉降计算经验系数。

6）计算基础总沉降量。

例3-2　图3-5为某建筑物的柱基础，基底为正方形，边长为4.0m，基础埋置深度$d=1.5$m，上部结构传至基础顶面的荷载$F=1100$kN，地基为粉质黏土，其天然重度$\gamma=18.0$kN/m^3，地下水位距离地表3.5m，地下水位以下土体的饱和重度$\gamma_{sat}=19.2$kN/m^3。土层压缩模量为：地下水位以上$E_{s1}=4.0$MPa，地下水位以下$E_{s2}=6.0$MPa。地基土的承载力特征值$f_{ak}=120$kPa。试用“规范法”计算柱基中点的沉降量。

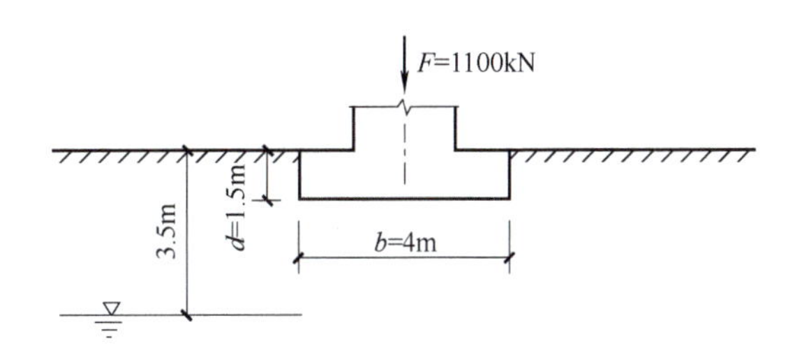

图3-5　例3-2附图

解： 1）按式（3-10）计算确定地基变形计算深度$z_n=b(2.5-0.4\ln b)=4.0\times(2.5-0.4\ln 4)$ m$=7.8$m。

2）计算基底附加压力。则

$$p=\frac{F+G}{A}=\frac{1100+20\times4\times4\times1.5}{4\times4}\text{kPa}=98.75\text{kPa}$$

$$p_0=p-\gamma d=(98.75-18\times1.5)\text{kPa}=71.75\text{kPa}$$

3）平均附加应力系数$\overline{\alpha}$的计算。使用表3-5时，因为它是角点下的平均附加应力系数，而所需计算的为基础中点下的沉降量，因此将基础分为4块相同的小面积，$l=2$m，$b=2$m，查得的平均附加应力系数应乘以4，具体数值见表3-7。

表 3-7 平均附加应力系数 $\bar{\alpha}$ 计算

z_i/m	l/b	z/b	$\bar{\alpha}_i$	$\bar{\alpha}_i z_i$ /m	$\bar{\alpha}_i z_i - \bar{\alpha}_{i-1} z_{i-1}$ /m	E_{si} /MPa	s'_i /mm	$\sum s'_i$ /mm	$\frac{\Delta s'_n}{\sum s'_i}$
0		0	4×0.2500=1.0000	0					
2.0	1.0	1.0	4×0.2252=0.9008	1.8016	1.8016	4	32.32	53.16	
7.8		3.9	4×0.1136=0.4544	3.5443	1.7427	6	20.84		
7.2		3.6	4×0.1205=0.4820	3.4704	0.0739	6	0.88		0.017

4）校核 z_n。根据规范规定，在 z_n 处按表 3-6 向上取 $\Delta z=0.6\text{m}$，计算出 $\frac{\Delta s'_n}{\sum s'_i}=\frac{0.88}{53.16}=0.017\leqslant 0.025$，表明所取 $z_n=7.8\text{m}$ 符合要求。

5）沉降计算经验修正系数的确定。

压缩模量当量值为 $\bar{E}_s=\frac{3.5443}{\frac{1.8016}{4}+\frac{1.7427}{6}}\text{MPa}=4.78\text{MPa}$，由 $p_0=71.75\text{kPa}<0.75f_{ak}=90\text{kPa}$ 和 $\bar{E}_s=4.78\text{MPa}$，查表 3-4 得 $\psi_s=1.0-\frac{1.3-1.0}{7.0-4.0}\times(4.78-4.0)=0.922$。

6）计算柱基中点的沉降量。

$$s=\psi_s\sum_{i=1}^{n}s'_i=0.922\times 53.16\text{mm}=49.01\text{mm}$$

任务 3 地基变形与时间的关系

前面介绍地基最终沉降量的计算，在某些必要情况下，一些重要或特殊建筑物还需要知道地基沉降量随时间的变化过程，即地基沉降与时间的关系。土体在压力作用下，压缩量随时间增长的过程称为土的固结。碎石土和砂土的压缩性小而渗透性大，受荷后固结稳定所需时间很短，可以认为施工结束时，地基沉降已全部或基本完成。黏性土和粉土达到固结稳定所需时间较长，工程中一般需要考虑黏性土和粉土地基沉降与时间的关系。

3.3.1 地基沉降与时间的关系计算

利用上述固结理论可进行如下的计算：

1）已知土层的最终沉降量 s，求某一固结历时 t 已完成的沉降 s_t。对于这类问题，首先计算土层平均固结系数 C_v 和时间因数 T_v，然后利用图中的曲线查出相应的固结度 U_t，再求得 s_t。

2）已知土层的最终沉降量 s，求土层产生某一沉降 s_t 时所需的时间。对于这类问题首先求出土层平均固结度 $U_t=s_t/s$，然后从图 3-6 中的曲线查得相应的时间因数 T_v，再求出所需的时间。

3.3.2 饱和土的单向固结的公式

1. 固结系数

$$C_v=\frac{k(1+e)}{a\gamma_w} \tag{3-12}$$

式中 C_v——土的固结系数（m^2/年）；

e——加荷前土的孔隙比；

k——土的渗透系数（m/年）；

a——土的压缩系数（MPa^{-1}）；

γ_w——水的重度，$\gamma_w=9.8$ 或 $10kN/m^3$。

2. 固结度

固结度是指土层在固结过程中任一时刻的压缩量 s_t 与最终压缩量 s 之比，即

$$U_t=\frac{s_t}{s} \tag{3-13}$$

3. 时间因数

$$T_v=\frac{C_v t}{H^2} \tag{3-14}$$

式中 T_v——时间因数；

t——固结时间（年）；

H——最大排水距离（cm），对于单面排水，H 为压缩土层厚度；对于双面排水，H 为压缩土层厚度的一半。

4. 单向渗透固结理论曲线

为简化计算，将不同固结情况的 $U_t=f(T_v)$ 关系制成图（图3-6）以备查用。图中曲线的参数 $\alpha=\frac{\sigma_{za}}{\sigma_{zp}}$，$\sigma_{za}$ 为透水面处的压缩应力，σ_{zp} 为非透水面处的压缩应力。图中各种压缩应力分布情况对应的实际工程条件大致如下：

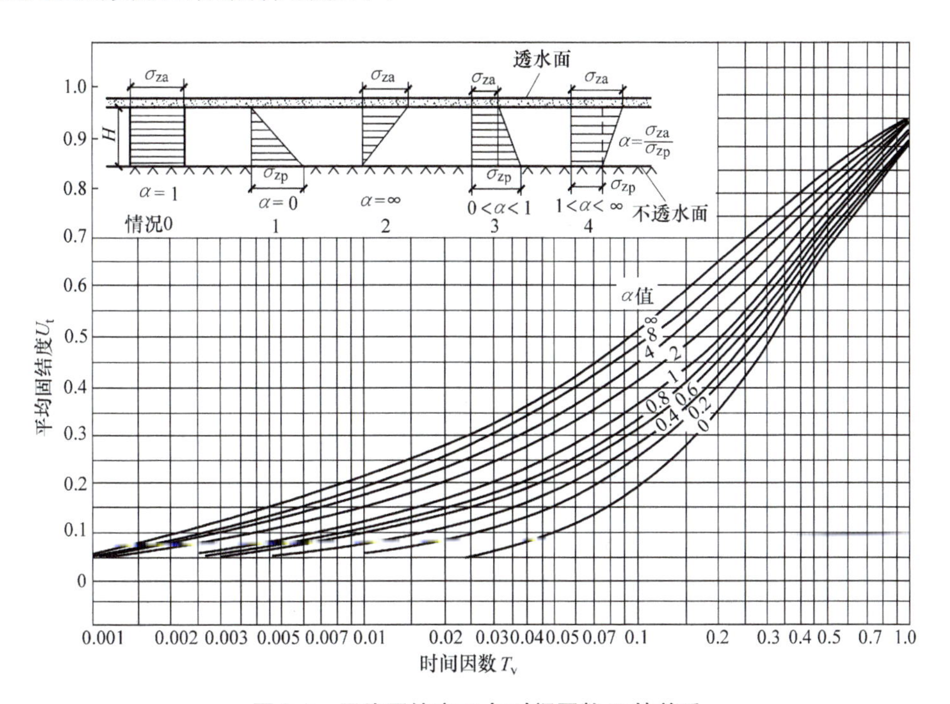

图3-6 平均固结度 U_t 与时间因数 T_v 的关系

情况0适用于地基在自重作用下已固结完成，基底面积很大而压缩土层又较薄的情况。

此时附加应力即为压缩应力。

情况 1 相当于大面积新填土层（饱和时）由土体本身的自重应力引起的固结；或者土层由于地下水位大幅度下降，在地下水位变化范围内，自重应力随深度增加的情况。此时自重应力即为压缩应力。

情况 2 为地基在自重作用下已固结完成，基底面积较小而压缩土层又很厚，压缩土层底面附加应力接近于零的情况。附加应力为压缩应力。

情况 3 相当于地基在自重作用下尚未固结，又在其上施加荷载。压缩应力包括自重应力和附加应力。

情况 4 为地基在自重作用下已固结完成，在局部荷载作用下，压缩土层底面的附加应力仍相当大，不能视之为零的情况。

例 3-3 某地基压缩层厚为 8m 的饱和黏性土层，上部为透水砂层，下部为隔水层，软黏土加荷之前的孔隙比为 $e_1=0.7$，渗透系数 $k=2.0\text{cm/年}$，压缩系数 $a=0.25\text{MPa}^{-1}$，附加应力分布如图 3-7 所示，求：①加荷一年后的地基沉降量；②地基沉降 10cm 所需时间。

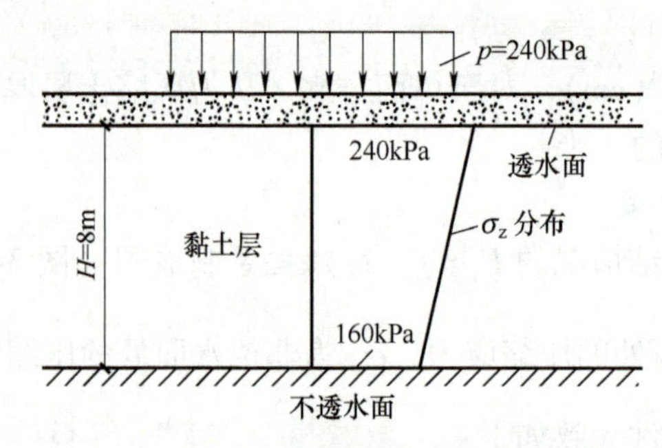

图 3-7　例 3-3 附图

解：(1) 求土层最终沉降量 s。

地基的平均附加应力为 $\overline{\sigma}_z=\dfrac{240+160}{2}\text{kPa}=200\text{kPa}$

$$s=\frac{a}{1+e_1}\overline{\sigma}_z H=\frac{0.25}{1+0.7}\times 0.2\times 800\text{cm}=23.5\text{cm}$$

该土层固结系数为 $C_v=\dfrac{k(1+e_1)}{a\gamma_w}=\dfrac{2\times(1+0.7)}{0.25\times10^{-2}\times0.0098}\text{cm}^2/\text{年}=1.39\times10^5\text{cm}^2/\text{年}$

$$T_v=\frac{C_v t}{H^2}=\frac{1.39\times10^5\times1}{800^2}=0.217,\alpha=\frac{\sigma_{za}}{\sigma_{zp}}=\frac{240}{160}=1.5$$

由图 3-6 可得加荷一年的固结度 $U_t=0.55$，故 $s_t=0.55\times23.5\text{cm}=12.9\text{cm}$

(2) 求地基沉降 10cm 所需时间 t。

由 $\alpha=\dfrac{\sigma_{za}}{\sigma_{zp}}=1.5$ 和 $U_t=\dfrac{s_t}{s}=\dfrac{10}{23.5}=0.43$，查图 3-6 可得 $T_v=0.13$

则 $t=\dfrac{T_vH^2}{C_v}=\dfrac{0.13\times800^2}{1.39\times10^5}\text{年}=0.60\text{ 年}$。

思考题

1. 什么是土体的压缩曲线？它是如何获得的？

2. 规范法计算地基沉降时如何确定沉降计算经验修正系数?

3. 由于大量开采地下水导致地下水位大幅下降，对土体有什么影响?

习题

1. 某钻孔土样1为粉质黏土、土样2为淤泥质土，它们的压缩试验数据列于表3-8，试计算 a_{1-2} 和评价其压缩性。

表 3-8

垂直压力/kPa		0	50	100	200	300	400
孔隙比	土样1	0.866	0.799	0.770	0.736	0.721	0.714
	土样2	1.085	0.960	0.890	0.803	0.748	0.707

2. 某基础宽度 $b=4.0\text{m}$，长度 $l=6.0\text{m}$，上部传来中心荷载为 $F=3000\text{kN}$。地基为单一黏土层，土的重度 $\gamma=18.0\text{kN/m}^3$，压缩模量 $E_s=3.0\text{MPa}$，基础埋深 $d=1.5\text{m}$，地基承载力特征值 $f_{ak}=120\text{kPa}$。地基土的压缩曲线如图3-8所示，用分层总和法与规范法分别计算基础最终沉降量。

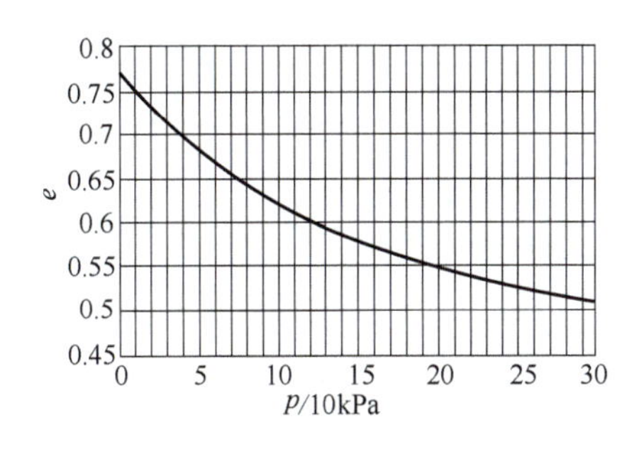

图3-8 土的压缩曲线

3. 由于建筑物传来的荷载，地基中某一饱和黏土层产生梯形分布的竖向附加应力，该层顶面和底面的附加应力分别为 $\sigma_{za}=240\text{kPa}$ 和 $\sigma_{zp}=160\text{kPa}$，顶面和底面均透水，$k=0.2\text{cm/年}$，$e=0.88$，$a=0.39\text{MPa}^{-1}$，$E_s=4.82\text{MPa}$。试求：①该土层的最终沉降量；②达到最终沉降量之半所需的时间；③达到120mm沉降所需的时间。

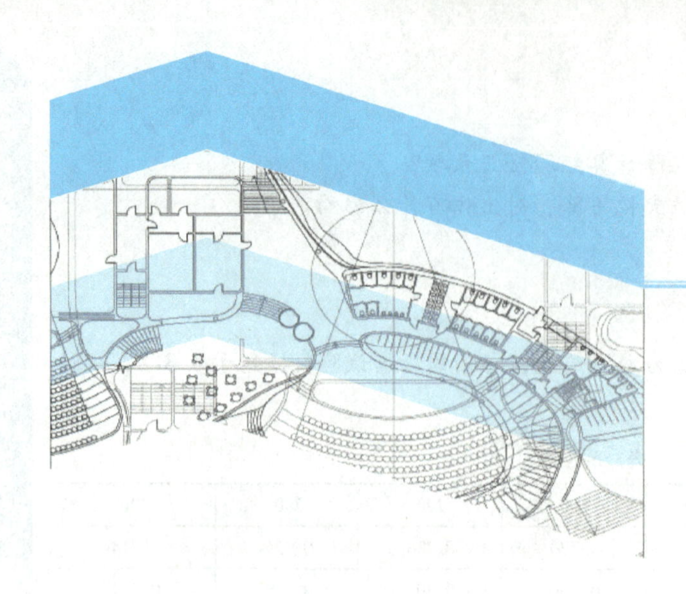

项目 4

土的抗剪强度

内容提要

本项目主要介绍了库仑公式、土的极限平衡条件、抗剪强度的测定方法及地基承载力特征值的确定。

学习要求

知识要点	能力要求	相关知识
抗剪强度指标测定	1）熟悉库仑公式和抗剪强度的来源 2）掌握抗剪强度指标的测定方法	土的内摩擦角、黏聚力、直剪试验、三轴剪切试验、无侧限抗压强度试验、十字板剪切试验
土的极限平衡条件	1）掌握某点极限平衡时的应力方程式 2）学会判断土中某点所处应力状态的方法	大、小主应力，莫尔应力圆，极限应力圆，弹性平衡状态
地基承载力的确定	1）熟悉地基破坏的形式及 $p-s$ 曲线 2）掌握确定地基承载力特征值的方法	整体剪切破坏、局部剪切破坏、冲剪破坏、静载荷试验、承载力特征值修正

任务1　库 仑 公 式

土的抗剪强度是指土体抵抗剪切破坏的极限能力。实际工程中建筑物地基承载力、挡土墙的土压力及土坡稳定等都受土的抗剪强度控制。

1776 年法国学者库仑通过对砂土进行大量试验研究得出砂土的抗剪强度表达式，即

$$\tau_f = \sigma\tan\varphi \tag{4-1}$$

此后库仑又根据黏性土的试验结果提出更为普遍的抗剪强度表达式，即

$$\tau_f = c + \sigma\tan\varphi \tag{4-2}$$

式中　τ_f——土的抗剪强度（kPa）；

σ——剪切滑动面上的法向应力（kPa）；

c——土的黏聚力（kPa）；

φ——土的内摩擦角（°）。

式（4-1）和式（4-2）统称为库仑公式，其中 c、φ 称为土的抗剪强度指标。该公式表明

土的抗剪强度是剪切面上法向应力的线性函数，如图4-1所示。同时可以看出，对于砂土，抗剪强度仅与颗粒间的摩擦力 $\sigma\tan\varphi$ 有关；而对于黏性土，其抗剪强度由摩擦力 $\sigma\tan\varphi$ 和黏聚力 c 两个部分所构成。

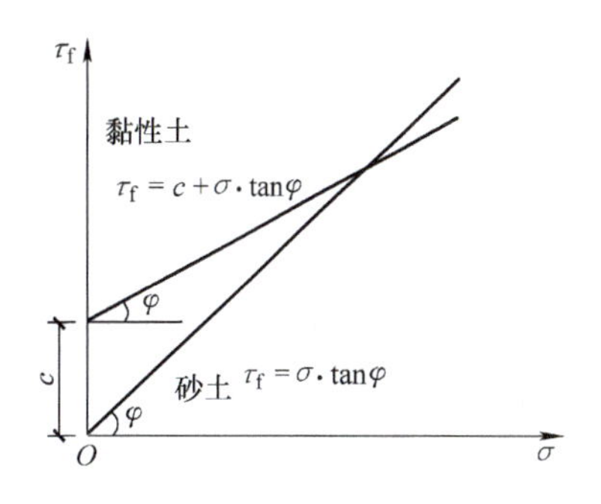

图4-1 抗剪强度与法向应力的关系曲线

抗剪强度的摩擦力包括土粒之间的表面摩擦力和由于土粒之间嵌入所产生的咬合力，其大小取决于土粒表面的粗糙度、密实度及颗粒级配等因素。抗剪强度的黏聚力是由于黏性土粒间的胶结作用和水分子引力作用而形成的，其大小与土的矿物组成和密实程度有关。土粒越细，塑性越大，其黏聚力就越大。

任务2 土的极限平衡条件

4.2.1 土中一点的应力状态

当土体中某一点上任一方向的剪应力达到抗剪强度 τ_f 时，称该点处于极限平衡状态。因此，如果已知土体的抗剪强度，只要求得土中某点各个面上的剪应力 τ 和法向应力 σ，即可以判断土体所处的状态。

下面仅研究平面问题，在土体中取一单元体，如图4-2a所示，设作用在该单元上的大小主应力分别为 σ_1 和 σ_3，在单元体内与大主应力 σ_1 作用平面成任意角 α 的斜截面 mn 上有正应力和剪应力分别为 σ 和 τ。为了建立 σ、τ 与 σ_1、σ_3 之间的关系，截取楔形脱离体，如图4-2b所示。

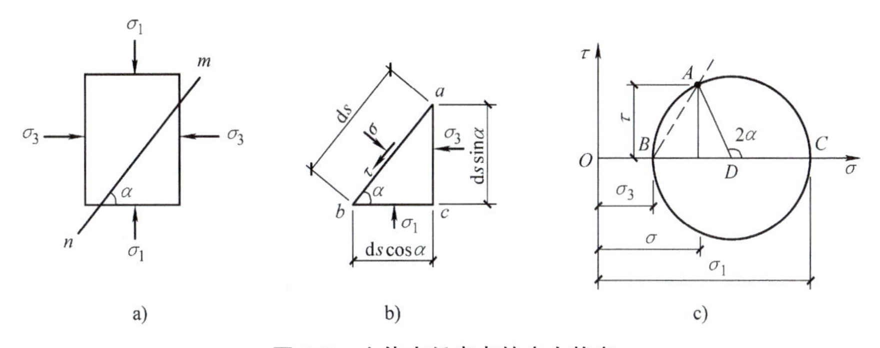

图4-2 土体中任意点的应力状态

a）单元体应力 b）脱离体上的应力 c）莫尔应力圆

根据楔形脱离体的静力平衡条件可得

$$\sigma_3 ds\sin\alpha - \sigma ds\sin\alpha + \tau ds\cos\alpha = 0 \tag{4-3}$$

$$\sigma_1 ds\cos\alpha - \sigma ds\cos\alpha - \tau ds\sin\alpha = 0 \tag{4-4}$$

联立求解可得斜截面 mn 上的应力为

$$\sigma = \frac{1}{2}(\sigma_1 + \sigma_3) + \frac{1}{2}(\sigma_1 - \sigma_3)\cos2\alpha \tag{4-5}$$

$$\tau = \frac{1}{2}(\sigma_1 - \sigma_3)\sin2\alpha \tag{4-6}$$

由材料力学可知，以上的 σ、τ 和 σ_1、σ_3 之间的关系可以用莫尔应力圆表示，如图 4-2c 所示。即在以 σ 为横坐标，τ 为纵坐标的直角坐标系中，以 $\left(\frac{\sigma_1+\sigma_3}{2}, 0\right)$ 为圆心，以 $\frac{\sigma_1-\sigma_3}{2}$ 为半径画圆，所画圆就是莫尔应力圆。从 DC 开始逆时针旋转 2α 角，得 DA 线与圆周的交点 A，A 点的横坐标代表与大主应力 σ_1 作用面成 α 角的斜面上的法向应力 σ，A 点的纵坐标代表与大主应力 σ_1 作用面成 α 角的斜面上的剪应力 τ。显然只要已知土体中任一点的大小主应力 σ_1 和 σ_3，便可用莫尔应力圆求出该点不同斜截面上的正应力 σ 和剪应力 τ。

4.2.2 极限平衡条件

1. 土的极限平衡状态

莫尔应力圆和库仑直线的坐标相同，都是以法向应力为横坐标，以剪应力为纵坐标，所以可以将土中一点的应力圆与库仑直线画在同一坐标系中，由它们之间的关系来判别其所处的应力状态，图 4-3 中的所示，它们之间存在三种关系：①莫尔应力圆与库仑直线相离。如图 4-3圆Ⅰ，莫尔圆位于库仑直线的下方，表示土中某点在任何平面上的剪应力都小于该点的抗剪强度（$\tau<\tau_f$），因此不会发生剪切破坏；该点处于弹性平衡状态。②莫尔应力圆与库仑直线相割。图 4-3 中的圆Ⅲ，表示该点某些平面上的剪应力已经超过了土的抗剪强度（$\tau>\tau_f$），该点已破坏，实际上这种情况是不可能存在的，因为此时地基应力将发生重新分布。③莫尔应力圆与库仑直线相切。图 4-3 中的圆Ⅱ，切点为 A，说明在 A 点所代表的平面上，剪应力正好等于抗剪强度（$\tau=\tau_f$），该点就处于极限平衡状态，圆Ⅱ称为极限应力圆。

2. 土的极限平衡条件式

当土处于极限平衡状态时，莫尔应力圆与抗剪强度线是相切的关系。如图 4-4 所示，设切点为 A，将库仑直线延长并与 σ 轴相交于 R 点，则在三角形 ARD 中：

$$\sin\varphi=\frac{AD}{RD}=\frac{(\sigma_1-\sigma_3)/2}{c\cot\varphi+\frac{1}{2}(\sigma_1+\sigma_3)} \tag{4-7}$$

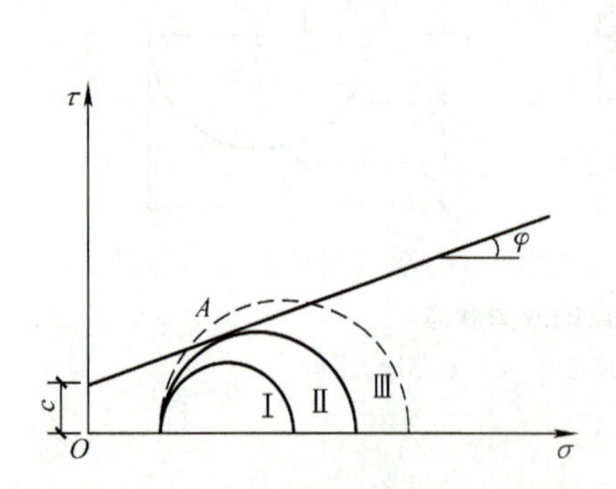

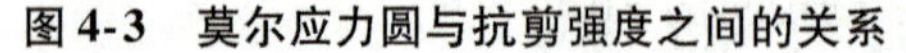
图 4-3 莫尔应力圆与抗剪强度之间的关系

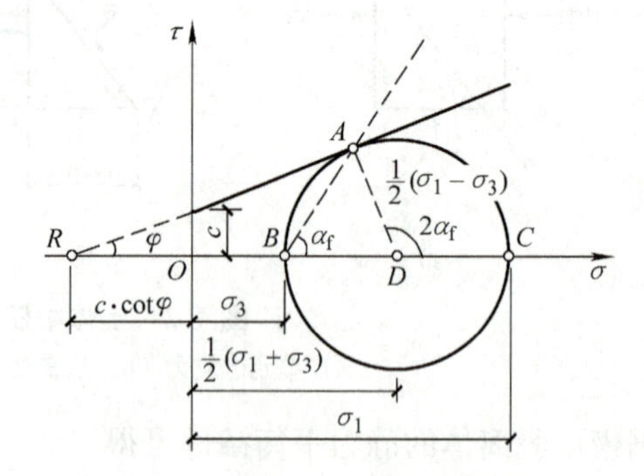

图 4-4 极限平衡的几何条件

通过三角函数间的变换，可以得到土的极限平衡状态条件式为

$$\sigma_1=\sigma_3\tan^2\left(45^\circ+\frac{\varphi}{2}\right)+2c\tan\left(45^\circ+\frac{\varphi}{2}\right) \tag{4-8}$$

或

$$\sigma_3=\sigma_1\tan^2\left(45^\circ-\frac{\varphi}{2}\right)-2c\tan\left(45^\circ-\frac{\varphi}{2}\right) \tag{4-9}$$

对于无黏性土，由于黏聚力 $c=0$，则可求得无黏性土的极限平衡条件式为

$$\sigma_1=\sigma_3\tan^2\left(45°+\frac{\varphi}{2}\right) \tag{4-10}$$

或

$$\sigma_3=\sigma_1\tan^2\left(45°-\frac{\varphi}{2}\right) \tag{4-11}$$

土体处于极限平衡状态时，由图4-4的几何关系又可求得破裂面与大主应力作用面的夹角为 α_f，即

$$2\alpha_f=90°+\varphi$$

$$\alpha_f=45°+\frac{\varphi}{2} \tag{4-12}$$

土的极限平衡条件同时表明，土体剪切破坏时的破裂面不是发生在最大剪应力 τ_{max} 的作用面上，而是发生在与最大主应力的作用面成 $45°+\frac{\varphi}{2}$ 的平面上。

土的极限平衡状态的判定可以用式（4-8）或式（4-9），具体判别方法如下：

1）当 $\sigma_1<\sigma_{1f}$ 或 $\sigma_3>\sigma_{3f}$ 时，土体中该点处于稳定平衡状态。

2）当 $\sigma_1=\sigma_{1f}$ 或 $\sigma_3=\sigma_{3f}$ 时，土体中该点处于极限平衡状态。

3）当 $\sigma_1>\sigma_{1f}$ 或 $\sigma_3<\sigma_{3f}$ 时，土体中该点处于破坏状态。

σ_1 和 σ_3 分别表示实际的大、小主应力，σ_{1f} 和 σ_{3f} 分别表示土体极限平衡状态时的大、小主应力。

例 4-1 某土的内摩擦角为 $\varphi=30°$，黏聚力为 $c=16\text{kPa}$，如果小主应力 $\sigma_3=100\text{kPa}$，求：①达到极限平衡状态时的大主应力；②极限平衡的破裂面与大主应力作用面的夹角；③当 $\sigma_1=300\text{kPa}$ 时，判断土体所处状态。

解：（1）根据土的极限平衡条件，小主应力 $\sigma_3=100\text{kPa}$ 时土体处于极限平衡状态所对应的大主应力 σ_{1f} 为

$$\begin{aligned}\sigma_{1f}&=\sigma_3\tan^2\left(45°+\frac{\varphi}{2}\right)+2c\tan\left(45°+\frac{\varphi}{2}\right)\\&=100\times\tan^2\left(45°+\frac{30°}{2}\right)\text{kPa}+2\times16\times\tan\left(45°+\frac{30°}{2}\right)\text{kPa}=355.4\text{kPa}\end{aligned}$$

（2）极限平衡的破裂面与大主应力作用面的夹角

$$\alpha_f=45°+\frac{\varphi}{2}=45°+\frac{30°}{2}=60°$$

（3）$\sigma_1=300\text{kPa}<\sigma_{1f}=355.4\text{kPa}$，土体处于弹性平衡状态。

任务3　抗剪强度的测定方法

抗剪强度测定的方法，室内试验有直接剪切试验、三轴压缩试验和无侧限抗压强度试验等，现场原位测定有十字板剪切试验。

4.3.1　直接剪切试验

直接剪切试验是测定抗剪强度最常用的方法。试验的仪器为直剪仪，主要部件如图4-5所示。

试验时，首先将上、下盒对正并用插销固定，将准备好的土样放入剪切盒内，如图4-5所示。拔去插销，通过加压活塞施加竖向力 P，试样的水平面积为 A，则剪切面上的法向应力

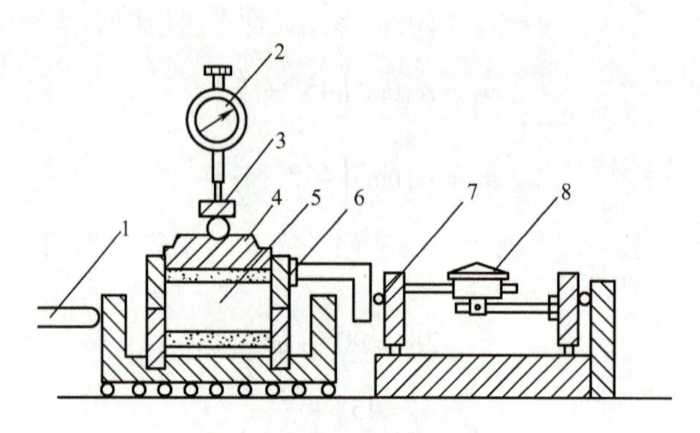

图 4-5　应变式直剪仪

1—推动座　2—垂直位移百分表　3—垂直加压框架　4—加压活塞
5—土样　6—剪切盒　7—量力环　8—测力百分表

为 $\sigma=\dfrac{P}{A}$。上盒固定，轮轴推动活动的下盒，施加水平力 Q，此时剪切面上的剪应力 $\tau=\dfrac{Q}{A}$，其大小可以通过量力环测得。当剪应力 τ 逐渐增大，直到发生剪切破坏，此时所测得的 τ 就是抗剪强度 τ_f。对于同一种土，至少取 4 个试样，分别在不同的法向应力 σ 下剪切破坏，得到相应的 τ 值。以 σ 为横坐标，以 τ 为纵坐标，根据 4 组以上的实验数据可以画出库仑直线，求出抗剪强度指标 c、φ。

为了模拟施工现场可能的剪切条件，根据加荷速率的快慢将直接剪切试验分为快剪、固结快剪、慢剪三种试验类型。

（1）快剪

先将土样上下面均贴上不透水薄膜，竖向压力施加后立即施加水平剪力进行剪切，使土样在 3 ~5min 内剪切破坏，由于剪切速度快，可以认为土样来不及排水固结，得到相应的 c、φ 值。

（2）固结快剪

竖向压力施加后，令其充分排水固结。固结终了后施加水平剪力，在 3 ~5min 内把土样剪坏，得到相应的 c、φ 值。

（3）慢剪

竖向压力施加后，给以充分时间使土样排水固结。固结后以慢速施加水平剪力，使土样在剪切过程中充分固结排水，直到土样被剪坏。此法又称为固结排水剪，得到相应的 c、φ 值。

直接剪切试验，仪器设备简单、操作方便，被广泛使用，但也存在一些不足，主要有：人为设定剪切面，其不一定是最薄弱的剪切面；不易控制排水条件；在试验过程中剪切面变化导致抗剪强度的计算有一定误差。

4.3.2　三轴压缩试验

三轴压缩试验仪器为三轴剪切仪，其构造如图 4-6 所示。它主要由压力室、轴向加压系统、周围压力控制系统、孔隙水压力系统及试样体积变化量测系统组成。

试验时，圆柱体土样用橡皮膜包裹，放入密封的压力室内，向压力室内压入液体，试样受到周围均匀的压应力 σ_3，然后在压力室上端的活塞杆上施加垂直压力 $\Delta\sigma_1$，直至土样受剪破坏，此时土样上的最大主应力为 $\Delta\sigma_1+\sigma_3$，最小主应力为 σ_3，如图 4-7b 所示。用同一种土样的3 ~4 个试件分别按上述方法进行试验，对每个土样施加不同的周围压力 σ_3，可分别求得

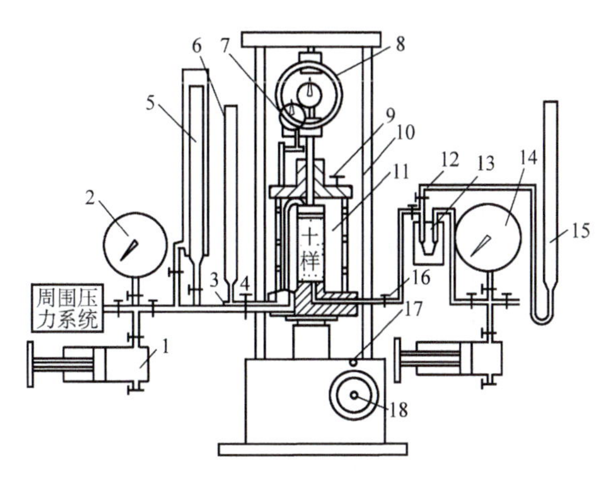

图 4-6 三轴压缩仪构造示意图

1—调压筒 2—围压表 3—围压阀 4—排水阀 5—体变管 6—排水管 7—变形量表 8—量力环 9—排气孔 10—轴向加压框架 11—压力室 12—量管阀 13—零位指示器 14—孔隙水压力表 15—量水管 16—孔隙水压力阀 17—离合器 18—手轮

剪切破坏时对应的最大主应力 σ_1，将这些结果绘成一组莫尔应力圆。作出这些莫尔圆的公切线，即为该土的抗剪强度包线，如图 4-7c 所示，可得抗剪强度指标 c 和 φ 值。

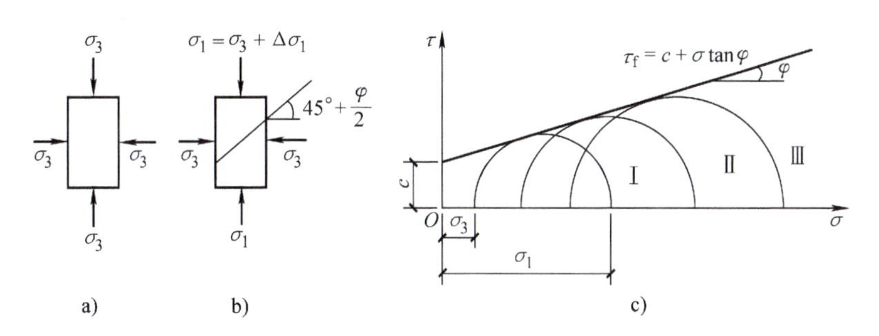

图 4-7 三轴剪切试验原理

三轴试验能够控制排水条件以及可以量测土样中孔隙水压力的变化，土样在最弱处受剪破坏，试验结果比较可靠。它也可以分为不固结不排水剪试验、固结不排水剪试验和固结排水剪试验。

4.3.3 无侧限抗压强度试验

无侧限抗压强度试验采用无侧限压缩仪，如图 4-8 所示。试验时，将圆柱形试样置于无侧限压缩仪中，在不加任何侧向压力的情况下，对试样施加轴向压力，直至试样剪切破坏。试样破坏时的轴向压力称为无侧限抗压强度，以 q_u 表示。

由于无侧限抗压强度试验时侧压力 $\sigma_3=0$，应力圆切于坐标原点，强度包线是一水平线，如图 4-9 所示，此时 $\varphi=0$，即

$$\tau_f=c_u=\frac{q_u}{2} \tag{4-13}$$

式中 c_u——土的不排水抗剪强度（kPa）；

q_u——无侧限抗压强度（kPa）。

无侧限压缩仪设备简单，易于操作，常用来测定饱和黏性土的不排水抗剪强度。

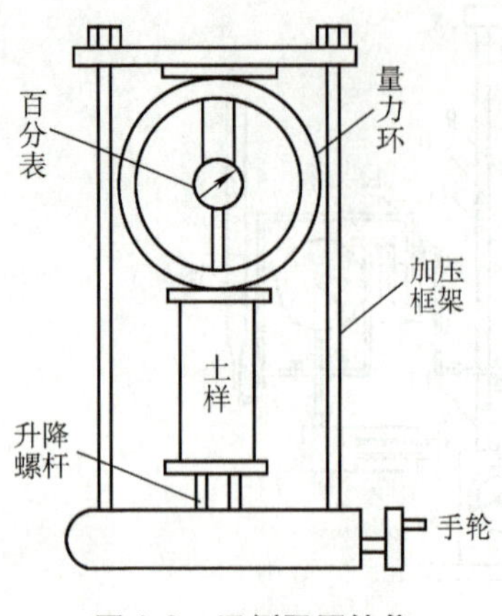

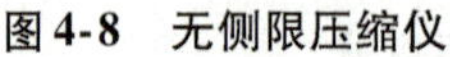

图4-8　无侧限压缩仪

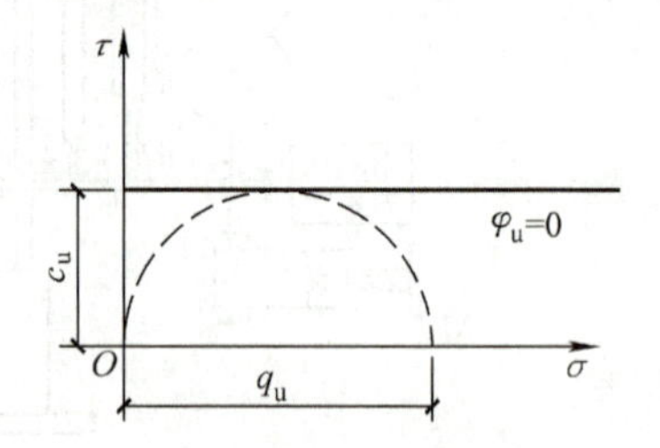

图4-9　无侧限抗压强度试验结果

4.3.4　十字板剪切试验

在抗剪强度的现场原位测试方法中，最常用的是十字板剪切试验，尤其适用于难取样的饱和软黏土。十字板剪切仪如图4-10所示。试验时，先钻孔到需要的深度以上750mm处，然后将装有十字板的钻杆放入钻孔底部，插入土中750mm，再在地面上以一定转速对钻管施加扭力矩，使埋在土中的十字板扭转，直至土体剪切破坏。破坏面为十字板旋转所形成的圆柱面。

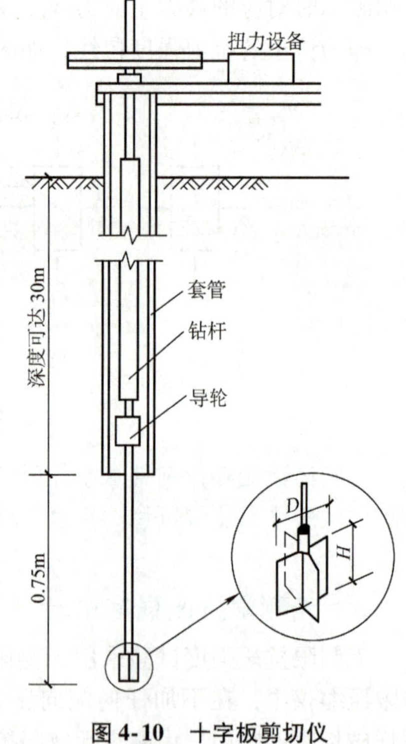

图4-10　十字板剪切仪

设土体剪切破坏时所施加的扭矩为M，则它应该与剪切圆柱体侧面、上下端面的抗剪强度所产生的抵抗力矩相等，即

$$M=\frac{1}{2}\pi D^2 H\tau_V+\frac{1}{6}\pi D^3\tau_H \tag{4-14}$$

式中　M——剪切破坏时的扭矩（kN·m）；

τ_V、τ_H——剪切破坏时圆柱体侧面和上下端面土的抗剪强度（kPa）；

H——十字板的高度（m）；

D——十字板的直径（m）。

假定土体为各向同性体，即$\tau_V=\tau_H$，式（4-14）可写成：

$$\tau_f=\frac{2M}{\pi D^2\left(H+\dfrac{D}{3}\right)} \tag{4-15}$$

利用十字板剪切试验的优点是不需要取样，对土扰动较小，仪器结构简单，易于操作，是测定饱和软黏土抗剪强度的较好方法。

任务4　地基承载力

地基承载力是指地基承受荷载的能力。地基承载力一般可分为地基极限承载力和地基承载力特征值两种。地基极限承载力是指地基发生剪切破坏丧失整体稳定的基底压力，是地基所能承受基底压力的极限值，以 p_u 表示。地基承载力特征值是指在保证地基稳定条件下，地基单位面积上所能承受的最大应力。《建筑地基基础设计规范》（GB 50007—2011）规定：地基承载力特征值可由载荷试验或其他原位测试、公式计算，并结合工程实践经验等方法综合确定。

4.4.1 地基破坏的类型

地基的剪切破坏随着土的性质不同，一般可分为整体剪切破坏、局部剪切破坏和冲剪破坏三种类型，如图4-11所示。

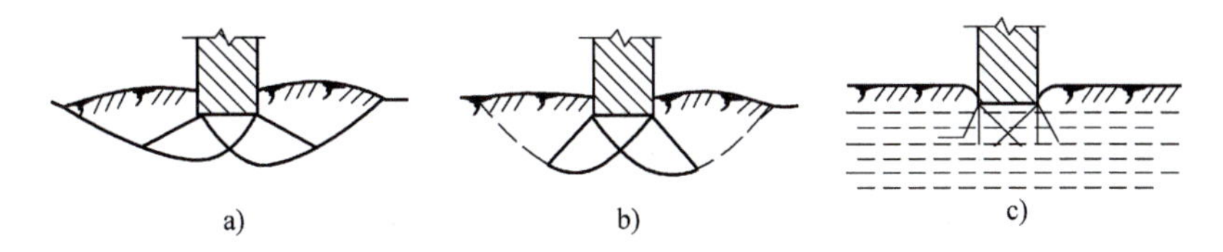

图4-11 地基破坏的类型

a）整体剪切破坏 b）局部剪切破坏 c）冲剪破坏

1. 整体剪切破坏

对于比较密实的砂土或较坚硬的黏性土，常发生整体剪切破坏。其特点是地基中产生连续的滑动面一直延伸到地表，基础两侧土体明显隆起，如图4-11a所示。这种类型破坏从加荷到破坏的过程，地基的变形大致经过以下三个阶段，如图4-12中的曲线1所示。

1）直线变形阶段。这一阶段 p-s 曲线接近直线（Oa 段），土的变形主要是由土的压实、孔隙体积减小引起的。土中各点的剪应力均小于土的抗剪强度，土体处于弹性平衡状态。相应于 a 点的荷载称为临塑荷载 p_{cr}（或比例界限），此阶段 $p<p_{cr}$。

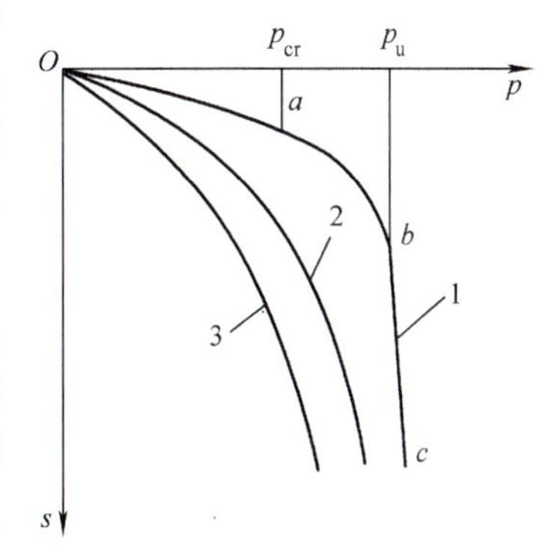

图4-12 不同类型的 p-s 曲线

2）塑性变形阶段。这一阶段 p-s 曲线不再是线性关系，而是曲线关系（ab 段）。在这一阶段，随着压力的增加，地基除进一步压密外，土体局部发生了剪切破坏，这些区域称为塑性区。随着荷载的继续增加，土中塑性区范围逐渐扩大，直到形成连续的滑动面。b 点对应的荷载称为极限荷载 p_u，此阶段 $p_{cr}<p<p_u$。

3）破坏阶段。这一阶段 p-s 曲线陡直下降（bc 段）。当压力稍稍增加，地基变形急剧增大，这时塑性区扩大，形成连续的滑动面，土从基础四周挤出，在地面隆起，地基发生整体剪切破坏，此阶段 $p \geq p_u$。

2. 局部剪切破坏

中等密实的砂土或中等强度的黏性土地基中可能发生局部剪切破坏。其特点是基底边缘的一定区域内有滑动面，但滑动面没有发展到地表，基础两侧土稍有隆起，基础下沉比较缓慢，如图4-11b所示。p-s 曲线拐点难以确定，如图4-12中的曲线2所示。

3. 冲剪破坏

当地基为压缩性较高的松砂或软黏土时易发生冲剪破坏。其特点是基础在荷载作用下会连续下沉，破坏时无明显的滑动面，基础两侧土体无明显隆起，基础直接刺入土中，如图4-11c所示。p-s 曲线无明显拐点，如图4-12中的曲线3所示。

4.4.2 静载荷试验确定地基承载力

静载荷试验在天然地基上模拟建筑物的基础荷载条件，通过承压板向地基施加竖向荷载，借以确定承压板下应力主要影响范围内岩土的承载力和变形参数。

1. 试验过程

载荷试验装置如图 4-13 所示，由加载稳压装置、反力装置和沉降观测装置三部分组成。荷载由液压千斤顶均匀加荷，由压重平台的堆载提供反力。承压板面积不应小于 0.25m²，对于软土不应小于 0.5m²；试坑宽度不小于承压板宽度或直径的 3 倍；应注意保持试验土层的原状结构和天然湿度；宜在拟试压表面铺一层厚度不超过 20mm 的粗、中砂找平。

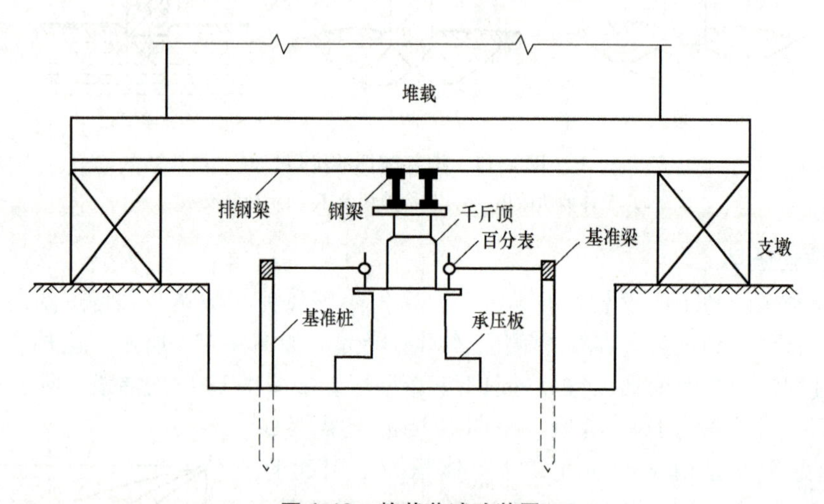

图 4-13 静载荷试验装置

试验时分级加荷，加荷分级不应少于 8 级。最大加载量不应少于荷载设计值的 2 倍。开始加荷按间隔 10min、10min、10min、15min、15min，以后每隔 30min 测读一次沉降量。当在连续 2h 内，每小时沉降量小于 0.1mm 时，则认为沉降已趋稳定，可加下一级荷载。试验结果可以绘制成如图 4-12 的 p-s 曲线。当出现下列情况之一时，即可终止加荷：

1）承压板周围的土有明显的侧向挤出、隆起或裂纹。

2）沉降量急剧增大，荷载-沉降曲线出现陡降段。

3）在某一级荷载作用下，24h 内沉降速率不能达到稳定标准。

4）沉降量与承压板宽度或直径之比大于或等于 0.06。

2. 地基承载力特征值的确定

当满足终止加荷的前三种情况之一时，其对应的前一级荷载定为极限荷载 p_u。《建筑地基基础设计规范》（GB 50007—2011）对根据静载荷试验确定地基承载力特征值做了如下规定：

1）当 p-s 曲线有比较明显的比例界限时（图 4-12 的 1 曲线），取该比例界限所对应的荷载值 p_{cr} 作为地基承载力特征值。

2）当极限荷载小于比例界限所对应的荷载值的 2 倍时，则取极限荷载 p_u 的一半作为地基承载力特征值。

3）如果不能按照前两种情况确定时，当承压板面积为 0.25～0.5m² 时，可取承压板沉降量 s 与其宽度 b 之比值 s/b = 0.01～0.015 所对应的荷载，但其值不应大于最大加载量的一半。

另外，对同一土层，参加统计的试验点不少于 3 个。当试验实测值的极差不超过平均值的30%时，则取平均值作为地基承载力特征值 f_{ak}，否则应增加试验点数，综合分析确定地基承载力特征值。

除静载荷试验外，静力触探试验、标准贯入试验和动力触探试验等原位试验，工程上已积累了丰富的经验，《建筑地基基础设计规范》（GB 50007—2011）允许将其应用于确定地基承载力特征值，但强调必须有地区经验，即当地的对比资料，同时应注意结合室内试验结果综合分析。

4.4.3 理论公式确定地基承载力

《建筑地基基础设计规范》（GB 50007—2011）推荐作为地基承载力特征值的理论计算公式，提出了计算地基承载力特征值的经验公式，其表达式为

$$f_a = M_b \gamma b + M_d \gamma_m d + M_c c_k \tag{4-16}$$

式中 f_a——由土的抗剪强度指标确定的地基承载力特征值（kPa）；

M_b、M_d、M_c——承载力系数，查表4-1确定；

b——基础底面宽度（m），大于6.0m时按6.0m取值，对于砂土，小于3.0m时按3.0m取值；

c_k——基底下1倍短边宽度的深度范围内土的黏聚力标准值；

γ——基础底面以下土的重度（kN/m^3），地下水位以下取浮重度；

γ_m——基础底面以上土的加权平均重度（kN/m^3），地下水位以下取浮重度；

d——基础埋置深度（m）。

式（4-16）适用于荷载偏心距 $e \leqslant 0.033$ 倍基础底面宽度的情况。按式（4-16）所得承载力确定基础底面尺寸后须对地基变形进行验算。

表4-1 承载力系数 M_b、M_d、M_c

土的内摩擦角标准值 φ_k/(°)	M_b	M_d	M_c
0	0	1.00	3.14
2	0.03	1.12	3.32
4	0.06	1.25	3.51
6	0.10	1.39	3.71
8	0.14	1.55	3.93
10	0.18	1.73	4.17
12	0.23	1.94	4.42
14	0.29	2.17	4.69
16	0.36	2.43	5.00
18	0.43	2.72	5.31
20	0.51	3.06	5.66
22	0.61	3.44	6.04
24	0.80	3.87	6.45
26	1.10	4.37	6.90
28	1.40	4.93	7.40
30	1.90	5.59	7.95
32	2.60	6.35	8.55
34	3.40	7.21	9.22
36	4.20	8.25	9.97
38	5.00	9.44	10.80
40	5.80	10.84	11.73

注：φ_k 为基底下1倍短边宽度的深度范围内土的内摩擦角标准值。

4.4.4　根据经验方法确定地基承载力

当建筑场地上已有建筑物时，根据工程地质性质相近相似原则，对于地质条件简单、荷载不大的中小工程，可根据邻近建筑物的设计和使用情况，进行综合分析确定其地基承载力特征值。

4.4.5　地基承载力特征值的修正

《建筑地基基础设计规范》（GB 50007—2011）规定，当基础宽度大于3.0m或埋深大于0.5m时，由静载荷试验或其他原位测试、经验值等方法确定的地基承载力特征值，尚应按下式进行修正：

$$f_a = f_{ak} + \eta_b \gamma (b-3.0) + \eta_d \gamma_m (d-0.5) \tag{4-17}$$

式中　f_a——修正后的地基承载力特征值（kPa）；

f_{ak}——修正前的地基承载力特征值（kPa）；

η_b、η_d——基础宽度和埋深的地基承载力修正系数，按基底下土的类别从表4-2查取；

b——基础底面宽度（m），当基底宽度小于3.0m时按3.0m取值，大于6.0m时按6.0m取值；

γ——基础底面以下土的重度（kN/m^3），地下水位以下取有效重度；

γ_m——基础底面以上土的加权平均重度（kN/m^3），地下水位以下取有效重度；

d——基础埋置深度（m），宜自室外地面标高起算。在填方整平地区，可自填土地面标高算起，但填土在上部结构施工后完成时，应从天然地面算起。对于地下室，当采用箱形基础或筏基时，基础埋置深度自室外地面标高算起；当采用独立基础或条形基础时，应从室内地面标高算起。当基底埋置深度小于0.5m时按0.5m计。

表4-2　承载力修正系数

土的类别		η_b	η_d
淤泥和淤泥质土		0	1.0
人工填土 e或I_L大于等于0.85的黏性土		0	1.0
红黏土	含水比$\alpha_w>0.8$	0	1.2
	含水比$\alpha_w\leq 0.8$	0.15	1.4
大面积压实填土	压实系数大于0.95、黏粒含量$\rho_c\geq 10\%$的粉土	0	1.5
	最大干密度大于$2.1g/cm^3$的级配砂石	0	2.0
粉土	黏粒含量$\rho_c\geq 10\%$的粉土	0.3	1.5
	黏粒含量$\rho_c<10\%$的粉土	0.5	2.0
e及I_L均小于0.85的黏性土		0.3	1.6
粉砂、细砂（不包括很湿与饱和时的稍密状态）		2.0	3.0
中砂、粗砂、砾砂和碎石土		3.0	4.4

注：1. 强风化和全风化的岩石，可参照所风化成的相应土类取值，其他状态下的岩石不修正。

2. 地基承载力特征值按《建筑地基基础设计规范》（GB 50007—2011）附录D深层平板载荷试验确定时η_d取0。

例4-2　若基础底面尺寸$l=8.0m$，$b=6.0m$，埋深$d=3.0m$，第一层杂填土厚1.5m，重度$\gamma_1=17.6kN/m^3$，第二层黏性土厚5m，重度$\gamma_2=19kN/m^3$，$e=0.75$，$I_L=0.48$，地基承载

力特征值$f_{ak}=210kPa$，上部结构作用于基础顶面的中心荷载$F=11000kN$，试验算地基的承载力。

解：(1) 计算基底压力

$$p=\frac{F+G}{A}=\frac{F+\gamma_G Ad}{A}=\frac{11000+20\times8.0\times6.0\times3.0}{8.0\times6.0}kPa=289.2kPa$$

(2) 计算地基承载力特征值f_a

求埋深范围内土的加权平均重度

$$\gamma_m=\frac{\gamma_1h_1+\gamma_2h_2}{h_1+h_2}=\frac{17.6\times1.5+19.0\times1.5}{3.0}kN/m^3=18.3kN/m^3$$

依据地基土的e及I_L查表4-2得承载力修正系数$\eta_b=0.3$，$\eta_d=1.6$，则有

$$\begin{aligned}f_a&=f_{ak}+\eta_b\gamma(b-3.0)+\eta_d\gamma_m(d-0.5)\\&=210kPa+0.3\times19\times(6.0-3.0)kPa+1.6\times18.3\times(3.0-0.5)kPa\\&=300.3kPa\end{aligned}$$

(3) 验算地基的承载力

$p=289.2kPa<f_a=300.3kPa$，满足地基承载力要求。

思考题

1. 什么是土的抗剪强度？同一种土的抗剪强度是不是一个定值？
2. 砂土与黏性土的抗剪强度表达式有何不同？
3. 黏性土的抗剪强度表达式由哪两部分组成？抗剪强度的来源是什么？
4. 土体中发生剪切破坏的平面在什么方向？是否发生在剪应力最大的平面？
5. 什么是土的极限平衡状态？土的极限平衡条件的方程式是什么？
6. 测定土的抗剪强度指标主要方法有哪些？它们各有哪些优缺点？
7. 地基变形分为哪几个阶段？各阶段地基土所处什么状态？
8. 地基有哪几种破坏形式，各种破坏形式易发生在什么类别的土中？
9. 静载荷试验如何确定地基承载力特征值？

习题

1. 已知地基土的抗剪强度指标$c=10kPa$，$\varphi=10°$，当地基中某点的大主应力$\sigma_1=400kPa$，而小主应力σ_3为多少时，该点刚好发生剪切破坏？

2. 已知土的抗剪强度指标$c=20kPa$，$\varphi=22°$，若作用在土中某平面上的正应力和剪应力分别为$\sigma=100kPa$，$\tau=60.4kPa$，该平面是否会发生剪切破坏？

3. 某柱基底面为正方形，边长4.0m，埋深2.0 m，地质资料为：第一层为人工填土，厚度1.50 m，$\gamma_1=17.5kN/m^3$；第二层为粉砂，$\gamma_2=20.0kN/m^3$，$f_{ak}=220kPa$，试对地基承载力特征值进行修正。

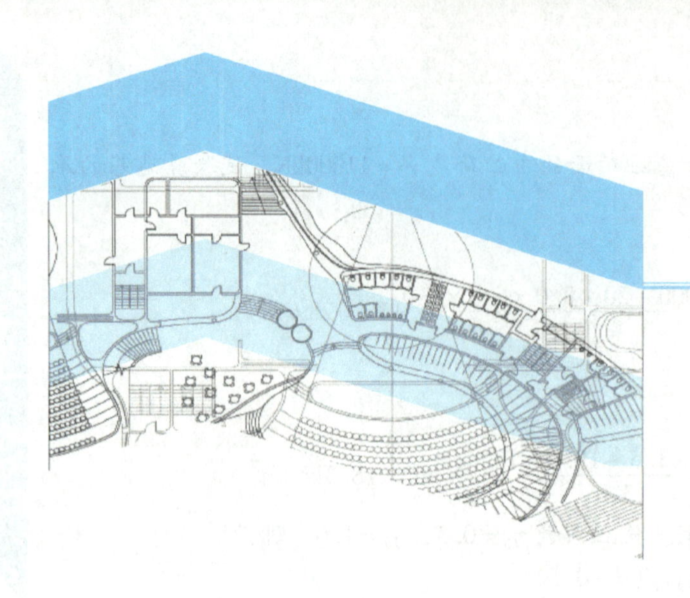

项目5

土压力及挡土墙设计

内容提要

本项目主要介绍了挡土墙上土压力的分类、朗肯土压力理论、几种常见情况下的土压力计算、挡土墙的设计。

学习要求

知识要点	能力要求	相关知识
朗肯土压力理论	1）学会主动土压力和被动土压力的计算 2）熟悉挡土墙后土压力的分布	土压力强度、主动土压力系数、被动土压力系数、临界深度、极限平衡状态
几种常见情况下的土压力计算	1）掌握墙后填土上有均布荷载、填土分层和有地下水时的主动土压力计算方法 2）学会根据土压力强度的分布计算合力	黏聚力、有效重度的计算、静水压力、力的叠加
挡土墙的设计	1）熟悉重力式挡土墙的构造要求 2）学会重力式挡土墙稳定性的验算方法	挡土墙类型、挡土墙排水措施、墙背倾斜形式、截面尺寸的选择、填土要求、抗滑动和抗倾覆稳定验算

任务1　挡土墙的土压力

挡土墙是防止土体坍塌的构筑物，在房屋建筑、水利、港口、交通等工程中得到广泛的应用。挡土墙的土压力是指挡土墙后的填土因自重或外荷载作用对墙背产生的侧向压力。

5.1.1　土压力类型

按照挡土墙的位移情况和墙后土体所处的应力状态，可将土压力分为静止土压力、主动土压力和被动土压力三种类型。

1. 静止土压力

当挡土墙静止不动，墙后填土处于弹性平衡状态时，作用在挡土墙背的土压力称为静止土压力，如图5-1a所示。静止土压力的强度用p_0表示，静止土压力的合力用E_0表示。如建筑物地下室外墙、桥梁涵洞的侧壁上的土压力可视为静止土压力。

2. 主动土压力

当挡土墙向离开土体方向偏移至墙后土体达到主动极限平衡状态时，作用在挡土墙墙背

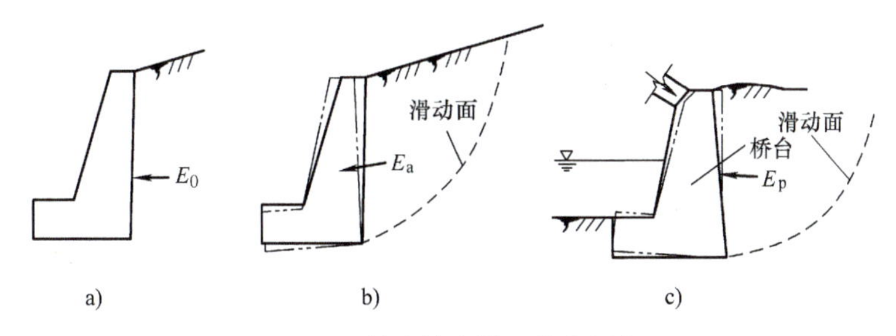

图5-1 挡土墙上的三种土压力

a）静止土压力 b）主动土压力 c）被动土压力

的土压力称为主动土压力，如图5-1b所示。主动土压力的强度用p_a表示，主动土压力的合力用E_a表示。

3. 被动土压力

当挡土墙在外力作用下推挤土体向后偏移至墙后土体达到被动极限平衡状态时，作用在墙上的土压力称为被动土压力，如图5-1c所示。被动土压力的强度用p_p表示，被动土压力的合力用E_p表示。如拱桥的桥台所受的土压力即为被动土压力。

试验表明：在相同条件下，三种土压力的大小关系为：$E_a < E_0 < E_p$，产生被动土压力所需要的挡土墙位移量远大于产生主动土压力所需要的挡土墙位移量。

5.1.2 静止土压力计算

在填土表面以下任意深度z处墙背上的静止土压力可以视为土层自重应力的水平分量，如图5-2所示，深度z处墙背上的静止土压力强度p_0表达式为

$$p_0 = K_0 \gamma z \tag{5-1}$$

式中 K_0——静止土压力系数，与泊松比μ有关；

γ——墙后土体的重度（kN/m^3；）

z——计算点的深度。

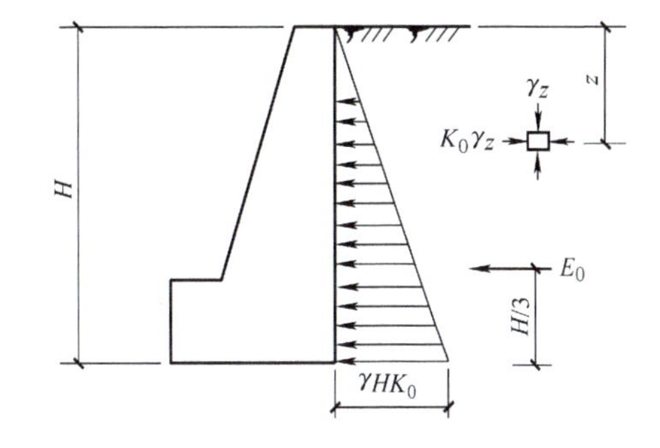

图5-2 静止土压力分布

静止土压力系数K_0的确定方法有几种：

1）通过侧限条件下试验测定，一般认为是最可靠的方法。

2）采用经验公式估算：砂土$K_0 = 1 - \sin\varphi'$，式中φ'为土的有效内摩擦角。此式计算的K_0值与砂土较吻合，对黏性土有一定误差。

3）按表5-1提供的经验值酌定。

表5-1 静止土压力系数K_0的经验值

土名	砾石、卵石	砂土	粉土	粉质黏土	黏土
K_0	0.20	0.25	0.35	0.45	0.55

由式（5-1）可知，静止土压力沿墙高呈三角形分布，其合力E_0为土压力分布的三角形面积，即

$$E_0 = \frac{1}{2}\gamma H^2 K_0 \tag{5-2}$$

式中　H——挡土墙的高度（m）。

静止土压力 E_0 的作用点位于距墙底 $H/3$ 的高度处，其方向与墙背垂直。

任务2　朗肯土压力理论

1857年英国学者朗肯（Rankine）提出土体极限平衡条件下的土压力理论。

朗肯土压力计算方法的假设：①墙背竖直光滑；②墙后填土面水平。墙背竖直光滑说明竖直面无摩擦力，故剪应力为零。根据剪应力互等定理，水平面上的剪应力也为零。因此水平面与竖直面上的正应力分别为大、小主应力。

如图5-3a所示，土体重度为 γ，在地表下深度为 z 处取一微单元体 M。

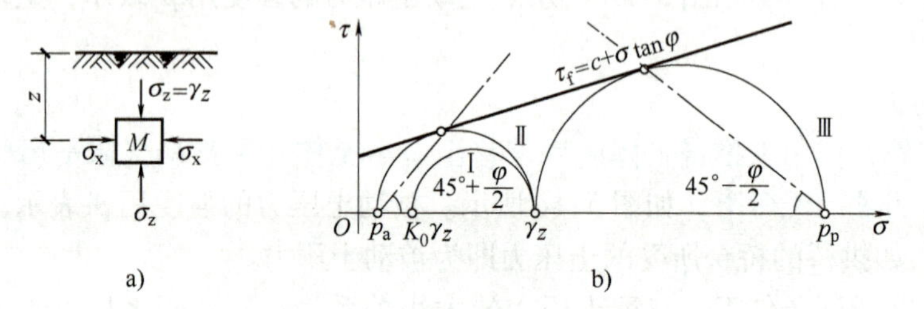

图5-3　朗肯土压力应力状态

a）单元体的应力　b）莫尔应力圆与朗肯状态的关系

1）当土体处于静止状态，即弹性平衡状态时，此时单元体 M 所处的应力状态可用图5-3b中的莫尔应力圆Ⅰ表示。其中大主应力 $\sigma_1=\sigma_z=\gamma z$，小主应力 $\sigma_3=\sigma_x=K_0\gamma z$。

2）当挡土墙背离土体运动时，墙后土体有伸张趋势。此时 σ_z 不变，σ_x 逐渐减小，当挡土墙移动到极限平衡状态时，σ_x 达到最小值 p_a，此时称为主动极限平衡状态，单元体 M 所处的应力状态可用图5-3b中的莫尔应力圆Ⅱ表示，莫尔应力圆与库仑直线相切。其中大主应力 $\sigma_1=\sigma_z=\gamma z$，小主应力 $\sigma_3=p_a$。

3）当挡土墙在外力作用下挤压墙后土体时，墙后土体被压缩。σ_z 不变，σ_x 逐渐增大，当 σ_x 超过 σ_z 时，σ_x 成为大主应力，σ_z 成为小主应力。当挡土墙位移达到一定量时，墙后土体达到极限平衡状态，σ_x 达到最大值 p_p，此时称为被动极限平衡状态，单元体 M 所处的应力状态可用图5-3b中的莫尔应力圆Ⅲ表示，莫尔应力圆与库仑直线相切。其中大主应力 $\sigma_1=p_p$，小主应力 $\sigma_3=\sigma_z=\gamma z$。

5.2.1　主动土压力

当土体达到主动朗肯状态时，大主应力 $\sigma_1=\sigma_z=\gamma z$，小主应力 $\sigma_3=p_a$，p_a 为作用在墙背上的主动土压力强度。

由土体的极限平衡条件可知，当土体中某点达到极限平衡状态时，大小主应力即 σ_1 和 σ_3 之间满足以下关系式：

$$\sigma_3=\sigma_1\tan^2\left(45°-\frac{\varphi}{2}\right)-2c\tan\left(45°-\frac{\varphi}{2}\right)$$

将 $\sigma_3=p_a$，$\sigma_1=\gamma z$ 代入上式并令 $K_a=\tan^2\left(45°-\frac{\varphi}{2}\right)$，则有

$$p_a=\gamma zK_a-2c\sqrt{K_a} \tag{5-3}$$

对于无黏性土，由于 $c=0$，则有

$$p_a = \gamma z K_a \tag{5-4}$$

式中 p_a——主动土压力强度（kPa）；

K_a——主动土压力系数，$K_a = \tan^2(45° - \varphi/2)$；

γ——墙后填土重度（kN/m^3）；

c——土的黏聚力（kPa）；

φ——土的内摩擦角（°）；

z——从挡土墙顶算起的深度（m）。

1）当填土为无黏性土时，由于 $c=0$，主动土压力强度沿墙高呈三角形分布，主动土压力合力大小为此三角形面积，如图5-4b所示，即

$$E_a = \frac{1}{2}\gamma H^2 K_a \tag{5-5}$$

合力 E_a 作用点在挡土墙底以上 $H/3$ 处。

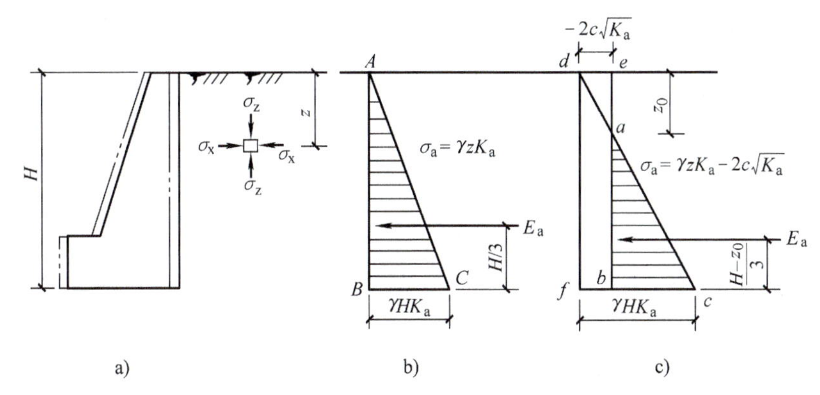

图5-4 朗肯主动土压力强度的分布

a）主动土压力的计算 b）无黏性土压力的分布 c）黏性土压力的分布

2）当墙后填土为黏性土时，主动土压力由两部分组成，黏聚力 c 的存在减小了墙背上的土压力，并且在墙背上部形成负拉应力区，即图5-4c中的三角形 ade。由于墙背与填土在很小的拉应力下就会分离，故在计算墙背上的主动土压力时这部分忽略不计，而仅仅考虑三角形 abc 部分的土压力。土压力图形顶点 a 在填土面下的深度称为临界深度 z_0，令式（5-3）中 $p_a=0$ 即可确定 z_0，即

$$p_a = \gamma z_0 K_a - 2c\sqrt{K_a} = 0$$

$$z_0 = \frac{2c}{\gamma\sqrt{K_a}} \tag{5-6}$$

合力大小为三角形 abc 部分的面积，即

$$E_a = \frac{1}{2}(H - z_0)(\gamma H K_a - 2c\sqrt{K_a}) \tag{5-7}$$

合力 E_a 作用点在挡土墙底面以上 $(H - z_0)/3$ 处。

例5-1 如图5-5所示，某挡土墙高 $H=6m$，墙背竖直光滑，填土表面水平，填土为黏性土，重度 $\gamma=19kN/m^3$，内摩擦角 $\varphi=20°$，黏聚力 $c=7kPa$。试按朗肯土压力理论计算主动土压力 E_a 及其作用点，并绘出主动土压力强度分布图。

解：（1）主动土压力系数

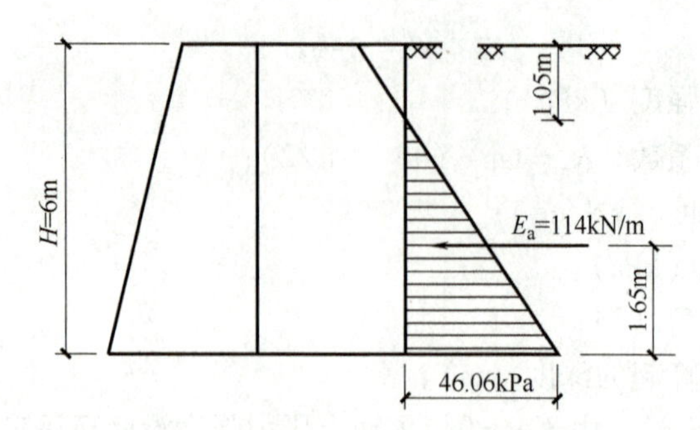

图5-5　例5-1主动土压力分布

$$K_a = \tan^2\left(45° - \frac{\varphi}{2}\right) = \tan^2\left(45° - \frac{20°}{2}\right) = 0.49$$

（2）墙底处的主动土压力强度

$$p_a = \gamma z K_a - 2c\sqrt{K_a} = (19 \times 6 \times 0.49 - 2 \times 7 \times 0.7)\text{kPa} = 46.06\text{kPa}$$

土压力强度分布图如图5-5所示。

（3）土压力分布的临界深度

$$z_0 = \frac{2c}{\gamma\sqrt{K_a}} = \frac{2 \times 7}{19 \times 0.7}\text{m} = 1.05\text{m}$$

（4）主动土压力

$$E_a = \frac{1}{2}(H - z_0)\ p_a = \frac{1}{2} \times (6 - 1.05) \times 46.06\text{kN/m} = 114.0\text{kN/m}$$

E_a的作用点至墙底距离为$\frac{1}{3}(H - z_0) = \frac{1}{3} \times (6 - 1.05)\ \text{m} = 1.65\text{m}$

5.2.2　被动土压力

当土体达到被动朗肯状态时，大主应力 $\sigma_1 = p_p$，小主应力 $\sigma_3 = \sigma_z = \gamma z$，$p_p$为作用在墙背上的被动土压力强度。

由土体的极限平衡条件可知，当土体中某点达到极限平衡状态时，大小主应力即σ_1和σ_3之间满足以下关系式：

$$\sigma_1 = \sigma_3 \tan^2\left(45° + \frac{\varphi}{2}\right) + 2c\tan\left(45° + \frac{\varphi}{2}\right)$$

将 $\sigma_1 = p_p$，$\sigma_3 = \gamma z$ 代入上式并令 $K_p = \tan^2\left(45° + \frac{\varphi}{2}\right)$，则有

$$p_p = \gamma z K_p + 2c\sqrt{K_p} \tag{5-8}$$

对于无黏性土，由于 $c = 0$，则有

$$p_p = \gamma z K_p \tag{5-9}$$

式中　p_p——被动土压力强度（kPa）；

K_p——朗肯被动土压力系数，$K_p = \tan^2\left(45° + \frac{\varphi}{2}\right)$。

1）当填土为无黏性土时，由于 $c = 0$，被动土压力强度沿墙高呈三角形分布，被动土压力合力大小为此三角形面积，如图5-6b所示，即

$$E_p = \frac{1}{2}\gamma H^2 K_p \tag{5-10}$$

合力 E_p 作用点在挡土墙底以上 $H/3$ 处。

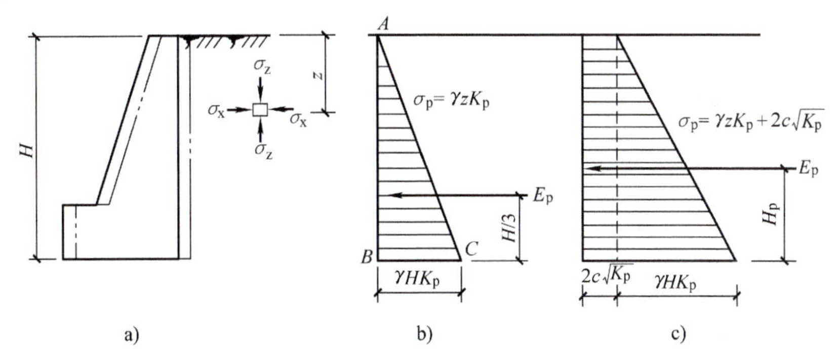

图 5-6 朗肯被动土压力强度的分布

a）被动土压力的计算 b）无黏性土压力的分布 c）黏性土压力的分布

2）当填土为黏性土时，黏聚力 c 的存在增加了被动土压力，作用在墙背上的被动土压力呈梯形分布，如图 5-6c 所示，被动土压力合力大小为梯形面积，即

$$E_p = \frac{1}{2}\gamma H^2 K_p + 2cH\sqrt{K_p} \tag{5-11}$$

合力 E_p 作用点在梯形的形心上。

例 5-2 某挡土墙高 5m，墙背竖直光滑，填土表面水平，其 $\gamma = 18\text{kN/m}^3$，$\varphi = 20°$，$c = 10\text{kPa}$，该挡土墙在外力作用下，朝填土方向产生较大的位移时，求作用在墙背的土压力分布、合力大小及其作用点位置。

解：(1) 被动土压力系数

$$K_p = \tan^2\left(45° + \frac{\varphi}{2}\right) = \tan^2\left(45° + \frac{20°}{2}\right) = 2.04$$

(2) 在墙顶和墙底处的被动土压力强度分别为

$$p_{p顶} = 2c\sqrt{K_p} = 2 \times 10\text{kPa} \times \sqrt{2.04} = 28.57\text{kPa}$$

$$p_{p底} = \gamma zK_p + 2c\sqrt{K_p} = (18 \times 5 \times 2.04 + 2 \times 10 \times \sqrt{2.04})\text{kPa} = 212.17\text{kPa}$$

(3) 被动土压力

$$E_p = \frac{1}{2}\gamma H^2 K_p + 2cH\sqrt{K_p} = \left(\frac{1}{2} \times 18 \times 5^2 \times 2.04 + 2 \times 10 \times 5 \times \sqrt{2.04}\right)\text{kN/m} = 601.83\text{kN/m}$$

被动土压力 E_p 的作用点距墙底距离 x 为

$$x = \frac{1}{601.83} \times \left[28.57 \times 5 \times \frac{5}{2} + \frac{1}{2} \times 5 \times (212.17 - 28.57) \times \frac{5}{3}\right]\text{m} = 1.86\text{m}$$

土压力分布如图 5-7 所示。

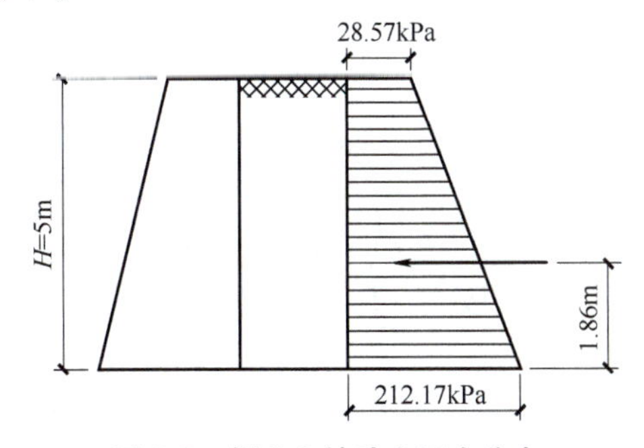

图 5-7 例 5-2 被动土压力分布

任务3　库仑土压力理论

1776年，库仑（Coulomb）根据墙后土体处于极限平衡状态并形成一滑动楔体，然后从楔体的静力平衡条件导出土压力计算方法。库仑理论的基本假设为：①墙后填土为理想的散体材料（黏聚力 $c=0$）；②滑动破坏面为通过墙踵的平面。

5.3.1　主动土压力

如图5-8所示，挡土墙墙背倾角为 α，墙后填土为无黏性土，填土面的倾角为 β，填土的重度为 γ，内摩擦角为 φ，墙背与填土间的外摩擦角为 δ。当挡土墙向前移动或转动使墙后土体达到主动极限平衡状态时，墙后形成一滑动楔体 ABC，其滑裂面为平面 BC，滑裂面与水平面的夹角为 θ。

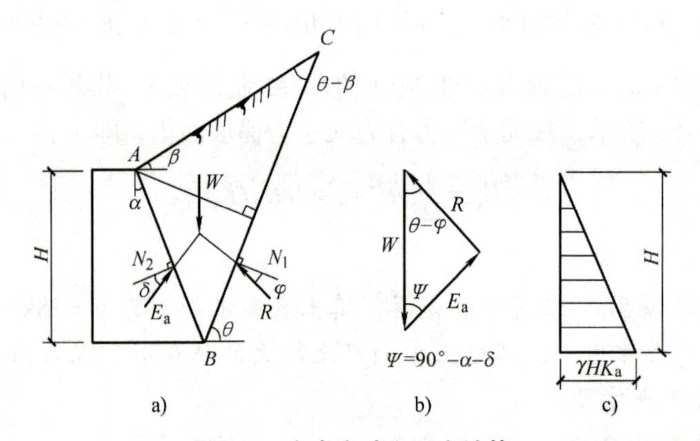

图5-8　库仑主动土压力计算

a）土楔体上的作用力　b）力矢三角形　c）主动土压力分布

取滑动楔体 ABC 为隔离体，作用在楔体上的力有：楔体自重 W、滑动面 BC 上的反力 R 和墙背 AB 上的反力 E_a，如图5-8a所示。R 作用方向与 BC 面法线成 φ 角，并位于法线的下方，其大小未知。E_a 作用方向与 AB 面的法线成 δ 角，并位于法线的下方，E_a 的反作用力即为作用在墙背上的土压力，其大小未知。楔体自重 W 为已知力，方向竖直向下。根据楔体静力平衡条件，W、R、E 构成封闭的力三角形，如图5-8b所示，根据正弦定律得

$$E_a=\frac{W\sin(\theta-\varphi)}{\sin(90^\circ+\alpha+\delta+\varphi-\theta)} \tag{5-12}$$

由于滑动面 BC 的倾角 θ 是任意假定的，因此 E 是 θ 的函数。主动土压力 E_a 是 E 的最大值 E_{max}，其对应的滑动面为最危险滑动面。

由 $dE/d\theta=0$，可得 E_{max} 时最危险滑动面的倾角 θ_{cr}，将其值代入式（5-12），可得到库仑主动土压力 E_a 的值，即

$$E_a=\frac{1}{2}\gamma H^2K_a \tag{5-13}$$

$$K_a=\frac{\cos^2(\varphi-\alpha)}{\cos^2\alpha\cos(\alpha+\delta)\left[1+\sqrt{\dfrac{\sin(\varphi+\delta)\sin(\varphi-\beta)}{\cos(\alpha+\delta)\cos(\alpha-\beta)}}\right]^2} \tag{5-14}$$

式中　K_a——库仑主动土压力系数，按式（5-14）计算；

H——挡土墙高度（m）；

γ——墙后填土的重度（kN/m^3）；

φ——墙后填土面的内摩擦角（°）；

α——墙背的倾角（°），俯斜时取正号，仰斜时取负号；

β——墙后填土面的倾角（°）；

δ——土对挡土墙墙背的摩擦角（°）。

当填土墙背竖直（$\alpha=0$）、光滑（$\delta=0$），填土面水平（$\beta=0$）时，按式（5-14）计算的主动土压力系数为 $K_a=\tan^2$（$45°-\varphi/2$），与朗肯主动土压力系数一致，库仑公式与朗肯公式完全相同，可见，朗肯土压力理论可以看作库仑土压力的特殊情况。

5.3.2 被动土压力

如图5-9所示的挡土墙，在外力作用下挤压墙后土体，土楔体向上滑动，并处于被动极限平衡状态，则作用在滑动楔体上的力仍为三个。土楔体自重 W 是已知力；反力 R 的作用方向与 BC 面法线成 φ 角，位于法线上方；反力 E_p 的方向与 AB 面的法线成 δ 角，位于法线上方。由楔体的静力平衡条件求得 E_p 值，然后用求极值的方法求得最小值 E_{min} 即为被动土压力合力 E_p，E_p按下式计算：

$$E_p=\frac{1}{2}\gamma H^2K_p \tag{5-15}$$

$$K_p=\frac{\cos^2(\varphi+\alpha)}{\cos^2\alpha\cos(\alpha-\delta)\left[1-\sqrt{\frac{\sin(\varphi+\delta)\sin(\varphi+\beta)}{\cos(\alpha-\delta)\cos(\alpha-\beta)}}\right]^2} \tag{5-16}$$

式中　K_p——库仑被动土压力系数，可按式（5-16）计算。

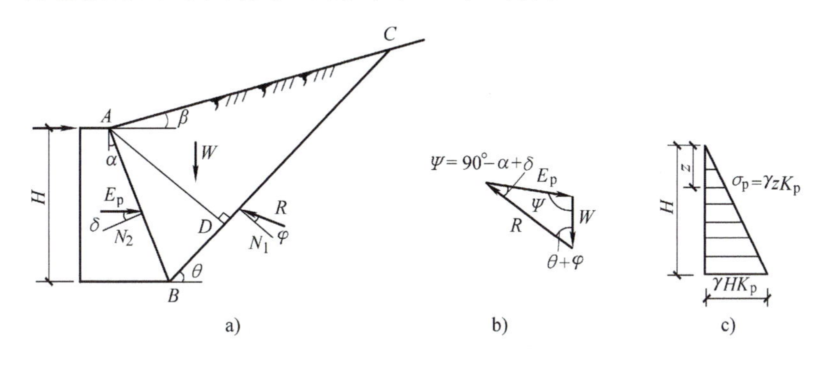

图5-9　库仑被动土压力计算

a）土楔体上的作用力　b）力矢三角形　c）被动土压力分布

当 $\alpha=0$，$\delta=0$，$\beta=0$ 时，$K_p=\tan^2$（$45°+\varphi/2$）。

E_p的作用点位置在距墙底 $H/3$ 处，与墙背法线成 δ 角并位于法线下方，指向墙背。

例5-3　某挡土墙高5.0m，墙背的俯斜 $\alpha=10°$，墙后填土面倾角 $\beta=30°$，填土为砂土，重度 $\gamma=18\text{kN/m}^3$，内摩擦角 $\varphi=30°$。假设墙背与土的摩擦角 $\delta=\frac{2\varphi}{3}=20°$。试求墙背上的主动土压力及其分布。

解：由 $\alpha=15°$、$\delta=20°$、$\beta=20°$、$\varphi=30°$代入式（5-14）得

$$K_a=\frac{\cos^2 15}{\cos^2 15\cos 35\left[1+\sqrt{\frac{\sin 50\sin 10}{\cos 35\cos\ (-5)}}\right]^2}=0.620$$

主动土压力的合力为 $E_a=\frac{1}{2}\gamma H^2K_a=\frac{1}{2}\times18\times5^2\times0.620\text{kN/m}=139.5\text{kN/m}$。

主动土压力强度沿墙高呈三角形分布，墙顶处主动土压力强度 $p_{a0}=0$，墙底处主动土压力强度为 $p_{aH}=\gamma HK_a=18\times5\times0.620\text{kPa}=55.8\text{kPa}$。主动土压力合力作用在距墙底 $H/3=5\text{m}/3=1.67\text{m}$ 处，方向与墙背法线成20°夹角，位于法线上方。

任务4　几种常见情况下的土压力计算

在实际工程中常遇到挡土墙后填土面上可能有均布荷载、墙后填土分层或有地下水存在等情况。对于这些常见的复杂情况，只能在朗肯和库仑土压力理论基础上做出半经验的近似处理。下面以适合朗肯假设条件的主动土压力为例进行分析。

1. 填土表面作用有均布荷载

当填土面上有均布荷载 q 作用时，如图5-10所示，填土面下任意深度 z 处的竖向应力 $\sigma_z=q+\gamma z$。

根据朗肯土压力理论，可得距离墙顶深度 z 处的主动土压力强度为

黏性土：
$$p_a=(q+\gamma z)K_a-2c\sqrt{K_a}=qK_a+\gamma zK_a-2c\sqrt{K_a} \tag{5-17}$$

无黏性土：
$$p_a=(q+\gamma z)K_a=qK_a+\gamma zK_a \tag{5-18}$$

由上式可以看出，填土面有无限均布荷载 q 作用时，其主动土压力强度只需在无荷载情况下增加 qK_a 即可，其主动土压力强度分布做相应的调整。

2. 分层填土

当挡土墙后填土由不同种类的水平土层组成时，距离墙顶深度 z 处的土压力强度等于此处的竖向力与主动土压力系数的乘积。但需要注意不同土层的 c、K_a 不同，如图5-11所示。

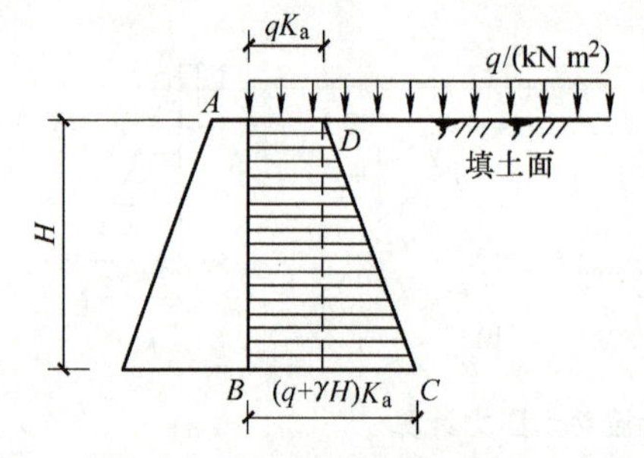

图5-10　填土面上受均布荷载作用时的土压力计算

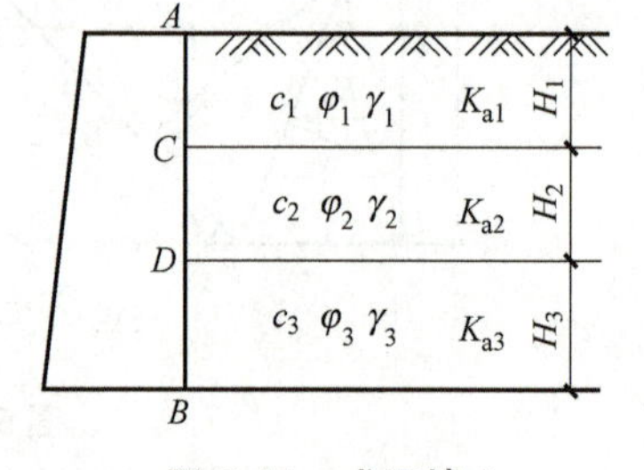

图5-11　成层填土

根据朗肯理论挡土墙各层界面的主动土压力强度：

1）第一层 AC 段填土的土压力强度：

A 点主动土压力强度：$p_{aA}=-2c_1\sqrt{K_{a1}}$

C 点上主动土压力强度：$p_{aC上}=\gamma_1H_1K_{a1}-2c_1\sqrt{K_{a1}}$

2）第二层 CD 段填土的土压力强度：

C 点下主动土压力强度：$p_{aC下}=\gamma_1H_1K_{a2}-2c_2\sqrt{K_{a2}}$

D 点上主动土压力强度：$p_{aD上}=(\gamma_1H_1+\gamma_2H_2)K_{a2}-2c_2\sqrt{K_{a2}}$

3）第三层 DB 段填土的土压力强度：

D 点下主动土压力强度：$p_{aD下}=(\gamma_1H_1+\gamma_2H_2)K_{a3}-2c_3\sqrt{K_{a3}}$

B 点主动土压力强度：$p_{aB}=(\gamma_1 H_1+\gamma_2 H_2+\gamma_3 H_3)K_{a3}-2c_3\sqrt{K_{a3}}$

同一土层土压力强度线性变化，在两土层交界处因各土层土质指标不同，土压力强度曲线将出现突变。墙背上的主动土压力合力 E_a 可由分段的主动土压力强度分布的面积求出。

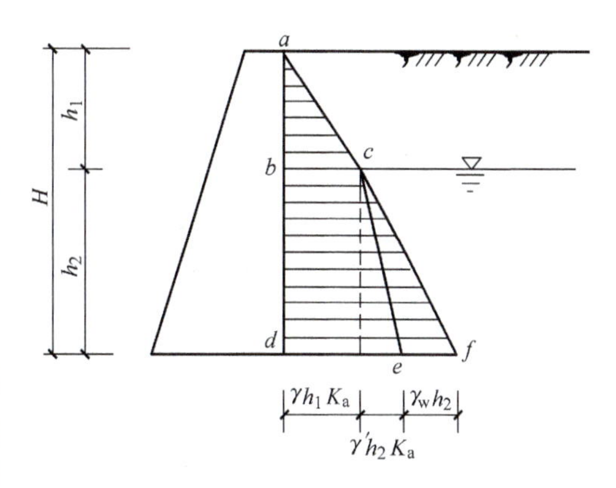

图 5-12 填土中有地下水时的土压力计算

3. 填土中有地下水

墙后填土中存在地下水时，墙背所受总侧压力为土压力与水压力之和。土压力分为地下水位以上和以下两部分，地下水位以下的重度取有效重度 γ'。如图 5-12 所示，$abdec$ 部分为土压力分布图，cef 部分为水压分布图。

例 5-4 挡土墙高 10m，墙背直立光滑，墙后填土面水平，其上作用有均布荷载 $q=20\text{kPa}$，填土分为两层，如图 5-13 所示。上层土的物理力学性质指标为重度 $\gamma_1=16\text{kN/m}^3$，内摩擦角 $\varphi_1=28°$，黏聚力 $c_1=0\text{kPa}$；下层土的物理力学性质指标为重度 $\gamma_2=18\text{kN/m}^3$，内摩擦角 $\varphi_2=26°$，黏聚力 $c_2=6\text{kPa}$。计算作用在挡土墙上的主动土压力 E_a，并绘出土压力分布图。

解： 按朗肯土压力理论计算各界面的土压力强度。

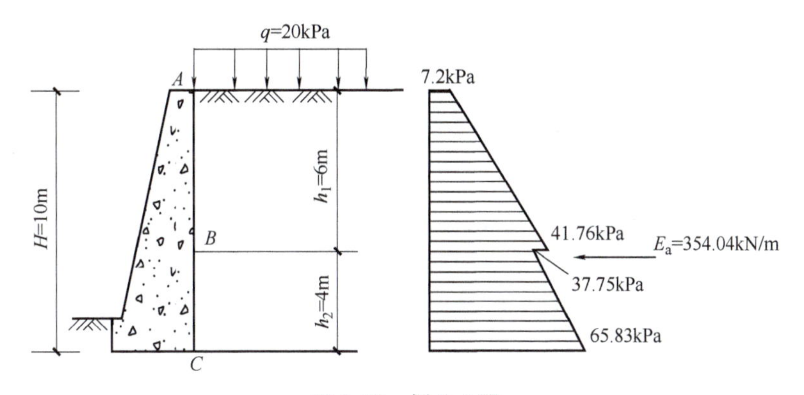

图 5-13 例 5-4 图

（1）求两层土的主动土压力系数

$$K_{a1}=\tan^2\left(45°-\frac{28°}{2}\right)=0.36$$

$$K_{a2}=\tan^2\left(45°-\frac{26°}{2}\right)=0.39$$

（2）求墙背 A、B、C 三点的土压力强度

A 点主动土压力强度：$p_{aA}=qK_{a1}=20\text{kPa}\times0.36=7.2\text{kPa}$

B 点上主动土压力强度：$p_{aB上}=(q+\gamma_1 h_1)K_{a1}=(20+16\times6)\text{kPa}\times0.36=41.76\text{kPa}$

B 点下主动土压力强度：

$$p_{aB下}=(q+\gamma_1 h_1)K_{a2}-2c\sqrt{K_{a2}}=(20+16\times6)\text{kPa}\times0.39-2\times6\text{kPa}\times\sqrt{0.39}=37.75\text{kPa}$$

C 点主动土压力强度：

$$\begin{aligned}p_{aC}&=(q+\gamma_1 h_1+\gamma_2 h_2)K_{a2}-2c\sqrt{K_{a2}}\\&=(20+16\times6+18\times4)\text{kPa}\times0.39-2\times6\text{kPa}\times\sqrt{0.39}=65.83\text{kPa}\end{aligned}$$

主动土压力 $E_a=\frac{1}{2}\times(7.2+41.76)\times6\text{kN/m}+\frac{1}{2}\times(37.75+65.83)\times4\text{kN/m}=354.04\text{kN/m}$。

主动土压力分布如图5-13所示。

例5-5 某挡土墙的墙背垂直光滑，墙高6.0m，墙后填土为无黏性土，填土面水平，如图5-14所示，地下水位在填土表面下2.0m处，水上土的重度 $\gamma=17.6\text{kN/m}^3$，水下土体的饱和重度 $\gamma_{sat}=19\text{kN/m}^3$，土体的内摩擦角 $\varphi=30°$（水上水下相同），试求作用在墙上的主动土压力 E_a 和水压力 E_w 的大小。

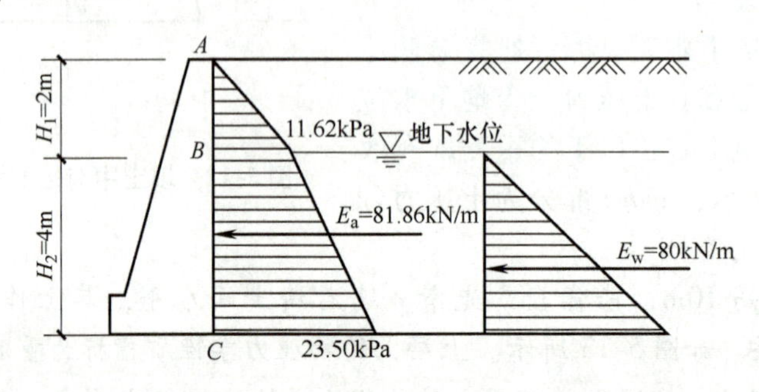

图5-14 例5-5图

解：根据朗肯土压力理论计算。

（1）土的主动土压力系数

$$K_a=\tan^2\left(45°-\frac{30°}{2}\right)=0.33$$

（2）求墙背 A、B、C 三点的主动土压力强度

A 点：$p_{aA}=0\text{kPa}$

B 点：$p_{aB}=\gamma H_1K_a=17.6\times2\times0.33\text{kPa}=11.62\text{kPa}$

C 点：$\gamma'_2=(19-10)\text{kN/m}^3=9\text{kN/m}^3$

$$p_{aC}=(\gamma H_1+\gamma' H_2)K_a=(17.6\times2+9\times4)\times0.33\text{kPa}=23.50\text{kPa}$$

A、B、C 三点土压力分布如图5-14所示。

（3）求主动土压力 E_a

作用于挡土墙上的总土压力，即为土压力分布面积之和，故

$$E_a=\frac{1}{2}\times2\times11.62\text{kN/m}+\frac{1}{2}\times(11.62+23.50)\times4\text{kN/m}=81.86\text{kN/m}$$

（4）求水压力 E_w

C 点的水压力强度为 $p_w=\gamma_wH_w=10\times4\text{kPa}=40\text{kPa}$

水压力合力为 $E_w=\frac{1}{2}p_wH_w=\frac{1}{2}\times10\times4^2\text{kN/m}=80\text{kN/m}$

（5）墙背上的总压力为

$$E=E_a+E_w=(81.86+80)\text{kN/m}=161.86\text{kN/m}$$

任务5 挡土墙设计

5.5.1 挡土墙的类型

挡土墙是用来支挡天然边坡或人工填土边坡的构筑物。挡土墙种类繁多，按其结构类型

主要有重力式、悬臂式、扶壁式、锚杆及锚定板式和加筋土挡墙等。

1. 重力式挡土墙

重力式挡土墙通常由砖、块石或素混凝土砌筑而成，如图5-15所示。墙的稳定主要靠自身的重力来维持，墙体的抗拉、抗剪强度都较低，适用于墙高不大的情况。重力式挡土墙的优点是结构简单，施工方便，易于就地取材等。

2. 悬臂式挡土墙

悬臂式挡土墙一般用钢筋混凝土建造，它由立臂、墙趾悬臂和墙踵悬臂组成，如图5-16所示。墙的稳定主要靠墙踵悬臂上的土重维持。它适用于重要工程，墙高大于5m的情况，特别是在市政工程以及厂矿贮库中较常见。悬臂式挡土墙的优点是墙体截面尺寸较小，工程量小。

3. 扶壁式挡土墙

对于比较高大的悬臂式挡土墙，其立臂推力作用产生的弯矩与挠度较大，常沿墙的纵向每隔一定距离（一般0.8~1.0倍墙高）设一道扶壁，以改善其抗弯性能，增加墙整体刚度，如图5-17所示。扶壁式挡土墙适用于重大的大型工程，墙高大于10m的情况。

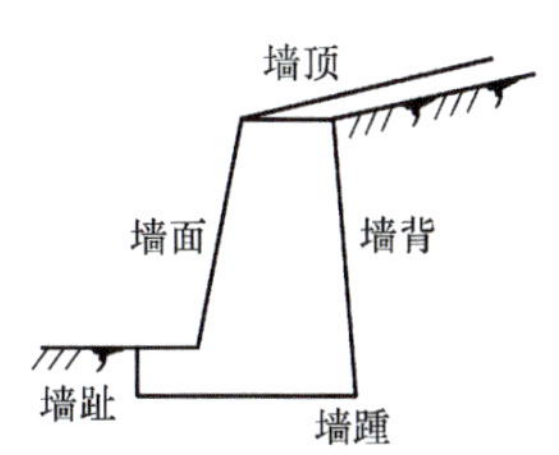

图5-15 重力式挡土墙

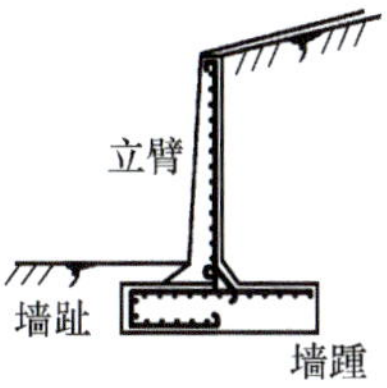

图5-16 悬臂式挡土墙

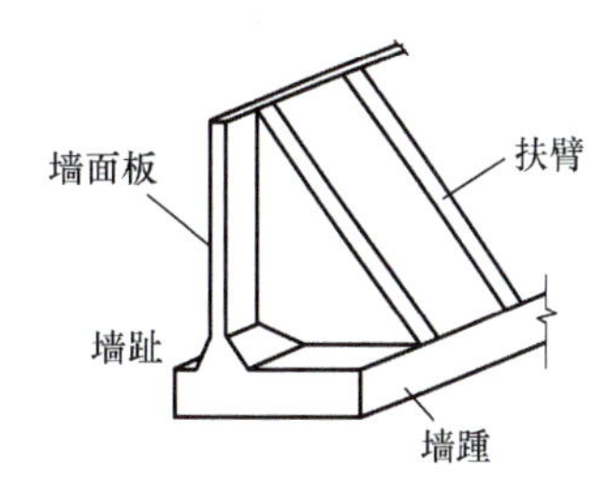

图5-17 扶壁式挡土墙

4. 锚定板式挡土墙与锚杆式挡土墙

锚定板式挡土墙由预制的钢筋混凝土立柱、墙面、钢拉杆和埋在土中的锚定板在现场拼装而成。这种结构依靠填土与挡土墙构件之间的相互作用维持自身的稳定。优点是结构轻、工程量小、施工方便，适用于地基承载力不大的地区。锚杆式挡土墙则是利用嵌入坚实岩层的灌浆锚杆作为拉杆承受土压力的挡土结构。图5-18是太焦铁路的挡土墙。

5. 加筋土挡墙

加筋土挡墙由墙面板、拉筋及填料共同组成，如图5-19所示。其依靠填料与拉筋之间的摩擦力来平衡墙面板上所承受的土压力以保持稳定。拉筋一般采用镀锌扁钢或土工织物，墙面板来用预制混凝土板，用拉筋进行拉结。

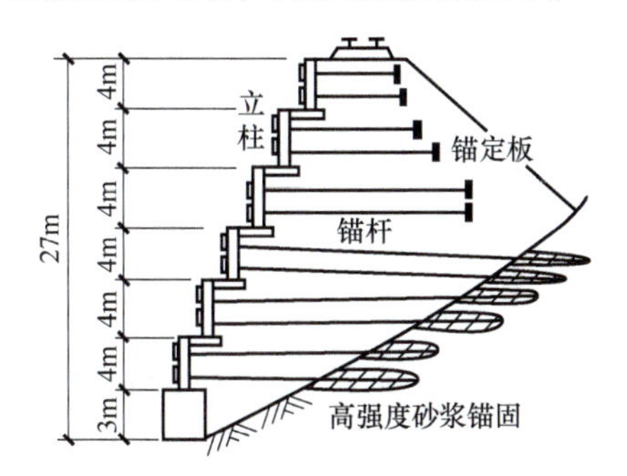

图5-18 太焦铁路锚杆式挡土墙和锚定板式挡土墙

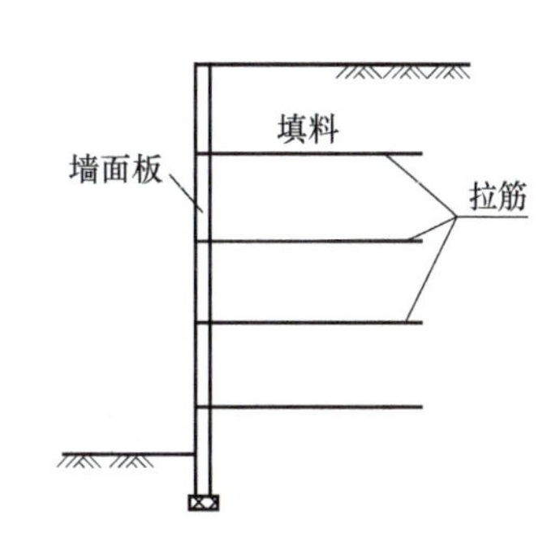

图5-19 加筋土挡墙示意

5.5.2　重力式挡土墙的构造

1. 墙背的倾斜形式

重力式挡土墙按墙背的倾斜情况分为仰斜、垂直和俯斜三种，如图5-20所示。仰斜墙的主动土压力最小，俯斜墙的主动土压力最大。因此，如果边坡是挖方，墙背采用仰斜较合理，因为仰斜墙背的主动土压力最小，且墙背可以与开挖边坡紧密贴合；若边坡是填方，则墙背以垂直或俯斜较合理，因仰斜墙背填方的夯实施工比较困难。为了施工方便，仰斜墙背坡度一般不宜缓于1∶0.25，即$\alpha<104°$，墙面宜与墙背平行。

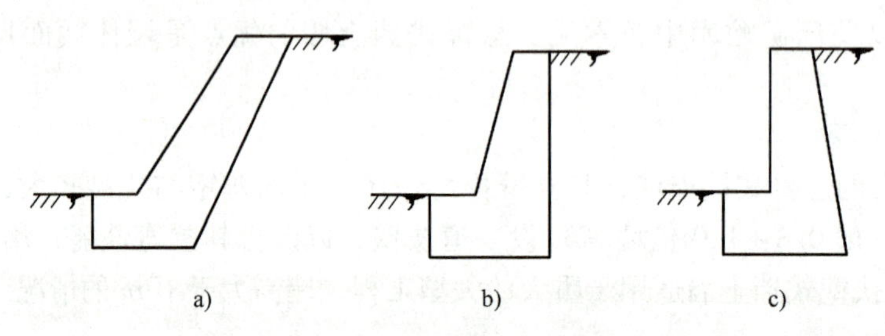

图5-20　重力式挡土墙墙背的倾斜形式

a）仰斜　b）垂直　c）俯斜

2. 截面尺寸

挡土墙高根据支挡土体的需要确定，一般情况下与所支挡土体表面同一高度；重力式挡土墙的顶宽，对于一般块石不宜小于0.4m，混凝土挡土墙不宜小于0.2m。底宽可取墙高的1/3～1/2，底面为卵石、碎石时，取较低值；为黏性土时，取较高值。

3. 排水措施

挡土墙后积水会使墙后填土的抗剪强度降低，土压力增加，导致挡土墙破坏。因此挡土墙要有良好的排水措施。一般排水措施包括：①设置地面排水沟、截水沟截引地表水；②夯实填土或用铺砌层作不透水层，防止雨水和地面水下渗；③设置泄水孔，其间距2～3m交错布置，泄水孔内径不宜小于100mm；④墙后做好反滤层，厚度不宜小于400mm；⑤墙后填土应选择透水性较强的填料，如砂土、碎石等。图5-21为某挡土墙排水工程实例。

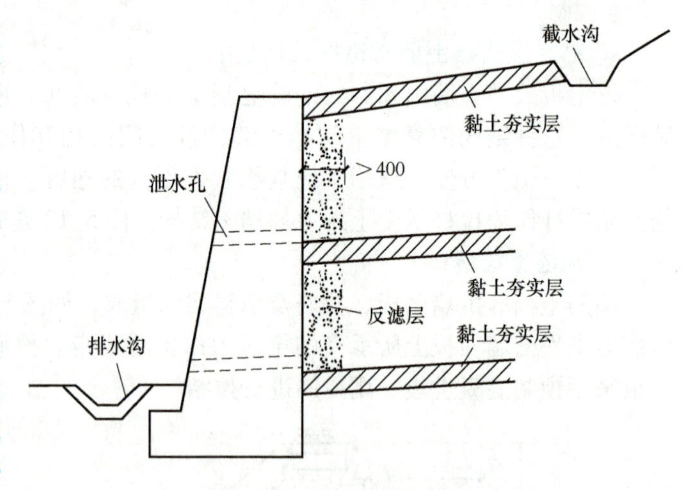

图5-21　挡土墙排水措施

5.5.3　重力式挡土墙的稳定性验算

挡土墙的截面尺寸一般按试算确定，首先根据项目的工程地质、填土性质、荷载情况、建筑材料和施工条件等，凭经验初步拟定截面尺寸，然后进行验算。如不满足要求，则应改变截面尺寸或采用其他措施。

1. 抗倾覆稳定性验算

如图5-22所示，挡土墙在自重G、主动土压力E_a的作用下可能绕墙趾O点向外倾覆。根据《建筑地基基础设计规范》（GB 50007—2011）规定抗倾覆力矩与倾覆力矩之比的抗倾覆安全系数K_t应满足：

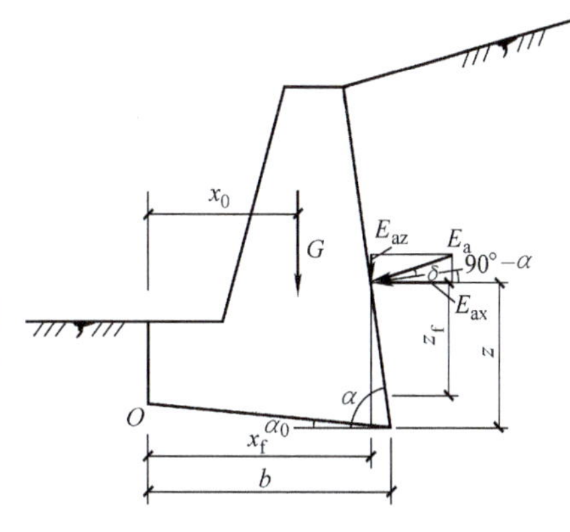

图5-22 挡土墙抗倾覆稳定验算

$$K_t=\frac{\text{抗倾覆力矩}}{\text{倾覆力矩}}=\frac{Gx_0+E_{az}x_f}{E_{ax}z_f}\geqslant 1.6 \quad (5\text{-}19)$$

式中 E_{az}——E_a的竖向分力，$E_{az}=E_a\cos(\alpha-\delta)$；

E_{ax}——E_a的水平分力，$E_{ax}=E_a\sin(\alpha-\delta)$；

x_0——挡土墙重心离墙趾的水平距离（m）；

z_f——土压力作用点离墙趾的高度（m），$z_f=z-b\tan\alpha_0$；

x_f——土压力作用点离墙趾的水平距离（m），$x_f=b-\cot\alpha$；

z——土压力作用点离墙踵的高度（m）；

b——基底的水平投影宽度（m）；

α——挡土墙墙背对水平面的倾角（°）；

α_0——挡土墙基底对水平面的倾角（°）；

δ——土对挡土墙墙背的摩擦角（°）。

若验算结果不能满足式（5-19）的要求，可以采取以下措施：

1）增大挡土墙截面尺寸，使G增大，但工程量也会相应增大。

2）伸长墙趾，加大x_0。

3）将墙身做成仰斜式，以减少土压力。

4）在挡土墙后做卸荷台，形状如牛腿，如图5-23所示。卸荷台上的土压力不能传递到卸荷台之下，总土压力减小。

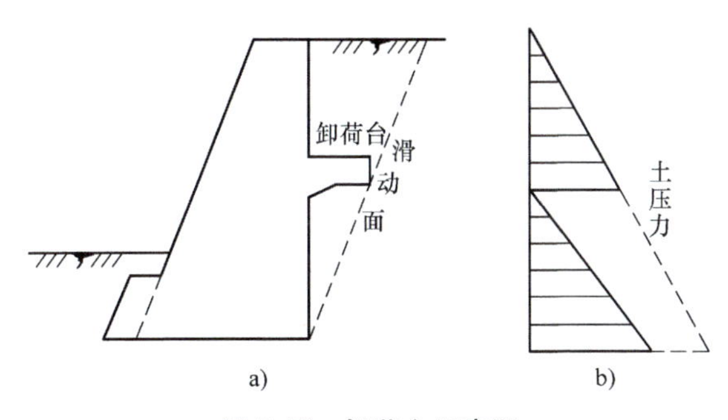

图5-23 卸荷台示意图

2. 抗滑移稳定性验算

如图5-24所示，在土压力作用下，挡土墙有可能沿基础底面发生滑动。《建筑地基基础设计规范》（GB 50007—2011）规定抗滑力与滑动力之比的抗滑安全系数K_s应满足：

$$K_s=\frac{\text{抗滑力}}{\text{滑动力}}=\frac{(G_n+E_{an})\mu}{E_{at}-G_t}\geqslant 1.3 \quad (5\text{-}20)$$

式中 G_n——G垂直于墙底的分力，$G_n=G\cos\alpha_0$；

G_t——G平行于墙底的分力，$G_t=G\sin\alpha_0$；

E_{an}——E_a 垂直于墙底的分力，$E_{an}=E_a\cos(\alpha-\alpha_0-\delta)$；

E_{at}——E_a 平行于墙底的分力，$E_{at}=E_a\sin(\alpha-\alpha_0-\delta)$；

μ——土对挡土墙基底的摩擦系数，见表5-2。

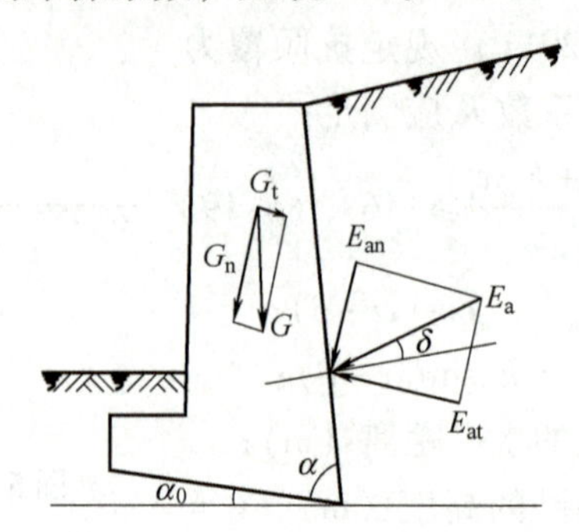

图5-24　挡土墙抗滑稳定性验算

表5-2　土对挡土墙基底的摩擦系数

土的类别		摩擦系数μ
黏性土	可塑	0.25～0.30
	硬塑	0.30～0.35
	坚硬	0.35～0.45
粉土		0.30～0.40
中砂、粗砂、砾砂		0.40～0.50
碎石土		0.40～0.60
软质岩		0.40～0.60
表面粗糙的硬质岩		0.65～0.75

注：1. 对易风化的软质岩和塑性指数大于22的黏性土，基底摩擦系数应通过试验确定。

2. 对碎石土，可根据其密实程度、充填物状况、风化程度等确定。

若验算结果不能满足式（5-20）的要求，可以采取以下措施：

1）增大挡土墙截面尺寸，使G增大。

2）在挡土墙底面做砂石垫层，以提高μ值。

3）在挡土墙底面做逆坡，利用滑动面上部分反力来抗滑。

4）在软土地基上，其他方法无效或不经济时，可在墙踵后加拖板，利用拖板上的土重增大抗滑力，拖板与挡土墙之间用钢筋连接。

例5-6　某挡土墙高h为6m，墙背竖直光滑，墙后填土水平且作用有均布荷载$q=3\text{kPa}$，填土$\gamma=18\text{kN/m}^3$，内摩擦角$\varphi=30°$，黏聚力$c=0$。挡土墙采用MU30毛石、M5混合砂浆砌筑，基底摩擦系数$\mu=0.58$，砌体重度$\gamma=22\text{kN/m}^3$。试设计挡土墙构造尺寸。

解：（1）挡土墙截面尺寸的选择

初步选择顶部为0.9m，底宽3.0m，墙趾长0.3m，墙踵伸入填土0.2m，墙踵和墙趾台阶高均为0.5m，如图5-25所示。

（2）挡土墙自重计算

取1.0m墙长为计算单元计算挡墙自重。

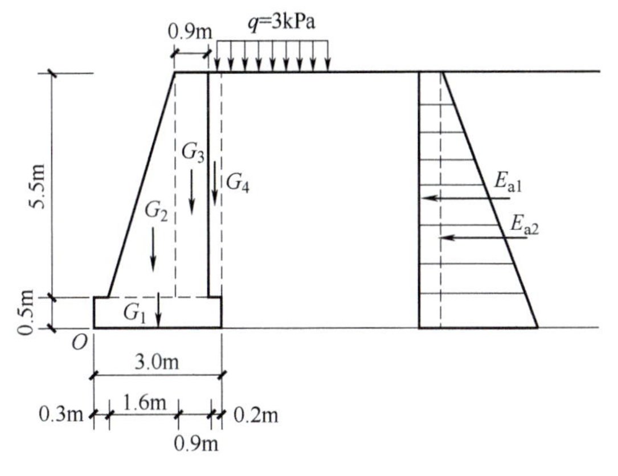

图 5-25　例 5-6 图

$$G_1 = 0.5 \times 3 \times 1 \times 22\text{kN} = 33\text{kN}$$

$$G_2 = \frac{1}{2} \times 1.6 \times 5.5 \times 1 \times 22\text{kN} = 96.8\text{kN}$$

$$G_3 = 0.9 \times 5.5 \times 1 \times 22\text{kN} = 108.9\text{kN}$$

$$G_4 = 0.2 \times 5.5 \times 1 \times 18\text{kN} = 19.8\text{kN}$$

挡土墙总的自重：$G = G_1 + G_2 + G_3 + G_4 = 258.5\text{kN}$

G_1、G_2、G_3 和 G_4 的作用点离 O 点的距离 a_1、a_2、a_3、a_4 分别为：1.5m、1.37m、2.35m、2.9m。

(3) 土压力计算

土压力系数 $K_a = \tan^2(45° - \frac{30°}{2}) = 0.33$

挡墙顶面土压力 $p_{a0} = qK_a = 3\text{kPa} \times 0.33 = 1\text{kPa}$

挡墙底面土压力 $p_{a1} = (q + \gamma z)K_a = (3 + 18 \times 6)\text{kPa} \times 0.33 = 36.63\text{kPa}$

土压力分布为直角梯形，可以分解成一个矩形和一个三角形。

$$E_{a1} = p_{a0}h = 1 \times 6\text{kN} = 6\text{kN}$$

$$E_{a2} = \frac{1}{2}(p_{a1} - p_{a0})h = \frac{1}{2} \times (36.63 - 1) \times 6\text{kN} = 106.89\text{kN}$$

E_{a1}、E_{a2} 作用点离墙底的距离 d_1、d_2 分别为 3.0m 和 2.0m。

(4) 抗倾覆稳定性验算

$$K_t = \frac{G_1a_1 + G_2a_2 + G_3a_3 + G_4a_4}{E_{a1}d_1 + E_{a2}d_2} = \frac{33 \times 1.5 + 96.8 \times 1.37 + 108.9 \times 2.35 + 19.8 \times 2.9}{6 \times 3 + 106.89 \times 2}$$

$= 2.14 > 1.6$，满足要求。

(5) 抗滑移稳定性验算

$K_s = \frac{(G_1 + G_2 + G_3 + G_4)\ \mu}{E_{a1} + E_{a2}} = \frac{258.5 \times 0.58}{6 + 106.89} = 1.33 > 1.3$，满足要求。

思考题

1. 土压力有哪三种？它们是如何定义的？比较它们的大小。
2. 对比朗肯土压力理论和库仑土压力理论的基本假设和适用条件。

3. 挡土墙按结构形式分为哪些主要类型？常用于什么场合？

4. 重力式挡土墙的构造特点是什么？常见的排水措施有哪些？

习题

1. 某重力式挡土墙高 $h=5\text{m}$，墙背垂直光滑，填土面水平，墙后填土为无黏性土，填土力学性质如下：黏聚力 $c=0$，重度 $\gamma=19\text{kN/m}^3$，内摩擦角 $\varphi=30°$。试求出作用于墙背上的静止土压力、主动土压力和被动土压力的大小，画出土压力强度分布图。

2. 有一挡土墙，高度为6m，墙背直立光滑，填土面水平，填土为黏性土，其物理力学性质指标为：黏聚力 $c=7\text{kPa}$，重度 $\gamma=18\text{kN/m}^3$，内摩擦角 $\varphi=22°$。试求主动土压力及其合力作用点，并绘出主动土压力分布图。

3. 某挡土墙高 $h=5\text{m}$，墙背垂直光滑，墙后填土面水平，填土分2层，地下水位距离地表3m，第1层土：$\varphi_1=30°$，$c_1=0$，$\gamma_1=19\text{kN/m}^3$，$h_1=3\text{m}$；第2层土：$\varphi_2=22°$，$c_2=10\text{kPa}$，$\gamma_{2sat}=21.5\text{kN/m}^3$。试求墙背总侧压力 E_a 并绘出侧压力分布图。

4. 某挡土墙高 H 为6m，墙背垂直光滑，墙后填土面水平，用MU30毛石、M5混合砂浆砌筑，砌体重度 $\gamma_k=22\text{kN/m}^3$，填土内摩擦角 $\varphi=35°$，$c=0$，$\gamma=18\text{kN/m}^3$，基底摩擦系数 $\mu=0.56$，试设计此挡土墙。

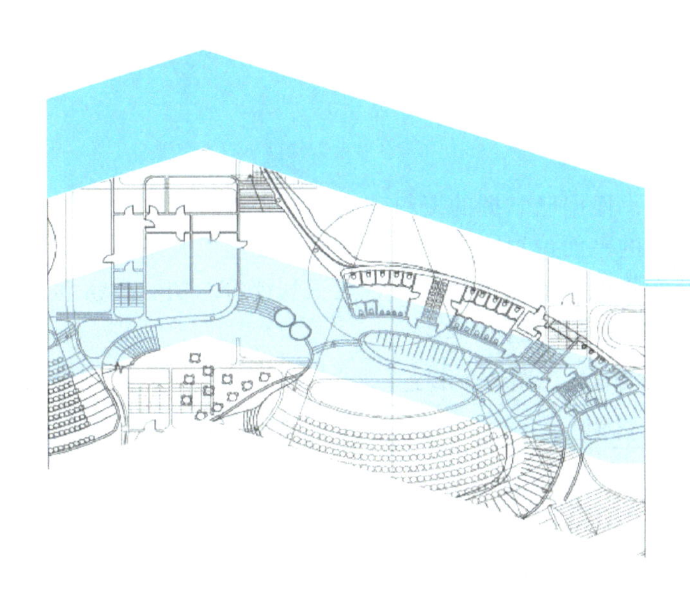

项目 6

岩土工程勘察

内容提要

本项目主要介绍岩土工程勘察的任务与要求、勘察的内容方法、地基验槽的方法。

学习要求

知识要点	能力要求	相关知识
岩土工程勘察的任务与内容	1）熟悉岩土工程勘察的任务 2）掌握岩土工程勘察的内容	勘探点的间距、勘探孔的深度、可行性研究勘察、初步勘察、详细勘察
岩土工程勘察的方法	1）熟悉岩土工程勘察方法的类型 2）掌握各种勘察方法的适用范围	坑探、钻探、触探、静载荷试验
岩土工程勘察报告的编写	1）熟悉岩土工程勘察报告编写的要求与内容 2）掌握岩土工程勘察报告的编写格式	勘察点平面布置图、工程地质柱状图、工程地质剖面图、试验成果图表
地基验槽的方法	1）熟悉地基验槽的内容 2）掌握地基验槽的方法	槽壁观察、钎探、轻型动力触探

任务 1　岩土工程勘察的任务和要求

6.1.1　岩土工程勘察阶段的划分

对应于工程设计中的场址选择、初步设计和施工图三阶段，为了提供各设计阶段所需的工程地质资料，勘察工作也相应分为选址勘察（可行性研究勘察）、初步勘察和详细勘察三阶段。对于地质条件复杂或有特殊施工要求的重大建筑物地基，尚应进行施工勘察。

6.1.2　岩土工程勘察的任务和要求

1. 可行性研究勘察阶段的任务和要求

该阶段作为厂址选择来讲称为选厂勘察阶段。这一阶段主要侧重于收集和分析区域地质、地形地貌、地震、矿产和附近地区的工程地质资料及当地的建筑经验，对拟建场地的稳定性和适宜性做出评价。其任务要求主要为：首先在几个可能作为厂址的场地中进行调查，从主要工程地质条件方面收集资料，并分别对各场地的建厂适宜性做出明确的结论，然后配合选厂的其他有关人员，从工程技术、施工条件、使用要求和经济效益等方面进行全面考虑，综合分析对比，最后选择一个比较优良的厂址。

2. 初步勘察阶段的任务与要求

初步勘察是在可行性研究勘察的基础上，根据已掌握的资料和实际需要进行工程地质测绘或调查以及勘探测试工作，为确定建筑物的平面位置，主要建筑物地基类型以及不良地质现象防治工程方案提供资料，对场地内建筑物地段的稳定性做出岩土工程评价。初步勘察勘探线、勘探点的间距见表6-1，初步勘察勘探孔深度见表6-2。

表6-1　初步勘察勘探线、勘探点的间距　（单位：m）

地基复杂程度等级	勘探线间距	勘探点间距
一级（复杂）	50～100	30～50
二级（中等复杂）	75～150	40～100
三级（简单）	150～300	75～200

表6-2　初步勘察勘探孔深度　（单位：m）

工程重要性等级	一般性勘探孔	控制性勘探孔
一级（重要工程）	≥15	≥30
二级（一般工程）	10～15	15～30
三级（次要工程）	6～10	10～20

3. 详细勘察阶段的任务与要求

详细勘察一般是在工程平面位置，地面整平标高，工程的性质、规模、结构特点已经确定，基础形式和埋深已有初步方案的情况下进行的，其任务在于针对具体建筑物地基或具体的地质问题，为进行施工图设计提供可靠的依据或设计计算参数。该阶段应按不同建筑物或建筑群提出详细的岩土工程资料和设计所需的岩土技术参数；对建筑地基应做出岩土工程分析评价，并应对基础设计、地基处理、不良地质现象的防治等具体方案做出论证和建议；还要查明有关地下水的埋藏条件和腐蚀性、地层的透水性和水位变化规律等情况。

任务2　岩土工程勘察的内容

根据进度进行划分，岩土工程勘察工作内容相应地划分为选址勘察（可行性研究勘察）、初步勘察、详细勘察三个阶段的内容。

6.2.1　选址勘察阶段

选址勘察工作对于大型工程是非常重要的环节，其目的在于从总体上判定拟建场地的工程地质条件能否适宜工程建设项目。一般通过取得几个候选场址的工程地质资料进行对比分析，对拟选场址的稳定性和适宜性做出工程地质评价。选择场址阶段应进行下列工作：

1）搜集区域地质、地形地貌、地震、矿产和附近地区的工程地质资料及当地的建筑经验。

2）在收集和分析已有资料的基础上，通过踏勘（指到现场实地查看）了解场地的地层、构造、岩石和土的性质、不良地质现象及地下水等工程地质条件。

3）对工程地质条件复杂，已有资料不能符合要求，但其他方面条件较好且倾向于选取的场地，应根据具体情况进行工程地质测绘及必要的勘探工作。

6.2.2　初步勘察阶段

初步勘察是在选定的建设场址上进行的。根据选址报告书了解建设项目类型、规模、建筑物高度、基础的形式及埋置深度和主要设备等情况。初步勘察的目的是：对场地内建筑地段的稳定性做出评价；为确定建筑总平面布置、主要建筑物地基基础设计方案以及不良地质现象的防治工程方案做出工程地质论证。本阶段的主要工作如下：

1）搜集可行性研究阶段的岩土工程勘察报告，取得建筑区范围的地形图及有关工程性质、规模的文件。

2）初步查明地层、构造、岩土物理力学性质、地下水埋藏条件以及冻结深度。

3）查明场地不良地质现象的类型、规模、成因、分布、对场地稳定性的影响及其发展趋势。

4）对抗震设防烈度大于或等于7度的场地，应判定场地和地基的地震效应。

6.2.3　详细勘察阶段

在初步设计完成之后进行详细勘察，它是为施工图设计提供资料的。此时场地的工程地质条件已基本查明。因此详细勘察的目的是提出设计所需的工程地质条件的各项技术参数，对建筑地基做出岩土工程评价，为基础设计、地基处理和加固、不良地质现象的防治工程等具体方案做出论证和结论。详细勘察阶段的主要工作是：

1）取得附有坐标及地形的建筑物总平面布置图，各建筑物的地面整平标高，建筑物的性质、规模、结构特点，可能采取的基础形式、尺寸、预计埋置深度，对地基基础设计的特殊要求。

2）查明不良地质现象的成因、类型、分布范围、发展趋势及危害程度，并提出评价与整治所需的岩土技术参数和整治方案建议。

3）查明建筑物范围各层岩土的类别、结构、厚度、坡度、工程特性，计算和评价地基的稳定性和承载力。

4）对需进行沉降计算的建筑物，提供地基变形计算参数，预测建筑物的沉降、差异沉降或整体倾斜。

5）对抗震设防烈度大于或等于6度的场地，应划分场地土类型和场地类别；对抗震设防烈度大于或等于7度的场地，尚应分析预测地震效应，判定饱和砂土或饱和粉土的地震液化，并应计算液化指数。

6）查明地下水的埋藏条件。当基坑降水设计时尚应查明水位变化幅度与规律，提供地层的渗透性。

7）判定环境水和土对建筑材料和金属的腐蚀性。

8）判定地基土及地下水在建筑物施工和使用期间可能产生的变化及其对工程的影响，提出防治措施及建议。

9）对深基坑开挖尚应提供稳定计算和支护设计所需的岩土技术参数；论证和评价基坑开挖、降水等对邻近工程的影响。

10）提供桩基设计所需的岩土技术参数，并确定单桩承载力；提出桩的类型、长度和施工方法等建议。

任务3　岩土工程勘察的方法

为了查明地基中土层的分布和构成、地基土的物理力学性质、地下水的分布、不良地质现象的发育情况等，需要进行地基勘察。常见的勘察方法有：坑（槽）探、钻探、原位测试等。

6.3.1 坑探

坑探是用机械或人力垂直向下掘进的土坑。浅者称为试坑，深者称为探井。坑探断面根据开口形状可分为圆形、椭圆形、方形、长方形等。断面一般为1.5m×1.5m的矩形或直径为0.8~1.0m的圆形。深度一般为2~3m，若较深需进行坑壁加固。坑探是在建筑场地挖深井（槽）以取得直观资料和原状土样，这是一种不必使用专门机具的常用的勘探方法。当场地的地质条件比较复杂时，利用坑探能直接观察地层的结构变化，但坑探可达的深度较浅。其适用于不含水或地下水量微少的较稳固的地层，主要用来查明覆盖层的厚度和性质、滑动面、断层、地下水位以及采取原状土样等。图6-1为坑探示意图。

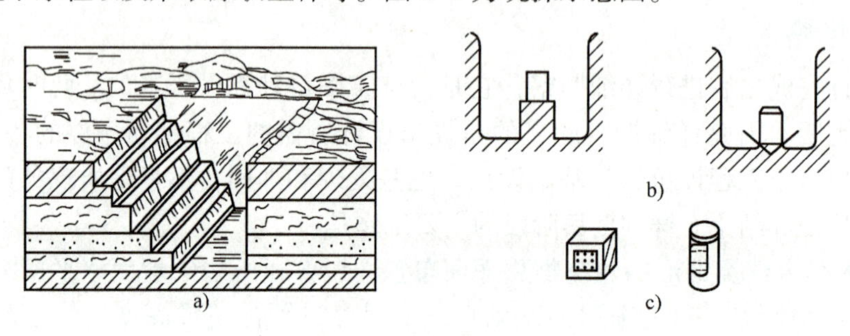

图6-1 坑探示意图

a）探坑 b）在探坑中取原状土样 c）原状土样

6.3.2 钻探

钻探是广泛采用的一种最重要的勘探手段，它可以获得深部地层的可靠地质资料，一般在挖探、简易钻探不能达到目的时采用。钻探是用钻机在地层中钻孔，用以测定岩石和土层的物理力学性质。此外，土的某些性质也可直接在孔内进行原位测试。

根据钻进原理，钻探方法可分为冲击钻、回转钻、振动钻和冲洗钻4种。

（1）冲击钻

冲击钻是利用钻具的重力和冲击力使钻头冲击孔底以破碎岩石。该法能保持较大的钻孔口径。冲击钻的钻进方式可分为人力冲击钻进和机械冲击钻进两种。人力冲击钻进，适用于黄土、黏性土、砂土等疏松的覆盖层，但劳动强度大，难以取得完整的岩芯；机械冲击钻进，适用于砾石、卵石层及基岩，不能取得完整岩芯。

（2）回转钻

回转钻是利用钻具回转，通过钻头的切削刃或研磨材料削磨岩土。回转钻的钻进方式可分为人力回转钻进与机械回转钻进（岩芯钻进）两种。工程地质勘察广泛采用岩芯钻进，该法能取得原状土样和较完整的岩石。人力回转钻进适用于沼泽、软土、黏性土、砂土等松软地层，设备简单，但劳动强度大；机械回转钻进，有多种钻头和研磨材料，可适应各种软硬不同的地层。

（3）振动钻

振动钻是利用机械动力所产生的振动力，通过连接杆及钻具传到钻头周围的土层中，由于振动器高速振动，使土层的抗剪强度急剧降低，借振动器和钻具的重量，切削孔底土层，达到钻进的目的。振动钻的钻进速度快，主要适用于土层及粒径较小的碎、卵石层。

（4）冲洗钻

冲洗钻是利用高压水流冲击孔底土层，使之结构破坏、颗粒悬浮并最终随水循环流出孔外的钻进方法。

《岩土工程勘察规范》（2009 年版）（GB 50021—2001）根据岩土类别和勘察要求，给出了各种钻探方法的适用范围，见表 6-3。

表 6-3 钻探方法的适用范围

钻探方法		钻进地层					勘察要求	
		黏性土	粉土	砂土	碎石土	岩石	直观鉴别、采取不扰动试样	直观鉴别、采取扰动试样
回转式	螺旋钻探	+ +	+	+	-	-	+ +	+ +
	无岩芯钻探	+ +	+ +	+ +	+	+ +	-	-
	岩芯钻探	+ +	+ +	+ +	+	+ +	+ +	+ +
冲击式	冲击钻探	-	+	+ +	+ +	-	-	-
	锤击钻探	+ +	+ +	+ +	+	-	+ +	+ +
振动式钻探		+ +	+ +	+ +	+	-	+	+ +
冲洗式钻探		+	+ +	+ +	-	-	-	-

注：+ +表示适用，+表示部分适用，-表示不适用。

6.3.3 原位测试

原位测试是在岩土原来所处的位置上，基本保持其天然结构、天然含水率及天然应力状态下进行的测试技术。常用的原位测试方法有：触探试验、静载荷试验、十字板剪切试验及其他现场试验。静载荷试验和十字板剪切试验在项目 4 已做过介绍，下面只介绍触探试验。

触探是通过探杆用静力或动力将金属探头贯入土中，并量测能表征土对触探头贯入的阻抗能力的指标，从而间接地判断土层及其性质的一类勘探方法和原位测试技术。作为勘探手段，触探可用于划分土层，了解地层的均匀性；作为测试技术，则可估计地基承载力和土的变形指标。触探可分为静力触探和动力触探。

1. 静力触探

静力触探试验借静压力将触探头压入土中，利用电测技术测得贯入阻力来判定土的力学性质。静力触探仪可分为机械式和液压式两类。

静力触探设备中核心部分是触探头。触探杆将探头匀速贯入土层时，触探头可以测得土层作用于探头的锥尖阻力和侧壁阻力。探头按结构分为单桥探头和双桥探头两类。

单桥探头可测出包括锥尖阻力和侧壁阻力在内的总贯入阻力 Q。通常用比贯入阻力 p_s 表示，即

$$p_s = Q/A \tag{6-1}$$

式中 p_s——比贯入阻力（kPa）；

A——探头截面面积（m^2）；

Q——探头总贯入阻力（kN）。

双桥探头能分别测定锥底的总阻力 Q_c 和侧壁的总摩擦阻力 Q_s。单位面积上的锥尖阻力 q_c 和单位面积上的侧壁阻力 q_s 分别为：

$$q_c = Q_c/A \tag{6-2}$$

$$q_s = Q_s/A_s \tag{6-3}$$

式中　q_c——单位面积锥尖阻力（kPa）；

q_s——侧壁单位面积摩阻力（kPa）；

A——探头截面面积（m^2）；

A_s——外套筒的总侧面积（m^2）。

还可计算同一深度处的摩阻比，即

$$R_s = \frac{q_s}{q_c} \times 100\% \tag{6-4}$$

在现场实测以后进行触探资料整理，可以绘制深度 z 与各种阻力的关系曲线（贯入曲线）、$q_c - z$ 曲线、$q_s - z$ 曲线、$R_s - z$ 曲线。根据贯入曲线的线形特征，结合相邻钻孔资料和地区经验，可划分土层和判定土类，计算各土层静力触探有关实验数据的平均值，或对数据进行统计分析，提供静力触探数据的空间变化规律。另外，根据静力触探资料，还可以估算土的塑性状态或密实度、强度、压缩性、地基承载力、单桩承载力、沉桩阻力，进行液化判别等。

2. 动力触探

动力触探是将一定质量的穿心锤，以一定高度自由下落，将探头贯入土中，然后记录贯入一定深度的锤击次数，以此判别土的性质。下面介绍标准贯入试验和圆锥动力触探两种动力触探方法。

（1）标准贯入试验

标准贯入试验应与钻探工作相配合，如图 6-2 所示。其设备是在钻机的钻杆下端连接标准贯入器，将质量为 63.5kg 的穿心锤套在钻杆上端。试验时，穿心锤以 76cm 的落距自由下落，将贯入器垂直打入土层中 15cm（此时不计锤击数），随后打入土层 30cm 的锤击数，即为实测的锤击数。

当钻杆长度大于 3m 时，锤击数应按下式校正：

$$N = aN' \tag{6-5}$$

式中　N'——实际锤击数；

N——修正后的锤击数。

标准贯入试验可按锤击数 N 的大小，确定土的承载力，估计土的抗剪强度和黏性土的变形指标，判别黏性土的稠度和砂土的密实度以及估计砂土液化的可能性。

（2）圆锥动力触探试验

圆锥动力触探试验是用标准质量的重锤，以一定高度的自由落距，将标准规格的圆锥形探头贯入土中，根据打入土中一定距离所需的锤击数，判定土的物理力学特性的一种原位试验方法，如图 6-3 所示。圆锥动力触探也称动力触探，其类型分为轻型、重型、超重型三种，其规格和适用土类应符合表 6-4 的规定。

表 6-4　圆锥动力触探类型

类　型	锤重/kg	落距/cm	探　头	贯入指标	主要适用土类
轻型	10	50	直径 40mm，锥角 60°	贯入 30cm 的读数 N_{10}	浅部的填土、砂土、粉土、黏性土
重型	63.5	76	直径 74mm，锥角 60°	贯入 10cm 的读数 $N_{63.5}$	砂土、中密以下的碎石土、极软岩
超重型	120	100	直径 74mm，锥角 60°	贯入 10cm 的读数 N_{120}	密实和很密实的碎石土、软岩、极软岩

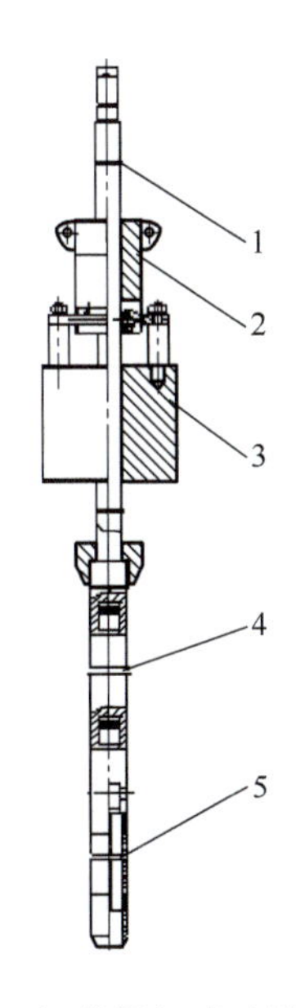

图 6-2 标准贯入试验设备简图

1—打杆 2—落锤器 3—重锤

4—探杆 5—标准贯入器

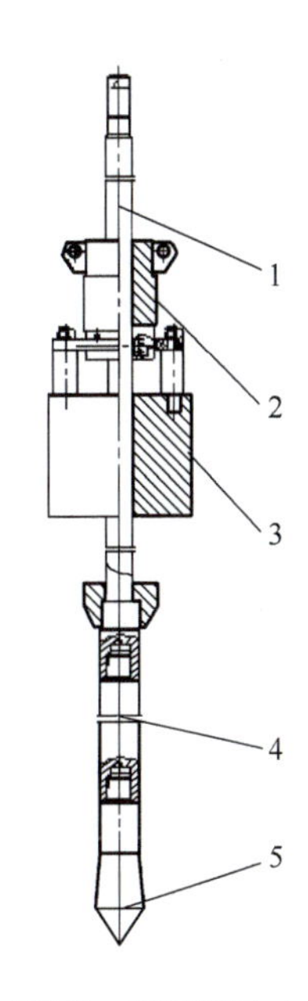

图 6-3 重型、超重型动力触探简图

1—打杆 2—落锤器 3—重锤

4—探杆 5—重型探头

圆锥动力触探试验可用于估算天然地基的地基承载力，鉴别其岩土性状；估算处理土地基的地基承载力，评价其地基处理效果；检验复合地基增强体的桩体成桩质量；评价强夯置换墩着底情况；鉴别混凝土灌注桩桩底持力层岩土性状。

任务 4 岩土工程勘察报告的编写

岩土工程勘察报告是岩土工程勘察的最终成果，是工程设计和施工的重要依据。勘察工作结束后，把取得的野外工作和室内试验记录和数据以及收集到的各种直接、间接资料分析整理、检查校对、归纳总结后做出建筑场地的工程地质评价，最后以简要明确的文字和图表编成报告书。报告是否正确反映工程地质条件和岩土工程特点，关系到工程设计和建筑施工能否安全可靠、措施得当、经济合理。

岩土工程勘察成果是对岩土勘察工作的说明、总结和对勘察区的工程地质条件的综合评价及相应图表的总称，一般由岩土工程勘察报告及附件两部分组成。

6.4.1 岩土工程勘察报告编写的要求

1）勘察目的和任务的要求和勘察依据。

2）拟建工程概况。

3）勘察方法和勘察工作布置、工作量。

4）场地地形地貌，地层，地质构造，岩土性质及其均匀性。

5）各项岩土性质指标，岩土的强度参数、变形参数、承载力特征值。

6）地下水埋藏情况、类型、水位及其变化。

7）土和水对建筑材料的腐蚀性。

8）可能影响工程稳定的不良地质作用的描述和对工程危害程度的评价。

9）场地稳定性和适宜性的评价。

6.4.2 岩土工程勘察报告编写的内容

岩土工程勘察报告的内容应根据任务要求、勘察阶段、工程特点和地区条件等具体情况编写，通常包括：

1）勘察目的，任务要求和依据的技术标准。

2）拟建工程概况。

3）勘察方法和勘察工作布置。

4）场地地形地貌，地层，地质构造，岩土性质及其均匀性。

5）各项岩土性质指标，岩土的强度参数、变形参数、地基承载力的建议值。

6）地下水埋藏情况、类型、水位及其变化。

7）土和水对建筑材料的腐蚀性。

8）可能影响工程稳定的不良地质作用的描述和对工程危害程度的评价。

9）场地稳定性和适宜性的评价。

岩土工程勘察报告应对岩土利用，整治和改造的方案进行分析论证，提出建议；对工程施工和使用期间可能发生的岩土工程问题进行预测，提出监控和预防措施的建议。

成果报告应附下列图件：

1）勘探点平面布置图。

2）工程地质柱状图。

3）工程地质剖面图。

4）原位测试成果图表。

5）室内试验成果图表。

6.4.3 岩土工程勘察报告编写的格式

1. 绪论

绪论，主要说明勘察工作的任务，勘察阶段需要解决的问题，采用的勘察方法及其工作量，以及取得的成果并附以实际材料图。为了明确勘察的任务和意义，应先说明建筑的类型和规模，以及国民经济意义。

2. 通论

通论，主要阐明工作地区的工程地质条件，所处区的地质地理环境，以明确各种自然因素（如大地构造、地势、气候等）对该地区工程地质条件形成的意义。通论一般可分为区域自然地理概述，区域地质，地貌，水文地质概述，以及建筑地区工程地质条件。概述等章节的内容，应当既能阐明区域性及地区性工程地质条件的特征及其变化规律，又须紧密联系工程目的，不要泛泛而论。在规划阶段的岩土工程勘察中，通论部分占有重要地位，在以后的阶段中其比重越来越小。

3. 专论

专论一般是工程地质报告书的中心内容，因为它既是结论的依据，又是结论内容选择的标准。专论的内容是对建设中可能遇到的工程地质问题进行分析，并回答设计方面提出的地质问题与要求，对建筑地区做出定性、定量的工程地质评价，作为选定建筑物位置、结构形式和规模的地质依据，并在明确不利的地质条件的基础上，考虑合适的处理措施。专论部分的内容与勘察阶段的关系特别密切，勘察阶段不同，专论涉及的深度和定量评价的精度也有差别。专论还应明确指出遗留的问题以及进一步勘察工作的方向。

4. 结论

结论是在专论的基础上对各种具体问题做出简要、明确的回答。态度要明朗，措辞简练，评价要具体，问题不能彻底解决的可以如实说明，但不要含糊其辞，模棱两可。

工程地质报告必须与工程地质图一致，互相映照、互相补充，共同达到为工程服务的目的。

6.4.4 岩土工程勘察报告实例

1. 工程概况

拟建的杏树街道石家村小桥位于杏树街道石家村桃杏路与双马线之间，拟建桥梁场地区域，现有桥梁为人工制作石板桥，桥梁长度约8m，主要为人行桥梁。

2. 勘察等级

勘察等级依据《岩土工程勘察规范》(2009年版)(GB 50021—2001)判定，建筑物工程重要性等级为三级，场地等级为二级，地基复杂程度等级为二级，综合判定岩土工程勘察等级为乙级。

3. 勘察工作布置

依据场地桥梁位置，按《公路工程地质勘察规范》(JTG C20—2011)，杏树街道石家村小桥共布置2个钻孔，控制性钻孔2个，占全部钻孔总数的100%。钻孔间距：10.7m，孔深至持力层深度以下3m以上，孔位、孔数、孔深均满足详勘要求，如图6-4所示。采用GPS(RTK)和全站仪将钻孔布设于实地（甲方提供）。本次勘察采用假定高程，以双马线路面高程为假定0点高程，平面坐标系统以桥梁实际坐标为准。测量平面精度为±1cm+1ppm，高程精度为±2cm+1ppm。测量方式和精度符合《工程测量规范》(GB 50026—2007)要求。

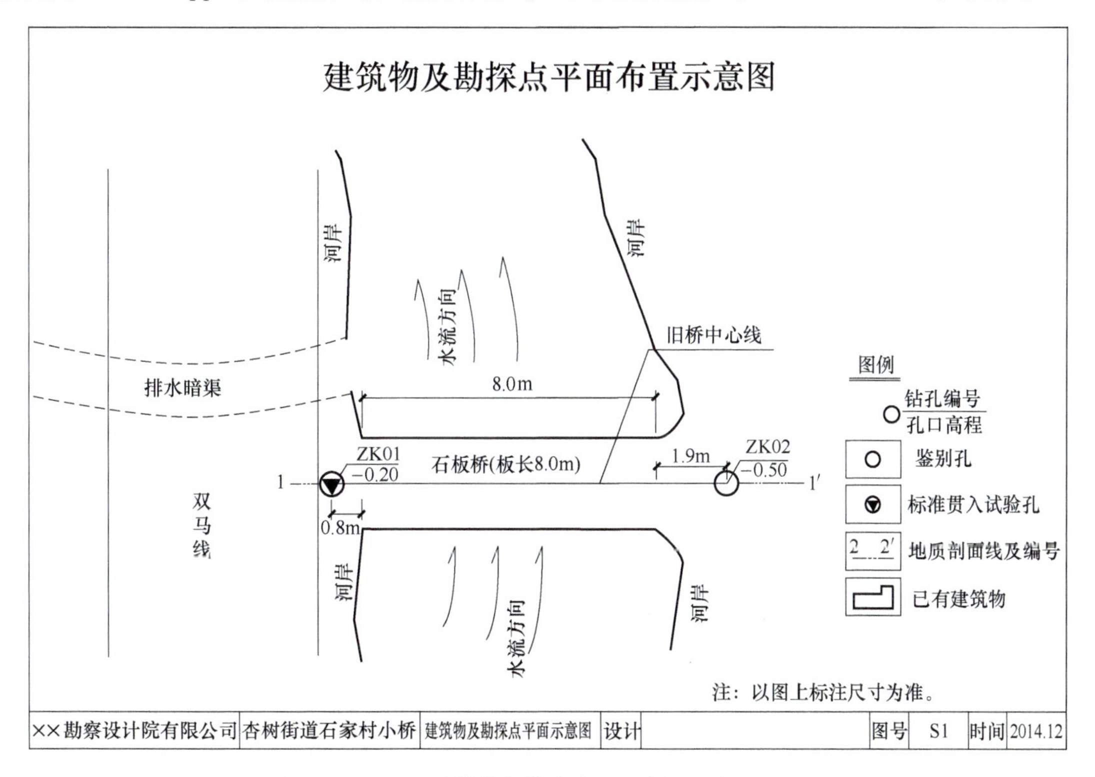

图6-4 建筑物及勘察点平面布置示意图

4. 施工方法

本次勘察以钻探为主，辅以原位测试、工程地质调绘等勘察手段，并在充分利用有关勘察资料基础上进行本次详勘阶段的工程地质勘察。

（1）钻探

本次勘察共动用了1台150型百米钻机、手持GPS仪器一套、水准仪一套、水车1台。现场对第四系土层采用冲击跟管钻进，对基岩采用给水循环钻进，根据采取的岩芯判断节理及裂隙发育的情况，鉴别其风化程度。开孔孔径127mm，终孔孔径110mm。岩芯采取率满足规范要求。

（2）原位测试

本次勘察采用的原位测试方法主要为标准贯入试验。

标准贯入试验：主要用于天然地基土承载力和地基变形参数。取扰动样鉴别和描述土的类别，判定饱和粉土或砂土地震液化的可能性及液化等级。采用标准贯入设备在钻孔内进行标准贯入试验，试验间距一般1~2m，试验前清孔，标贯器放入孔底后先预打15cm，然后连续贯入30cm并记录锤击数，当在30cm内锤击数已达到50击时不再强行贯入，记录50击时的贯入深度。在全风化岩、黏土层中标贯点间距一般为2m，局部可放宽至3m。局部全风化岩中含有碎块，标贯无法贯入时，根据岩芯状态确定其风化程度。试验成果可按下式换算为相当于30cm的锤击数：

$$N = 30n/\Delta s \tag{6-6}$$

式中 N——实测锤击数；

n——所取击数为50击；

Δs——相应于n的贯入深度。

（3）工程地质调绘

充分利用测绘图，在桥梁两侧测绘范围内进行地质调查测绘。验证重要工程地质单元，如软弱夹层、滑坡、崩塌、断层破碎带、贯通好的节理、宽大裂缝、溶洞等。收集当地近20年气象资料、大比例尺地质图、线路附近工程的地震安全性评价资料等，并收集沿海地段填海前后的地形地貌和填土厚度等有关资料。

5. 工作量

本工程于2014年12月18日开始野外勘察工作，12月22日完成室内报告、图件编制工作（图6-5、图6-6）。勘察工作量一览表见表6-5。

表6-5 勘察工作量一览表

内 容	单 位	数 量	备 注
钻孔数量	个	2	
勘探总进尺	m	32.0	
跟管钻进	m	10.0	
标准贯入试验	次	1	
钻探供水	台班	1	
交通车	天	1	

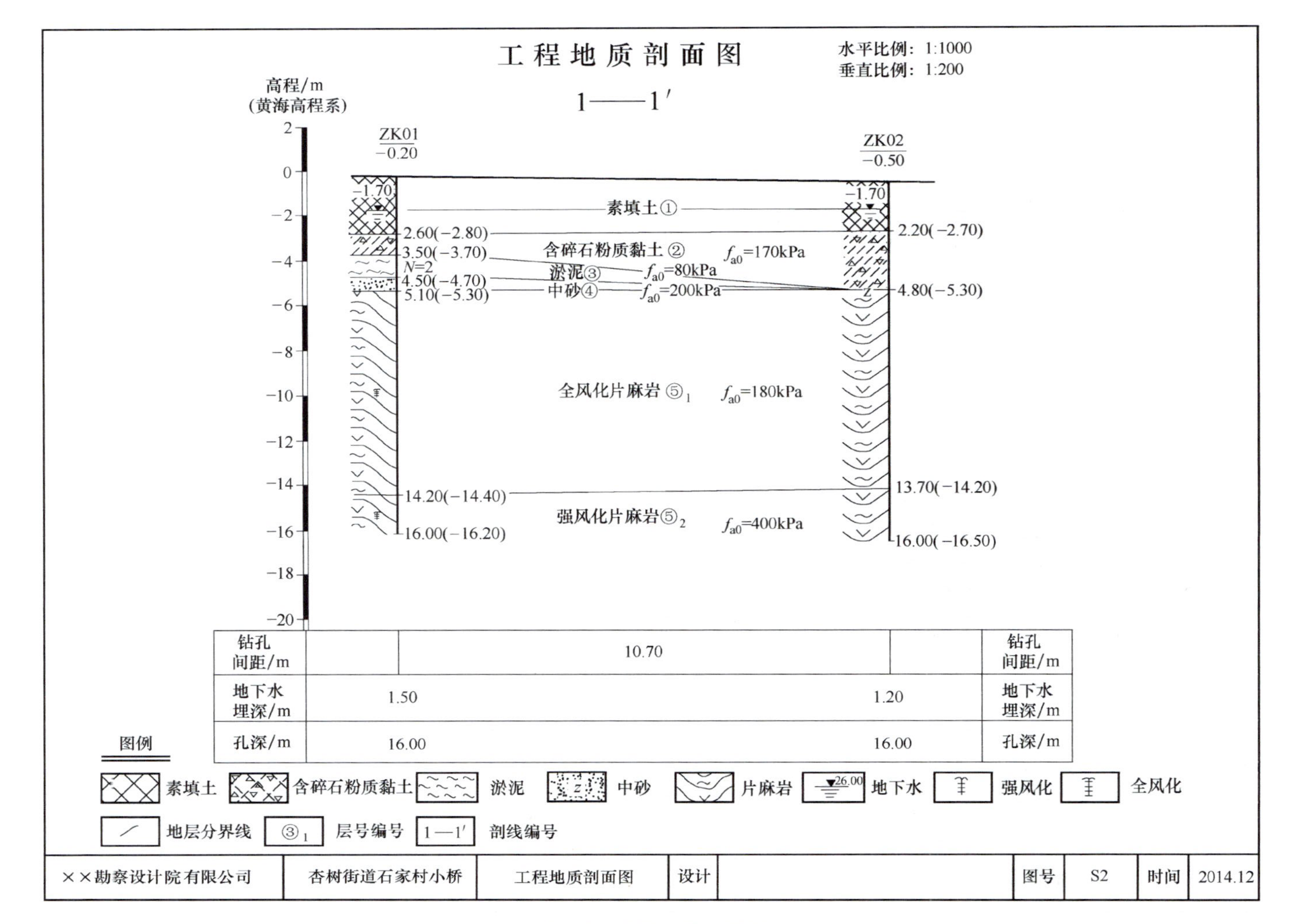

工程地质剖面图
1——1′
水平比例：1:1000
垂直比例：1:200
高程/m
(黄海高程系)
2
0
−2
−4
−6
−8
−10
−12
−14
−16
−18
−20
ZK01
−0.20
ZK02
−0.50
−1.70
素填土①
2.60(−2.80)
3.50(−3.70)
N=2
4.50(−4.70)
5.10(−5.30)
2.20(−2.70)
4.80(−5.30)
含碎石粉质黏土② f_{a0}=170kPa
淤泥③ f_{a0}=80kPa
中砂④ f_{a0}=200kPa
全风化片麻岩⑤1 f_{a0}=180kPa
14.20(−14.40)
13.70(−14.20)
强风化片麻岩⑤2 f_{a0}=400kPa
16.00(−16.20)
16.00(−16.50)
钻孔间距/m
10.70
地下水埋深/m
1.50
1.20
孔深/m
16.00
16.00
图例
素填土
含碎石粉质黏土
淤泥
中砂
片麻岩
26.00
地下水
强风化
全风化
地层分界线
③1
层号编号
1—1′
剖线编号
××勘察设计院有限公司
杏树街道石家村小桥
工程地质剖面图
设计
图号
S2
时间
2014.12

图6-5 工程地质剖面图

钻孔柱状图

工程名称	杏树街道石家村小桥						
工程编号	J2014-075			钻孔编号	ZK01		
孔口高程/m	−0.20	坐标	X=868.92	开工日期	2014.12.18	稳定水位深度/m	1.50
孔口直径/mm	127.00		Y=395.02	竣工日期	2014.12.18	测量水位日期	

地层编号	时代成因	层底高程/m	层底深度/m	分层厚度/m	柱状图 1:100	岩土名称及其特征	取样	地基承载力基本容许值/kPa	标贯击数/击	动探击数/击	基础底深度/m
①	Q_4^{ml}	−2.800	2.60	2.60		素填土：黄褐色，松散~稍密，稍湿~饱和。成分主要为黏性土、砂土，含少量碎石。硬质物含量约30%，粒径20~50mm					
②	Q_4^{al+pl}	−3.700	3.50	0.90		含碎石粉质黏土：黄褐色，硬塑~可塑状态，含中、细砂及少量碎石；砂土呈褐色~灰白色		170	N=2 3.8~4.1		
③		−4.700	4.50	1.00		淤泥：灰黑色~黑色，软塑状态，含有植物根系，具腥臭味		80			
④		−5.300	5.10	0.60		中砂：灰白色~黄褐色。饱和状态，含有角砾石；局部相变为粗砂		200			
⑤$_1$		−14.400	14.20	9.10		全风化片麻岩：黄褐色~灰白色。结构破坏，矿物成分变化，已经风化成土状、砂状		180			
⑤$_2$		−16.200	16.00	1.80		强风化片麻岩：黄褐色~黑褐色，结构大部分破坏，矿物成分显著变化，节理、裂缝极发育，岩芯多呈碎块状，风化不均匀。岩石坚硬程度分类为极软岩，基本质量等级为V类		400			

设计		审核		图号	S3-1

钻孔柱状图

工程名称	杏树街道石家村小桥						
工程编号	J2014-075			钻孔编号	ZK02		
孔口高程/m	−0.50	坐标	X=975.92	开工日期	2014.12.18	稳定水位深度/m	1.20
孔口直径/mm	127.00		Y=395.02	竣工日期	2014.12.18	测量水位日期	

地层编号	时代成因	层底高程/m	层底深度/m	分层厚度/m	柱状图 1:100	岩土名称及其特征	取样	地基承载力基本容许值/kPa	标贯击数/击	动探击数/击	基础底深度/m
①	Q_4^{ml}	−2.700	2.20	2.20		素填土：黄褐色，松散~稍密，稍湿~饱和。成分主要为黏性土、砂土，含少量碎石。硬质物含量约30%，粒径20~30mm					
②	Q_4^{al+pl}	−5.300	4.80	2.60		含碎石粉质黏土：黄褐色，硬塑~可塑状态，含中、细砂:砂土呈褐色~灰白色		170			
⑤$_1$		−14.200	13.70	8.90		全风化片麻岩：黄褐色~灰白色。结构破坏，矿物成分变化，已经风化成土状、砂状		180			
⑤$_2$		−16.500	16.00	2.30		强风化片麻岩：黄褐色~黑褐色，结构大部分破坏，矿物成分显著变化，节理、裂缝极发育，岩芯多呈碎块状，少量短柱状，碎块手掰易碎，遇水软化，风化不均匀。岩石坚硬程度分类为极软岩，基本质量等级为V类		400			

设计		审核		图号	S3-2

图 6-6　钻孔柱状图

6. 自然地理特征

（1）场地位置

本项目位置在大连市金州区杏树街道石家村桃杏路和双马线之间。

（2）地形地貌

场地地貌为河谷阶地，地形高差为1.8m。

（3）气象要素

根据国标《建筑气象参数标准》（JGJ 35—1987）提供的大连市气象资料（1951～1980年），主要气象要素如下：

1）年平均温度10.2℃，极端最高温度35.3℃，极端最低温度－21.1℃。

2）平均年总降水量658.7mm；一日最大降雨量171.1mm。

3）全年平均风速5.2m/s；30年一遇最大风速31.0m/s。

7. 场地工程地质条件

（1）地质构造

根据场地区域地质构造特征、地震活动规律、场地周围勘察和勘探揭露情况，场地内不存在大型活动断层，天然状态下未发现滑坡、泥石流等不良地质作用。

（2）地层结构特征

本次勘察深度范围内的地层分布情况如图6-5、图6-6所示，具体各土层的特征分述如下：

1）素填土（Q_4^{ml}）：黄褐色，松散～稍密，稍湿～饱和。成分主要为黏性土、砂土，含少量碎石。硬质物含量约10%～30%，粒径20～50mm。为近期回填土，压缩性高，无分选性。

2）含碎石粉质黏土（Q_4^{al+pl}）：黄褐色，硬塑～可塑状态，含中、细砂及少量碎石；砂土呈褐色～灰白色。

3）淤泥（Q_4^{al+pl}）：灰黑色～黑色，软塑状态，含有植物根系，具腥臭味。

4）中砂（Q_4^{al+pl}）：灰白色～黄褐色，饱和状态，含有黏粒、角砾；局部相变为粗砂。

5）全风化片麻岩：黄褐色～灰白色，结构破坏，矿物成分变化，已经风化成土状、砂状，基本质量等级为Ⅴ类。

6）强风化片麻岩：黄褐色～黑褐色，结构大部分破坏，矿物成分显著变化，节理、裂隙极发育，岩芯多呈碎块状，风化不均匀，岩石坚硬程度分类为极软岩、基本质量等级为Ⅴ类。

8. 场地不良地质作用

场地范围内未发现影响场地稳定的活动断裂，场地内天然状态下不存在滑坡、泥石流、地面沉降等不良地质作用。

9. 地下水及其腐蚀性

场地中各钻孔均见有地下水。根据水质分析报告，石家村小桥桥址区地下水按pH分为“中性水”，按矿化度分为“淡水”。地下水类型为Cl^-—Ca^{2+}，即碳酸盐类钙组Ⅱ型水。

10. 岩土物理力学性质及地基承载力评价

（1）岩土物理力学性质分析

1）素填土（Q_4^{ml}）：整体结构松散，压缩性高，不提供承载力。

2）含碎石粉质黏土（Q_4^{al+pl}）：根据现场勘察结合地区经验，地基承载力基本容许值$[f_{a0}]=170kPa$。

3）淤泥（Q_4^{al+pl}）：根据现场勘察结合地区经验，地基承载力基本容许值$[f_{a0}]=80kPa$。

4）中砂（Q_4^{al+pl}）：根据现场勘察结合地区经验，地基承载力基本容许值$[f_{a0}]$=200kPa。

5）全风化片麻岩：根据现场勘察结合地区经验，地基承载力基本容许值$[f_{a0}]$=180kPa。

6）强风化片麻岩：根据现场勘察结合地区经验，地基承载力基本容许值$[f_{a0}]$=400kPa。

其中1号钻孔各岩土层的土工试验成果见表6-6。

表6-6　1号钻孔土工试验成果汇总

野外编号	物理性质										
	天然含水率/(%)	天然密度/(g/cm³)	饱和密度/(g/cm³)	干密度/(g/cm³)	相对密度	孔隙比	饱和度(%)	10mm液限(%)	塑限(%)	液性指数	塑性指数
										10mm液限计算	
ZK01-1	22.7	1.65	1.85	1.34	2.73	1.030	60.2	31.3	18.5	0.33	12.8
ZK01-2	21.8	1.96	2.02	1.61	2.73	0.697	85.4	30.0	18.0	0.32	12.0
ZK01-3	28.6	1.38	1.68	1.07	2.71	1.521	50.9	37.5	20.9	0.46	16.6
ZK01-4	18.5	1.84	1.98	1.55	2.73	0.758	66.6	34.2	19.6	0.40	14.6

（2）地基承载力评价

根据《公路桥涵地基与基础设计规范》（JTG D63—2007）、《建筑地基基础设计规范》（GB 50007—2011）、《建筑桩基技术规范》（JGJ 94—2008）有关规定，各岩土层的承载力基本特征值见表6-7。

表6-7　岩土层的承载力基本特征值

地层土样	地基允许承载力基本值f_{a0}/kPa	桩极限侧阻力标准值q_{sk}/kPa	桩极限端阻力标准值q_{pk}/kPa	备　注
素填土				不宜作天然持力层
含碎石粉质黏土	170	100	1200	
淤泥	80	20	200	
中砂	200	130	1600	
全风化片麻岩	180	120	1500	
强风化片麻岩	400	200	2400	

11. 场地与地基稳定性及地震效应评价

（1）场地类别及地震效应评价

根据《中国地震动参数区划图》（GB 18306—2001）及《建筑抗震设计规范》（GB 50011—2010）确定本次勘察场地抗震设防烈度为7度，设计基本地震加速度为0.15g，设计特征周期值0.35s，设计地震分组为一组。

本次勘察线路段场地建筑属于抗震不利地段；场地类别为Ⅱ类（表6-8）。

表6-8　ZK0-1钻孔建筑场地类别评定

地层序号	土的名称	状　态	承载力容许值/kPa	土的类型	土层厚度d_i/m	剪切波速v_{si}/(m/s)
						估计值
1	素填土				2.6	150
2	含碎石粉质黏土		170	软	0.9	180

（续）

地层序号	土的名称	状态	承载力容许值/kPa	土的类型	土层厚度 d_i/m	剪切波速 v_{si}/(m/s)
						估计值
3	淤泥		80	中硬	1	100
4	中砂		200		0.6	220
5	全风化片麻岩		180		9.1	200
等效剪切波速：$v_{se}=d_0/t=175.3\text{m/s}$，$t=\sum d_i/v_{si}=0.081\text{s}$						
计算深度 d_0/m		14.2				
场地覆盖层厚度		14.2		建筑场地类别		Ⅱ

（2）场地与地基稳定性评价

场地内无动力地质作用的破坏影响，且环境工程地质条件一般，故场地与地基是稳定的。

（3）场地建筑适宜性评价

场地内不良地质作用不发育，故场地适宜工程建设。

12. 地基基础方案选择建议

根据钻探揭露地层，建议以全风化片麻岩为地基持力层，采用扩大基础；或者以强风化片麻岩为地基持力层，采用桩基础，桩基础以机械成孔桩比较适宜。

13. 结论与建议

（1）结论

1）经勘察查明拟建场地地貌属河谷阶地，场地地貌较单一，地层结构较简单，场地主要岩土层为素填土、含碎石粉质黏土、淤泥、中砂、全风化片麻岩、强风化片麻岩。

2）无明显近期活动构造，场地内无不良地质作用。

3）根据《中国地震动参数区划图》（GB 18306—2001）及《建筑抗震设计规范》（GB 50011—2010）确定场地抗震设防烈度为7度，设计基本地震加速度为0.15g，设计特征周期值0.35s，设计地震分组为一组。

4）本次勘察线路段场地建筑属于抗震不利地段；场地类别为Ⅱ类。勘察期间各钻孔均见有地下水。建筑场地及地基是稳定的，若采用适宜的基础形式，场地适宜于工程的建设，建筑条件良好。

（2）建议

根据《公路工程地质勘察规范》（JTG C20—2011）“附录J 土、石工程分级”，对本场地各层土石工程分级。

（3）注意问题

1）若采用桩基础类型施工，必须验桩。

2）基槽开挖完毕后，前往检验地基持力层。

任务5 地基验槽

当基坑（槽）开挖至设计标高时，施工单位应组织勘察、设计、质量监督和建设单位等有关人员共同检查坑底土层是否与设计、勘察资料相符，是否存在填井、填塘、暗沟、墓穴等不良地质情况，这个过程称为验槽。

验槽的方法：以观察为主，辅以夯、拍或轻便触探、钎探等方法。

1. 观察验槽

观察验槽首先应根据槽断面土层分布情况及走向，初步判明槽底是否已挖至设计要求深度的土层；其次，检查槽底，检查时应观察刚开挖的未受扰动的土的结构、孔隙、湿度、含有物等，确定是否为原设计所提出的持力层土质，特别应重点注意柱基、墙角、承重墙下或其他受力较大的部位。除在重点部位取土鉴定外，还应在整个槽底进行全面观察，观察槽底土的颜色是否均匀一致、土的坚硬度是否一样、有没有局部含水量异常的现象等，对可疑之处，都应查明原因，以便为地基处理或设计变更提供可靠的依据。

2. 夯、拍或轻便勘探

夯、拍验槽是用木夯、蛙式打夯机或其他施工工具对干燥的基坑进行夯、拍（对潮湿和软土地基不宜夯、拍，以免破坏槽底土层），从夯、拍声音判断土中是否存在洞或墓穴。对可疑之处可采用轻便勘探方法进行进一步调查。

轻便勘探验槽是用钎探、轻便触探、手摇小螺纹钻、洛阳铲等对地基主要受力层范围的土层进行勘探，或对前述观察、夯或拍发现的异常情况进行探查。

钎探是用 ϕ22 ~ 25mm 的钢筋作钢钎，钎尖呈 60°锥状，长度为 1.8 ~ 2.0m，每 300mm 作一刻度。钎探时，用质量为 4 ~ 5kg 的大锤将钢钎打入土中，落锤高 500 ~ 700mm，记录每打入 300mm 的锤击数，据此可判断土质的软硬程度。

手摇小螺纹钻是一种小型的轻便钻具，钻头呈螺旋形，上接一 T 形手把，由人力旋入土中。钻杆根据需要可接长，钻探深度一般为 6m，在软土中可达 10m，孔径约 70mm。每钻入土中 300mm（钻杆上有刻度）后将钻竖直拔出，由附在钻头上的土了解土层情况。

思考题

1. 岩土工程勘察的任务是什么？
2. 岩土工程勘察的勘察方法有哪些？
3. 试简述钻探的目的和步骤。
4. 简述静力载荷试验的概念、适用条件及主要用途。
5. 简述标准贯入试验的原理及适用条件。
6. 岩土工程勘察报告应该包括哪些内容？
7. 岩土工程勘察报告有哪些图表附件？
8. 为何要验槽？验槽包括哪些内容？如何进行验槽？

习题

根据本教材所学内容，结合项目 6 中的“岩土工程勘察报告实例”，回答以下问题：

1. 常见的岩土工程勘察方法有哪些？

2. 在勘察报告中所阐述的“地质构造”和“不良地质现象”分别指什么？

3. 地下水不论是对施工还是对建筑的正常使用都有不同程度的影响，因此在勘察报告中主要分析地下水的哪些方面？

4. 根据表6-6所示的1号钻孔各岩土层土工试验汇总表，分别指出哪些指标是实验室直接测定指标和换算指标，并计算各换算指标。

5. 根据表6-6所示的1号钻孔各岩土层土工试验汇总表，分别指出塑性指数和液性指数的作用。

6. 根据图6-5和图6-6总结出工程地质剖面图和钻孔柱状图的区别。

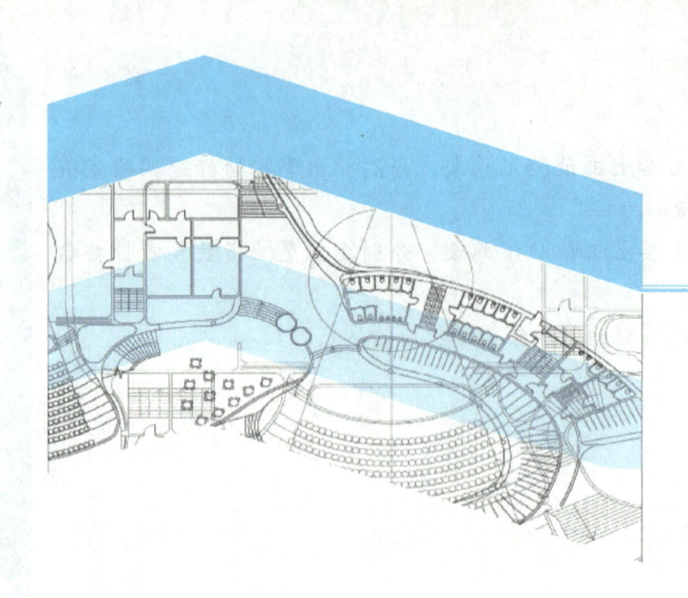

项目7

天然地基上的浅基础

内容提要

本项目主要介绍浅基础的类型、基础埋置深度的确定、基础底面尺寸的确定、刚性基础设计、扩展基础设计。

学习要求

知识要点	能力要求	相关知识
浅基础的类型	1）熟悉浅基础的分类方法 2）掌握刚性基础与柔性基础包括的内容	浅基础、深基础、刚性基础、柔性基础
基础埋置深度的确定	1）熟悉基础埋置深度的影响因素 2）熟练基础埋置深度的计算	基础埋置深度、水文地质条件、季节性冻土
基础底面尺寸的确定	1）掌握基础底面尺寸的确定方法 2）验算地基承载力	中心荷载、偏心荷载、持力层、软弱下卧层
刚性基础设计	1）熟悉刚性基础设计的内容 2）掌握刚性基础的设计步骤 3）计算各类刚性基础的尺寸	基础高度、台阶宽高比
扩展基础设计	1）熟悉扩展基础计算的规定 2）掌握柱下独立基础的设计方法 3）掌握墙下条形基础的设计方法	冲切承载力、受剪承载力、地基净反力、弯矩计算

任务1　浅基础的类型

基础应具有承受荷载、抵抗变形和适应环境影响的能力，即要求基础具有足够的强度、刚度和耐久性。为了阐述问题的方便，可按基础材料、受力特点和构造类型三个角度对浅基础进行分类。

7.1.1　按基础材料分类

常用的基础材料有砖、毛石、灰土、三合土、混凝土和钢筋混凝土等。下面简单介绍这些基础的性能和适用范围。

1. 砖基础

砖砌体具有一定的抗压强度，但抗拉强度和抗剪强度低。砖基础所用的砖，强度等级不低于MU10，砂浆不低于M5。在地下水位以下或当地基土潮湿时，应采用水泥砂浆砌筑。在砖基础底面以下，一般应先做100mm厚的C10或C7.5的混凝土垫层。砖基础取材容易，应用广泛，一般可用于6层及6层以下的民用建筑和砖墙承重的厂房，如图7-1a所示。

2. 毛石基础

毛石是指未加工的石材。毛石基础采用未风化的硬质岩石，禁用风化毛石。由于毛石之间间隙较大，如果砂浆粘结的性能较差，则不能用于多层建筑，且不宜用于地下水位以下。但毛石基础的抗冻性能较好，北方也用来作为7层以下的建筑物基础，如图7-1b所示。

3. 灰土基础

灰土是用石灰和土料配制而成的。石灰以块状为宜，经熟化1~2天后过5mm筛立即使用。土料以应用塑性指数较低的粉土和黏性土为宜，土料团粒应过筛，粒径不得大于15mm。石灰和土料按体积配合比为3:7或2:8，拌和均匀后，在基槽内分层夯实。灰土基础宜在比较干燥的土层中使用，其本身具有一定的抗冻性。在我国华北和西北地区，广泛用于5层及5层以下的民用建筑，如图7-1c所示。

4. 三合土基础

三合土是由石灰、砂和骨料（矿渣、碎砖或碎石）加水混合而成。施工时石灰、砂、骨料按体积配合比为1:2:4或1:3:6拌和均匀后再分层夯实。三合土的强度较低，一般只用于4层及4层以下的民用建筑，如图7-1c所示。

5. 混凝土基础

混凝土基础的抗压强度、耐久性和抗冻性比较好，其混凝土强度等级一般为C15以上。这种基础常用在荷载较大的墙柱处。如在混凝土基础中埋入体积占25%~30%的毛石（石块尺寸不宜超过300mm），即为毛石混凝土基础，可节省水泥用量，如图7-1d所示。

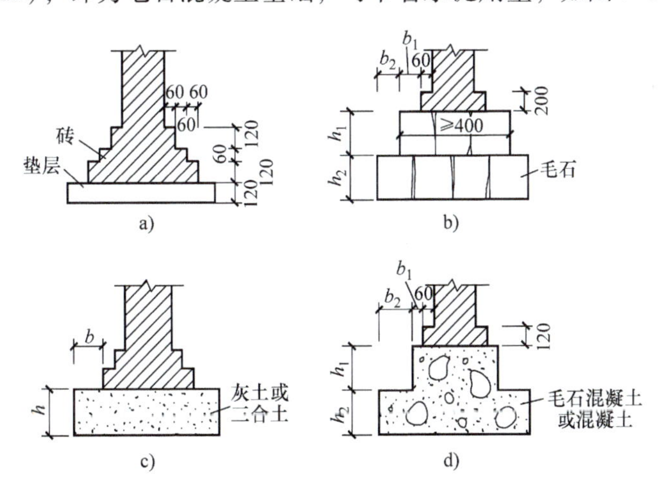

图7-1 刚性基础

a）砖基础 b）毛石基础 c）灰土或三合土基础 d）混凝土或毛石混凝土基础

6. 钢筋混凝土基础

钢筋混凝土是基础的良好材料，其强度、耐久性和抗冻性都较理想。由于它承受力矩和剪力的能力较好，故在相同的基底面积下可减少基础高度。因此常在荷载较大或地基较差的情况下使用。

7.1.2 按受力特点分类

基础按其受力特点可分为刚性基础和柔性基础。

1. 刚性基础

刚性基础是指由砖、毛石、混凝土或毛石混凝土、灰土和三合土材料组成的不配置钢筋的墙下条形基础或柱下独立基础，适用于多层民用建筑和轻型厂房。

刚性基础按材料可分为：砖基础、毛石基础、混凝土和毛石混凝土基础、灰土基础、三合土基础，如图 7-1 所示。

习惯上把无筋基础称为刚性基础。为了使刚性基础内产生的拉应力和剪应力不大，需要限制基础沿柱、墙边挑出的宽度，因而使基础的高度相对增加。这种基础几乎不会发生挠曲变形，因此，原来是平面的基底，沉降后仍然保持平面。如基础荷载合力通过基底形心，则基底的沉降处处相同。这样，根据柔性基础沉降均匀时基底反力分布不均匀可以推断，中心荷载下刚性基础基底反力的分布也应该是边缘大，中部小，而当荷载偏心时，沉降后基底为一倾斜平面，由此可见，具有刚度的基础，在调整基底沉降使之趋于均匀的同时，也使基底压力发生由中部向边缘转移的过程。此处把刚性基础能跨越基底中部，将所承担的荷载相对集中地传递给基底边缘的现象称为基础的“架越作用”。

2. 柔性基础

当建筑物的荷载较大而地基承载能力较小时，基础底面必须加宽，如果仍采用混凝土材料做基础，势必加大基础的深度，这样很不经济。如果在混凝土基础的底部配以钢筋，利用钢筋来承受拉应力，使基础底部能够承受较大的弯矩，这时基础宽度不受刚性角的限制，故称钢筋混凝土基础为非刚性基础或柔性基础。这种基础将上部结构传来的荷载，通过向侧边扩展成一定底面积，使作用在基底的压力等于或小于地基土的允许承载力，而基础内部的应力同时满足材料本身的强度要求。这种起到压力扩散作用的基础称为扩展基础，即柱下钢筋混凝土独立基础和墙下钢筋混凝土条形基础。

在同样条件下，采用钢筋混凝土基础比混凝土基础可节省大量的混凝土材料和挖土工程量。钢筋混凝土基础断面可做成梯形，最薄处高度不小于 200mm；也可做成阶梯形，每踏步高 300 ~ 500mm。通常情况下，钢筋混凝土基础下面设有混凝土强度等级不宜低于 C10 的素混凝土垫层，厚度不宜小于 70mm；无垫层时，钢筋保护层厚度不应小于 70mm，以保护受力钢筋不受锈蚀。

7.1.3 按结构形式分类

基础按其结构形式可分为单独基础、墙下条形基础、柱下条形基础、柱下交叉条形基础、筏形基础、箱形基础。

1. 单独基础

单独基础，也称独立式基础或柱式基础。当建筑物上部结构采用框架结构或单层排架结构承重时，基础常采用方形或矩形的单独基础，其形式有阶梯形（图 7-2a）、锥形（图 7-2b）等。当柱采用预制钢筋混凝土构件时，则基础做成杯口形，然后将柱子插入，并嵌固在杯口内，故称杯形基础（图 7-2c）。

柱下单独基础：单独基础是柱基础最常用、最经济的一种类型，它适用于柱距为 4 ~

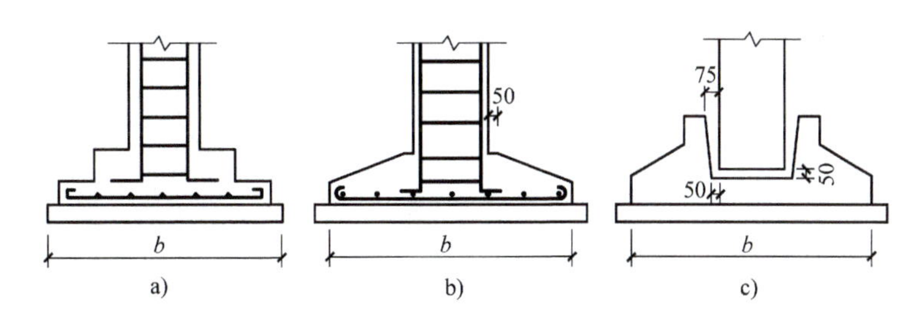

图 7-2 柱下钢筋混凝土独立基础

a）阶梯形 b）锥形 c）杯形

12m，荷载不大且均匀、场地均匀，对不均匀沉降有一定适应能力的结构的柱。它所用材料根据柱的材料和荷载大小而定，常采用砖石、混凝土和钢筋混凝土等。在工业与民用建筑中应用范围很广，数量很大。这类基础埋置不深，用料较省，无需复杂的施工设备，地基不须处理即可修建，工期短，造价低，因而为各种建筑物特别是排架、框架结构优先采用的一种基础形式。

墙下单独基础：当地基承载力较大，上部结构传给基础的荷载较小，或当浅层土质较差，在不深处有较好土层时，为了节约基础材料和减少开挖土方量可采用墙下单独基础。墙下单独基础的经济跨度为 3 ~ 5m，砖墙砌在单独基础上边的钢筋混凝土梁上。

2. 墙下条形基础

墙下条形基础（图 7-3）是墙基础中常见的形式，通常用砖或毛石砌筑。为保证基础的耐久性，砖的强度等级不能太低，在严寒地区宜用毛石；毛石需用未风化的硬质岩石。砌筑的砂浆，当土质潮湿或有地下水时要用水泥砂浆。刚性基础台阶宽高比及基础砌体材料最低强度等级的要求，参考相关规范规定。

当基础宽度较大，若再用刚性基础，则其用料多、自重大，有时还需要增加基础埋深，此时可采用柔性钢筋混凝土条形基础，使宽基浅埋。如果地基不均匀，为增强基础的整体性和抗弯能力，可采用有肋梁的钢筋混凝土条形基础，肋梁内配纵向钢筋和箍筋，以承受由不均匀沉降引起的弯曲应力，如图 7-3b 所示。

3. 柱下条形基础

当地基较为软弱、柱荷载或地基压缩性分布不均匀，以至于采用扩展基础可能产生较大的不均匀沉降时，常将同一方向（或同一轴线）上若干柱子的基础连成一体而形成柱下条形基础。这种基础的抗弯刚度较大，因而具有调整不均匀沉降的能力，并能将所承受的集中柱荷载较均匀地分布到整个基底面积上。柱下条形基础是常用于框架或排架结构的一种基础形式。这种基础抗弯刚度大，因而具有调整不均匀沉降的能力。

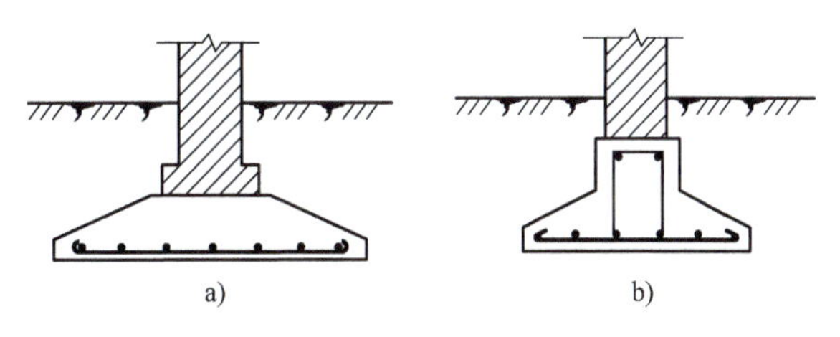

图 7-3 墙下钢筋混凝土条形基础

a）无肋式 b）有肋式

4. 柱下十字交叉条形基础

如果地基松软且在两个方向分布不均，需要基础的两个方向具有一定刚度来调整不均匀沉降时，则可在柱网下沿纵横两个方向设置钢筋混凝土条形基础，从而形成柱下交叉条形基础（图 7-4）。这是一种比较封闭式的浅基础，造价比柱下条形基础高。

5. 筏形基础

当建筑物上部荷载较大而地基承载能力又比较弱时，用简单的独立基础或条形基础已不能适应地基变形的需要，这时常将墙或柱下基础连成一片，使整个建筑物的荷载承受在一块整板上，这种满堂式的板式基础称为筏形基础。筏形基础由于其底面积大，故可减小基底压强，同时也可提高地基土的承载力，并能更有效地增强基础的整体性，调整不均匀沉降。筏形基础可分为平板式和梁板式两类（图 7-5）。

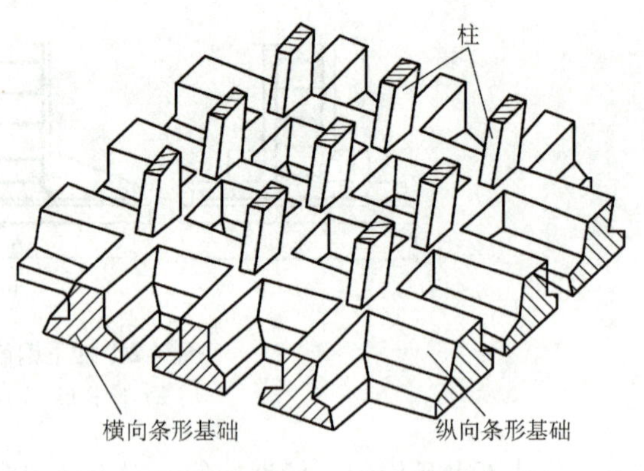

图 7-4　柱下十字交叉基础

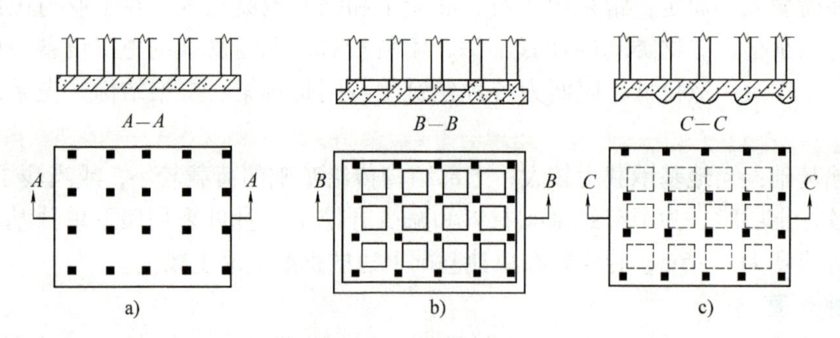

图 7-5　筏形基础

a）平板式　b）上翻梁板式　c）下翻梁板式

6. 箱形基础

箱形基础是由钢筋混凝土底板、顶板和若干纵横墙组成的，形成中空箱体的整体结构，共同来承受上部结构的荷载。箱形基础整体空间刚度大，对抵抗地基的不均匀沉降有利，一般适用于高层建筑或在软弱地基上建造的上部荷载较大的建筑物。当基础的中空部分尺寸较大时，可用作地下室，如图 7-6 所示。

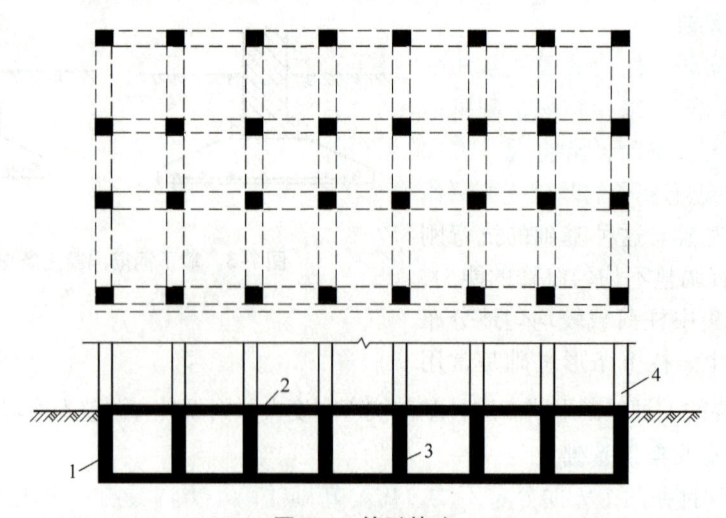

图 7-6　箱形基础

1—外墙　2—顶板　3—内墙　4—上部结构

任务2 基础埋置深度的确定

基础埋置深度是指从室外设计地面至基础底面的距离。

基础埋置深度的大小，对建筑物的安全和正常使用、基础施工技术措施、施工工期和工程造价等影响很大。设计时必须综合考虑建筑物自身条件（如使用条件、结构形式、荷载的大小和性质等）以及所处的环境（如地质条件、气候条件、邻近建筑物的影响等），选择技术可靠、经济合理的基础埋置深度。在满足地基稳定和变形要求的前提下，基础宜浅埋。考虑地面动植物活动、耕土层等因素对基础的影响，除岩石基础外，基础埋置深度不宜小于0.5m。确定基础埋置深度时，应综合考虑以下因素。

1. 建筑物用途以及基础形式和构造

某些建筑物要求具有一定的使用功能或宜采用某种基础形式，这些要求常成为其基础埋置深度选择的先决条件。例如设置地下室或设备层的建筑物、使用箱形基础的高层或重型建筑、具有地下部分的设备基础等，其基础埋置深度应根据建筑物地下部分的设计标高、设备基础底面标高来确定。

不同基础其构造高度不相同，基础埋深自然也不同；为了保护基础不露出地面，构造要求基础顶面至少应低于室外设计地面0.1m。

2. 作用在地基上的荷载大小和性质

荷载大小不同，对地基承载力的要求也就不同，因而直接影响到持力层的选择。荷载的性质对基础埋置深度的影响也很明显。承受水平荷载的基础，必须有足够的埋置深度来获得土的侧向抗力，以保证基础的稳定性，减少建筑物的整体倾斜，防止倾覆及滑移。例如在抗震设防区，高层建筑筏形和箱形基础的埋置深度，除岩石地基外，采用天然地基时一般不宜小于建筑物高度的1/15；桩箱或桩筏基础的埋置深度（不计桩长）不宜小于建筑物高度的1/18。位于岩石地基上的高层建筑，其基础埋置深度应满足抗滑要求。

3. 工程地质和水文地质条件

工程地质条件对基础的设计往往起着决定性的作用。为了保证建筑物的安全，必须根据荷载的大小和性质为基础选择可靠的持力层。一般当上层土的承载力能满足要求时，应选择作为持力层；若其下有软弱土层，则应验算其承载力是否满足要求。当上层土软弱而下层土承载力较高时，应根据软弱土的厚度决定基础是做在下层土上还是采用人工地基或桩基础。

如遇到地下水，基础应尽量埋置于地下水位以上，以避免地下水对基坑开挖、基础施工和使用的影响。当必须将基础埋在地下水位以下时，应采取施工排水措施，保护地基土不受扰动。对承压水，则应考虑承压水上部隔水层的最小厚度问题，以避免承压水冲破隔水层，浸泡基槽。对河岸边的基础，其埋深应在流水冲刷作用深度以下。若基础埋置在易风化的岩层上，施工时应在基坑开挖后立即铺筑垫层。

4. 相邻建筑物的基础埋深

当存在相邻建筑物时，新建建筑物的基础埋深不宜大于原有建筑物的基础埋深。当埋深大于原有建筑物时，两基础间应保持一定净距，其数值应根据原有建筑荷载大小、基础形式和土质情况确定，一般应不小于两基础底面高差的1～2倍。当上述要求不能满足时，应采取分段施工、设临时加固支撑、打板桩、地下连续墙等施工措施，或加固原有建筑物地基，以免开挖新基槽时危及原有基础的安全稳定性。相邻建筑间基础埋深如图7-7所示。

5. 地基土冻胀和融陷的影响

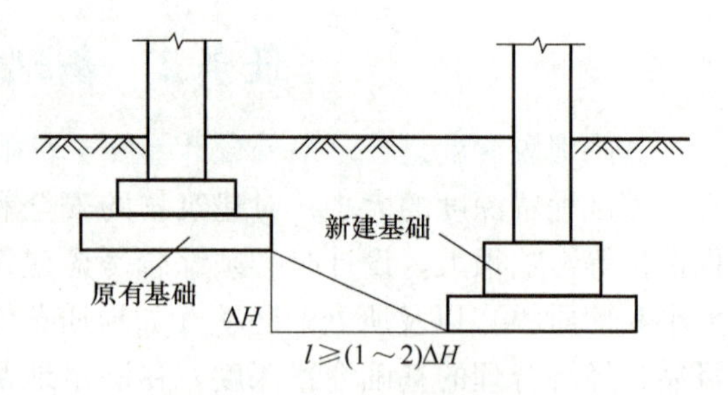

图 7-7　相邻建筑基础埋深

地基土的冻胀与融陷通常是不均匀的，因此，容易引起建筑物开裂损坏。

季节性冻土的冻胀性与融陷性是相互关联的，常以冻胀性加以概括。《建筑地基基础设计规范》（GB 50007—2011）根据土的类别、冻前天然含水率和冻结期间地下水位距冻结面的最小距离，将地基土的冻胀性划分为不冻胀、弱冻胀、冻胀、强冻胀和特强冻胀五类。

在确定基础埋置深度时，对于不冻胀土可不考虑冻结深度的影响；对于弱冻胀土、冻胀土、强冻胀土和特强冻胀土，可用式（7-1）计算基础的最小埋置深度，即

$$d_{\min} = z_d - h_{\max} \tag{7-1}$$

$$z_d = z_0 \psi_{zs} \psi_{zw} \psi_{ze} \tag{7-2}$$

式中　z_d——设计冻深（m）；

z_0——标准冻深（m），系采用在地表平坦、裸露、城市之外的空旷场地中不少于 10 年实测最大冻深的平均值，当无实测资料时，按《建筑地基基础设计规范》（GB 50007—2011）附录 F 采用；

ψ_{zs}——土的类别对冻深的影响系数，见表 7-1；

ψ_{zw}——土的冻胀性对冻深的影响系数，见表 7-2；

ψ_{ze}——环境对冻深的影响系数，见表 7-3；

$h_{\max}$——基础底面下允许冻土层的最大厚度，按《建筑地基基础设计规范》附录 G. 0. 2 查取。当有充分依据时，基底下允许冻土层厚度也可根据当地经验确定。

表 7-1　土的类别对冻深的影响系数

土的类别	黏性土	细砂、粉砂、粉土	中、粗、砾砂	大块碎石土
影响系数 ψ_{zs}	1.00	1.20	1.30	1.40

表 7-2　土的冻胀性对冻深的影响系数

冻胀性	不冻胀	弱冻胀	冻胀	强冻胀	特强冻胀
影响系数 ψ_{zw}	1.00	0.95	0.90	0.85	0.80

表 7-3　环境对冻深的影响系数

周围环境	村镇旷野	城市近郊	城市市区
影响系数 ψ_{ze}	1.00	0.95	0.90

注：环境影响系数一项，当城市市区人口为 20 万～50 万时，按城市近郊取值；当城市市区人口大于 50 万小于或等于 100 万时，只计入市区影响；当城市市区人口超过 100 万时，除计入市区影响外，尚应考虑 5km 以内的郊区近郊影响系数。

在冻胀、强冻胀、特强冻胀地基上，应按《建筑地基基础设计规范》（GB 50007—2011）的有关要求采取防冻害措施。

任务3 基础底面尺寸的确定

在设计浅基础时，一般先确定基础的埋置深度，选定地基持力层并求出地基承载力特征值，然后根据上部荷载或根据构造要求确定基础底面尺寸。

7.3.1 根据持力层承载力计算基础底面尺寸

1. 中心荷载作用下基础底面尺寸的确定

轴心荷载作用下，基础通常对称布置，基底压力为均匀分布。地基按承载力设计时，要求作用在基础底面上的压力小于修正后的地基承载力，即

$$p_k = \frac{F_k + G_k}{A} = \frac{F_k}{A} + \gamma_G \bar{d} \leqslant f_a \tag{7-3}$$

独立基础
$$A \geqslant \frac{F_k}{f_a - \gamma_G d} \tag{7-4}$$

条形基础
$$b \geqslant \frac{F_k}{f_a - \gamma_G d} \tag{7-5}$$

式中 p_k——轴心荷载作用下的基底平均压力（kPa）；

F_k——相应于荷载效应标准组合时，上部结构传至基础顶面的竖向荷载（kN）；

G_k——基础自重和基础上的土重（kN），对一般实体基础，可近似取 $G_k = \gamma_G A d$；其中 γ_G 为基础及回填土的平均重度（kN/m），一般取 20kN/m^3，在地下水位以下部分，应扣除水的浮力；d 为基础埋置深度（m），必须从设计地面或室内外平均设计地面算起；

A——基底面积（m^2），$A = bl$，条形基础 $A = b$；

f_a——修正后的地基承载力特征值（kPa）。

例7-1 某场地为黏性土，重度 $\gamma = 17.5\text{kN/m}^3$，孔隙比 $e = 0.7$，液限指数 $I_L = 0.78$，已经确定其承载力特征值 $f_{ak} = 226\text{kPa}$。现修建一外柱基础，柱截面为 300mm×300mm，作用在 −0.700 标高（基础顶面）处的轴心荷载 $F_k = 700\text{kN}$，基础埋深（自室外地面起算）为 1.0m，室内地面（标高 +0.000）高于室外 0.30m，试确定方形基础底面宽度。

解：自室外地面算起的基础埋深为 1.0m，先进行承载力深度修正，查表 4-2 得 $\eta_d = 1.6$，修正后的承载力特征值为

$$f_a = f_{ak} + \eta_d \gamma_m (d - 0.5) = 226\text{kPa} + 1.6 \times 17.5 \times (1 - 0.5)\text{kPa} = 240\text{kPa}$$

计算基础和土重力时基础埋深为 $\bar{d} = 0.5 \times (1 + 1.3)\text{m} = 1.15\text{m}$

根据基础公式 $A \geqslant \dfrac{F_k}{f_a - \gamma_G \bar{d}} = \dfrac{700}{240 - 20 \times 1.15}\text{m}^2 = 3.22\text{m}^2$，得 $b = \sqrt{A} = 1.8\text{m}$

不必进行承载力宽度修正，取 $b = 1.8\text{m}$

2. 偏心荷载作用下基础底面尺寸的确定

$$p_{\max}^{\min} = \frac{F_k + G_k}{A} + \frac{M_k}{W} = \frac{F_k + G_k}{A}\left(1 \pm \frac{6e}{l}\right) \tag{7-6}$$

计算步骤：

1）进行深度修正，初步确定地基承载力特征值 f_a，见式（4-17）。

$$f_a = f_{ak} + \eta_b \gamma (b - 3) + \eta_d \gamma_m (d - 0.5)$$

2）按中心荷载压力作用先求出 A_0，见式（7-4）。

$$A_0 \geqslant \frac{F_k}{f_a - \gamma_G d}$$

3）考虑偏心影响，将底板提高10%～40%，即 $A = (1.1 \sim 1.4)A_0$。

4）利用 $A = l \times b$，令 $l = nb$，$n = 1.5 \sim 2$，则 $b = \sqrt{\frac{A}{n}}$，初步确定尺寸。

根据强度条件验算基底压力，如不满足

$$p_{kmax} = \frac{F_k + G_k}{A} + \frac{M_k}{W} \leqslant 1.2f_a \tag{7-7}$$

$$p_{kmin} = \frac{F_k + G_k}{A} - \frac{M_k}{W} \geqslant 0 \tag{7-8}$$

$$p_k = \frac{F_k + G_k}{A} \leqslant f_a \tag{7-9}$$

则继续循环3）、4）步骤，算到满足为止。

例7-2 柱截面尺寸为300mm×400mm，作用在柱底的荷载值：轴心垂直荷载 $F_k = 700\text{kN}$，作用在基础顶面处的力矩 $M_k = 80\text{kN}\cdot\text{m}$ 和水平荷载13kN，室内外高差0.30m，基础埋深1.0m，基础高度0.6m，基底以下分布较厚的黏性土，$\gamma = 17.5\text{kN/m}^3$，孔隙比 $e = 0.7$，液限指数 $I_L = 0.78$，地基承载力特征值 $f_{ak} = 226\text{kPa}$，试根据持力层地基承载力确定基础底面尺寸。

解： 本设计采用矩形底面，取 $n = l/b = 1.5$，由于偏心荷载不大，基础底面积初步增大10%，再根据例7-1的计算结果取 $b = 1.8\text{m}$，则该矩形基础底面面积为 $1.8\text{m} \times 1.8\text{m} \times 1.1 = 3.56\text{m}^2$。

$$A_0 \geqslant \frac{F_k}{f_a - \gamma_G d} = \frac{700}{240 - 20 \times 1.15}\text{m}^2 = 3.22\text{m}^2 (\text{取 } b = 1.6\text{m})$$

$$l = 1.5 \times 1.6\text{m} = 2.4\text{m}$$

基础及其上填土重　　$G_k = 20 \times 2.4 \times 1.6 \times 1.15\text{kN} = 88.32\text{kN}$

基础力矩　　$M_k = (80 + 13 \times 0.6)\text{kN}\cdot\text{m} = 87.8\text{kN}\cdot\text{m}$

基底最大压力

$$p_{kmax} = \frac{F_k + G_k}{A} + \frac{M_k}{W} = \frac{700 + 88.32}{2.4 \times 1.6}\text{kPa} + \frac{87.8}{(1.6 \times 2.4^2)/6}\text{kPa}$$

$$= 262.45\text{kPa} \leqslant 1.2f_a = 288\text{kPa}$$

故取基底尺寸为　　$l \times b = 2.4\text{m} \times 1.6\text{m}$

7.3.2 软弱下卧层承载力验算

在多数情况下，随着深度的增加，同一土层的压缩性降低，抗剪强度和承载力提高。但在成层地基中，有时候却可能遇到软弱下卧层（软弱下卧层是指在持力层以下的地基范围内，承载力显著低于持力层的高压缩性土层），则除按持力层承载力确定基础尺寸外，尚应对软弱下卧层进行验算。要求软弱下卧层顶面处的附加应力值 p_z 与土的自重应力 p_{cz} 之和不超过软弱下卧层的承载力特征值 f_{az}，即

$$p_z + p_{cz} \leqslant f_{az} \tag{7-10}$$

式中　p_z——相应于荷载效应标准组合时，软弱下卧层顶面处的附加应力值（kPa）；

p_{cz}——软弱下卧层顶面处土的自重应力值（kPa）；

f_{az}——软弱下卧层顶面处经深度修正后的地基承载力特征值（kPa）。

计算附加应力 p_z 时，一般按压力扩散角的方法考虑，当上部土层与软弱下卧层的压缩模

量比值大于或等于3时，p_z 可按下式计算：

条形基础

$$p_z = \frac{b(p_k - p_c)}{b + 2z\tan\theta} \tag{7-11}$$

矩形基础

$$p_z = \frac{bl(p_k - p_c)}{(b + 2z\tan\theta)(l + 2z\tan\theta)} \tag{7-12}$$

式中 p_k——基础底面平均压力值（kPa）；

p_c——基础底面处土的自重应力（kPa）；

b——条形和矩形基础底面宽度（m）；

l——矩形基础底面长度（m）；

z——基础底面至软弱下卧层顶面的距离（m）；

θ——地基压力扩散线与垂直线的夹角，按表7-4采用。

表7-4 地基压力扩散角

$\frac{E_{s1}}{E_{s2}}$	$z=0.25b$	$z=0.5b$
3	6°	23°
5	10°	25°
10	20°	30°

注：1. E_{s1} 为上层土压缩模量；E_{s2} 为下层土压缩模量。

2. $z/b<0.25$ 时取 $\theta=0°$，必要时，宜由试验确定；$z/b>0.50$ 时 θ 值不变。

3. z/b 在0.25与0.50之间可插值使用。

任务4 刚性基础设计

7.4.1 基础高度确定

刚性基础也称无筋扩展基础，刚性基础所用材料有一个共同点，就是材料的抗压强度较高，而抗拉、抗弯强度较低。在地基反力作用下，基础下部的扩大部分像倒悬臂梁一样向上弯曲，如悬臂过长，则易发生弯曲破坏（图7-8）。

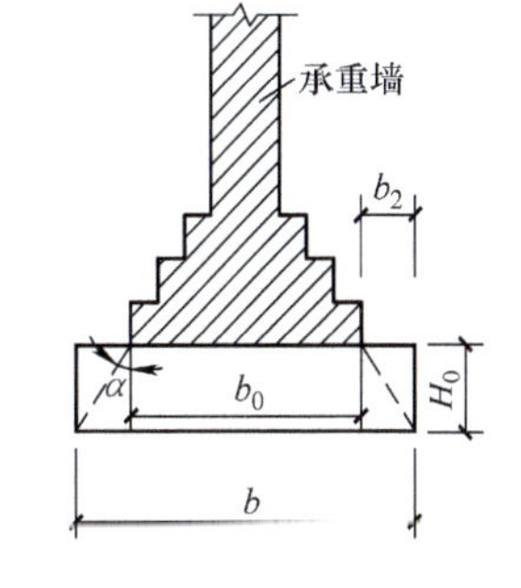

图7-8 无筋扩展基础构造示意图

无筋扩展基础的设计主要是确定基础的尺寸。如图7-8所示，在确定基础尺寸时，除应满足地基承载力要求外，还应保证基础内的拉应力和剪应力不超过基础材料的强度设计值，因此一般通过对基础构造的限制来实现这一要求，即基础的外伸宽度与基础高度的比值（称为无筋扩展基础台阶的宽高比）必须小于表7-5所规定的允许值。

则基础高度应满足

$$H_0 \geqslant \frac{b - b_0}{2\tan\alpha} \tag{7-13}$$

式中 H_0——基础高度（m）；

b——基础底面宽度（m）；

b_0——基础顶面的墙体宽度或柱脚宽度（m）；

$\tan\alpha$——基础台阶宽高比允许值，等于 b_2/h_0，α 角称为刚性角；

b_2——基础台阶宽度（m）。

表 7-5 无筋扩展基础台阶宽高比的允许值

基础材料	质量要求	台阶宽高比的允许值		
		$p_k \leqslant 100$	$100 < p_k \leqslant 200$	$200 < p_k \leqslant 300$
混凝土基础	C15 混凝土	1:1.00	1:1.00	1:1.25
毛石混凝土基础	C15 混凝土	1:1.00	1:1.25	1:1.50
砖基础	砖不低于 MU10、砂浆不低于 M5	1:1.50	1:1.50	1:1.50
毛石基础	砂浆不低于 M5	1:1.25	1:1.50	—
灰土基础	体积比为 3:7 或2:8的灰土，其最小干密度：粉土 1.55t/m、粉质黏土 1.50t/m³、黏土 1.45t/m³	1:1.25	1:1.50	—
三合土基础	体积比 1:2:4～1:3:6（石灰:砂:骨料），每层约虚铺 220mm，夯至 150mm	1:1.50	1:1.2	—

注：1. p_k 为荷载效应标准组合时基础底面处的平均压力值（kPa）。

2. 阶梯形毛石基础的每阶伸出宽度，不宜大于 200mm。

3. 当基础由不同材料叠加组成时，需对接触部分作抗压验算。

4. 混凝土基础单侧扩展范围内基础底面处的平均压力值超过 300kPa 时，尚应进行抗剪验算。

7.4.2 几种刚性基础设计

1. 砖基础

砖基础大放脚的砌筑有两种方法。各部分的尺寸应符合砖的模数，其砌筑方式有“两皮一收”和“二一间隔收”两种。两皮一收是指每砌两皮砖，收进 1/4 砖长（即 60mm）。二一间隔收是指底层砌两皮砖，收进 1/4 砖长（即 60mm），以上各层以此类推，如图 7-9 所示。

为得到一个平整的基槽底，便于砌砖，在槽底可以先浇 100～200mm 厚的素混凝土垫层。对于低层房屋也可以在槽底打两步（300mm）三七灰土，代替混凝土垫层。

为防止土中水分沿砖基础上升，在室内地面以下 50mm 左右处铺设防潮层，防潮层可以是掺有防水剂的 1:3 的水泥砂浆，厚 20～30mm，也可以铺设沥青油毡。

2. 毛石基础

毛石基础是用毛石和砂浆砌筑而成。毛石用平毛石和乱毛石，其强度等级不低于 MU20，砂浆一般用水泥砂浆或水泥混合砂浆。毛石基础的断面有阶梯形和梯形等形状。毛石基础的顶面宽度应比墙厚大 200mm，即每边宽出 100mm。台阶的高度一般控制在 300～400mm，上有一级台阶最外边的石块至少压砌下面石块的 1/2。台阶宽高比应符合刚性基础允许比，详见图 7-10a 所示。

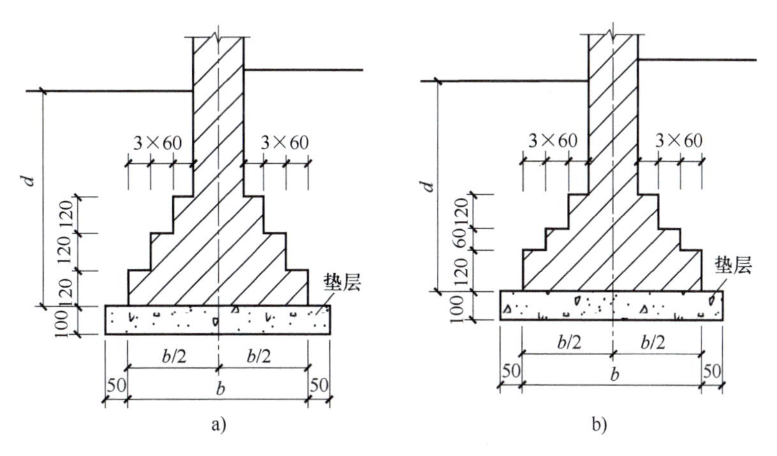

图 7-9 砖基础构造示意图

a）两皮一收 b）二一间隔收

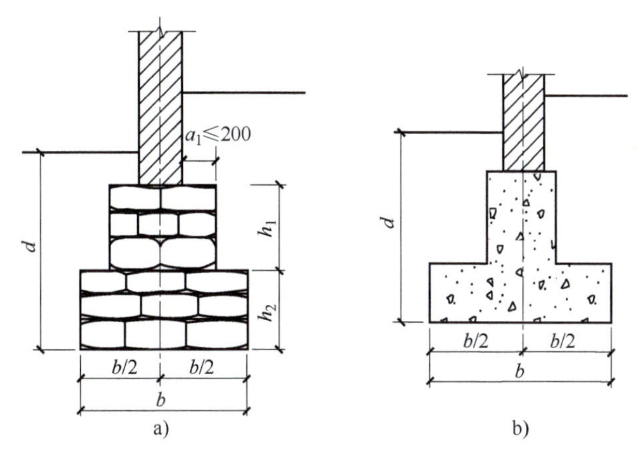

图 7-10 毛石基础及毛石混凝土基础构造示意图

a）毛石基础 b）毛石混凝土基础

3. 混凝土基础和毛石混凝土基础

混凝土基础一般用 C15 以上的素混凝土做成。素混凝土基础可以做成台阶形（图 7-11a）和梯形断面（图 7-11b）。做成台阶形时，总高度在 350mm 以内做一层台阶；总高度 h 大于 350mm 小于等于 900mm 时，做二层台阶；总高度大于 900mm 时做成三层台阶。每个台阶的高度不宜大于 500mm。毛石混凝土基础（图 7-10b）是在混凝土基础中埋入 25%~30%（体积比）未风化的毛石形成，且用于砌筑的石块直径不宜大于 300mm。毛石混凝土基础的每阶高度不应小于 300mm。

例 7-3 一住宅楼承重墙厚 240mm，地基土为中砂，重度 $\gamma=19\text{kN/m}^3$，承载力特征值为 $f_{ak}=200\text{kPa}$，地下水位在地表下 0.8m 处。已知上部墙体传来的竖向荷载 $F_k=240\text{kN/m}$。试设计该承重墙下的条形基础。

解：

（1）确定基底宽度 b

为了便于施工，基础宜建在地下水位以上，所以初选基础埋置深度 $d=0.8\text{m}$。地基土为砂石土，查表 4-2 可得承载力修正系数 $\eta_b=3.0$，$\eta_d=4.4$。

假定 $b<3\text{m}$，则修正后的地基承载力特征值初定为

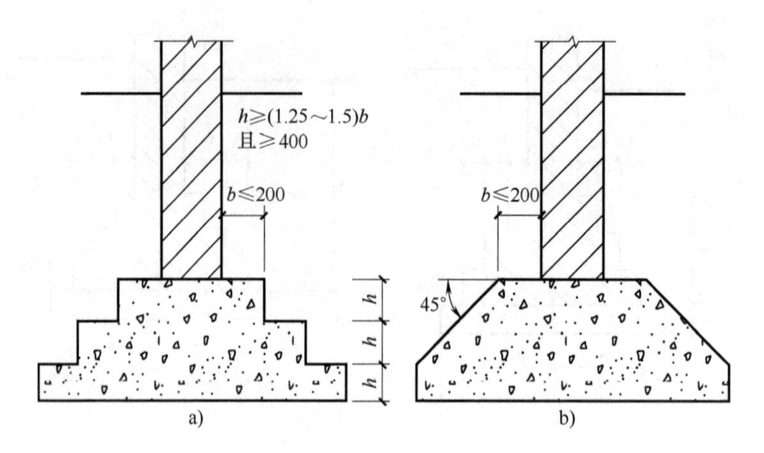

图 7-11　混凝土基础构造示意图

a）矩形截面　b）锥形截面

$$f_a = f_{ak} + \eta_d \gamma_m (d - 0.5) = 200\text{kPa} + 4.4 \times 19 \times (0.8 - 0.5)\text{kPa} = 225\text{kPa}$$

条形基础的宽度为

$$b \geqslant F_k / (f_a - \gamma_G d) = 240/(225 - 20 \times 0.8)\text{m} = 1.15\text{m}$$

所以可取基础宽度 $b = 1200\text{mm}$。

(2) 选择基础材料，确定基础剖面尺寸

方案一：采用 MU10 砖、M5 砂浆“二一间隔收”砌砖基础。基底下做 100mm 厚 C10 素混凝土垫层，则砖基础所需台阶数为

$$n = (b - b_0)/(2b_1) = (1200 - 240)/(2 \times 60) = 8$$

故基础高度　　$H_0 = (120 \times 4 + 60 \times 4)\text{mm} = 720\text{mm}$

假定基础顶面距地表面 100mm，则基坑最小开挖深 $D_{\min} = (720 + 100 + 100)\text{mm} = 920\text{mm}$，已知基底进入地下水位下，给施工带来困难，且基础埋深 $D = (720 + 100)\text{mm} = 820\text{mm}$，已超过初选时深度 800mm，所以方案一不合理。

方案二：基础下层则采用 400mm 厚的 C15 素混凝土，其上采用“二一间隔收”砌砖基础。基底压力为

$$p_k = \frac{F_k + G_k}{A} = \frac{240 + 20 \times 1.0 \times 1.2 \times 0.8}{1.2 \times 1.0}\text{kPa} = 216\text{kPa}$$

查表 7-5 得，C15 素混凝土层的宽高比允许值 $\tan\theta = 1:1.25$，则垫层的最大宽度为 $400\text{mm}/1.25 = 320\text{mm}$ 所以取混凝土垫层收进 300mm。

砖基础所需台阶数为

$$n > (1200 - 240 - 2 \times 300)/(2 \times 60) = 3$$

基础高度为

$$H_0 = (120 \times 2 + 60 \times 1 + 400)\text{mm} = 700\text{mm}$$

基础顶面至地表的距离假定为 100mm，则基础埋深 $d = 0.8\text{m}$，与初选基础吻合，可见方案二合理。

(3) 绘制基础剖面图

基础剖面形状尺寸如图 7-12 所示。

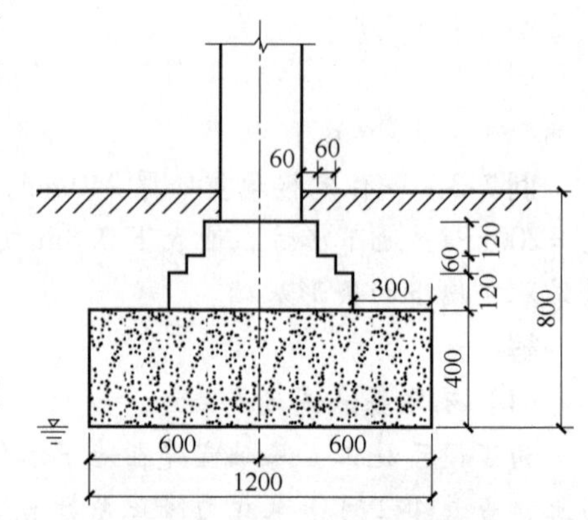

图 7-12　方案 Ⅱ 的基础剖面图

任务5 扩展基础设计

为扩展上部结构传来的荷载，使作用在基底的压应力满足地基承载力设计要求，且基础内部的应力满足材料强度的设计要求，向侧边扩展一定底面积的基础称为扩展基础。这种基础高度不受刚性角的限制，可以较小，用钢筋承受弯曲所产生的拉应力，但需要满足抗弯、抗剪和抗冲切破坏的要求。扩展基础包括柱下钢筋混凝土独立基础和墙下钢筋混凝土条形基础。

扩展基础的计算应符合下列规定：

1）对柱下独立基础，当冲切破坏锥体落在基础底面以内时，应验算柱与基础交接处以及基础变阶处的受冲切承载力。

2）对基础底面短边尺寸小于或等于柱宽加两倍基础有效高度的柱下独立基础，以及墙下条形基础，应验算柱（墙）与基础交接处的基础受剪切承载力。

3）基础底板的配筋，应按抗弯计算确定。

4）当基础的混凝土强度等级小于柱的混凝土强度等级时，尚应验算柱下基础顶面的局部受压承载力。

7.5.1 柱下独立基础

1. 受冲切承载力验算

对矩形截面柱的阶形基础，为保证基础不发生冲切破坏，在柱与基础交接处以及基础变阶处的受冲切承载力，应符合下式要求：

$$F_l \leqslant 0.7\beta_{hp} f_t a_m h_0 \tag{7-14}$$

$$a_m = (a_t + a_b)/2 \tag{7-15}$$

$$F_l = p_j A_l \tag{7-16}$$

式中 β_{hp}——受冲切承载力截面高度影响系数，当 h 不大于 800mm 时，β_{hp} 取 1.0；当 h 大于或等于 2000mm 时，β_{hp} 取 0.9，其间按线性内插法取用；

f_t——混凝土轴心抗拉强度设计值（kPa）；

h_0——基础冲切破坏锥体的有效高度（m）；

a_m——冲切破坏锥体最不利一侧计算长度（m）；

a_t——冲切破坏锥体最不利一侧斜截面的上边长（m），当计算柱与基础交接处的受冲切承载力时，取柱宽；当计算基础变阶处的受冲切承载力时，取上阶宽；

a_b——冲切破坏锥体最不利一侧斜截面在基础底面积范围内的下边长（m），当冲切破坏锥体的底面落在基础底面以内（图 7-13a、b），计算柱与基础交接处的受冲切承载力时，取柱宽加两倍基础有效高度；当计算基础变阶处的受冲切承载力时，取上阶宽加两倍该处的基础有效高度；

p_j——扣除基础自重及其上土重后相应于作用的基本组合时的地基土单位面积净反力（kPa），对偏心受压基础可取基础边缘处最大地基土单位面积净反力；

A_l——冲切验算时取用的部分基底面积（m^2）（图 7-13a、b 中的阴影面积 $ABCDEF$）；

F_l——相应于作用的基本组合时作用在 A_l 上的地基土净反力设计值（kPa）。

由于矩形基础的两个边长不相同，冲切破坏时，A_l 的计算公式并不相同。不难发现，柱短边 a_t 一侧冲切破坏较柱长边 b_t 危险，所以一般只需根据短边一侧冲切破坏条件来确定基础高度，基础抗冲切验算分为以下两种情况：

（1）当 $l \geqslant a_t + 2h_0$

当冲切破坏锥体落在基础底面以内，即 $l \geqslant a_t + 2h_0$，计算柱与基础交接处冲切承载力（图7-13a），则 $a_b = a_t + 2h_0, a_m = (a_t + a_b)/2 = (a_t + a_t + 2h_0)/2 = a_t + h_0$

则冲切力作用面积 A_l 由下式计算，即

$$A_l = \left(\frac{b}{2} - \frac{b_t}{2} - h_0\right)l - \left(\frac{l}{2} - \frac{a_t}{2} - h_0\right)^2 \tag{7-17}$$

$$a_m h_0 = (a_t + h_0)h_0 \tag{7-18}$$

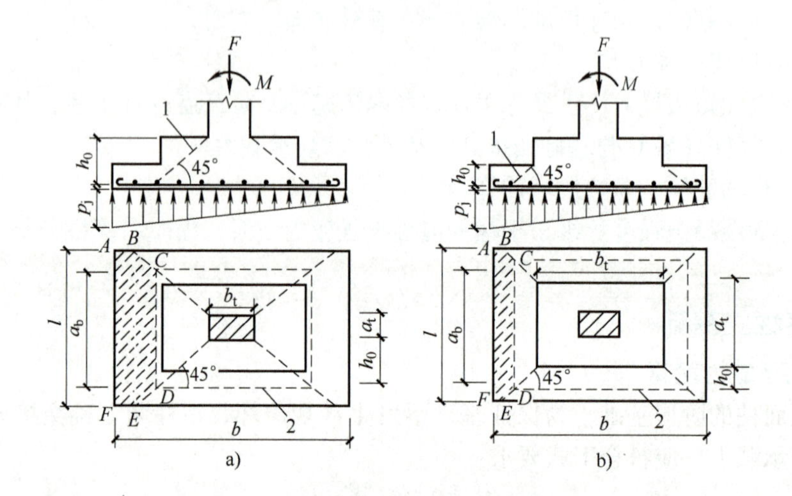

图7-13 计算阶形基础的受冲切承载力截面位置

a）柱与基础交接处 b）基础变阶处

1—冲切破坏锥体最不利一侧的斜截面 2—冲切破坏锥体的底面线

（2）当 $l < a_t + 2h_0$

当冲切破坏锥体落在基础底面以外（图7-13b），冲切力作用面积为

$$A_l = \left(\frac{b}{2} - \frac{b_t}{2} - h_0\right)l \tag{7-19}$$

$$a_m h_0 = (a_t + h_0)h_0 - \left(\frac{a_t}{2} + h_0 - \frac{l}{2}\right)^2 \tag{7-20}$$

基础高度设计时，一般先假定基础高度，代入式（7-14）进行验算，直到抗冲切强度大于冲切力为止。

2. 受剪承载力验算

当基础底面短边尺寸小于或等于柱宽加两倍基础有效高度时，应按下列公式验算柱与基础交接处截面受剪承载力，即

$$V_s \leqslant 0.7\beta_{hs} f_t A_0 \tag{7-21}$$

$$\beta_{hs} = (800/h_0)^{1/4} \tag{7-22}$$

式中 V_s——柱与基础交接处的剪力设计值（kN），图7-14中的阴影面积乘以基底平均净反力；

β_{hs}——受剪切承载力截面高度影响系数，当 $h_0 < 800$mm 时，取 $h_0 = 800$mm；当 $h_0 > 2000$mm 时，取 $h_0 = 2000$mm；

A_0——验算截面处基础的有效截面面积（m^2）。当验算截面为阶形或锥形时，可将其截面折算成矩形截面，截面的折算宽度和截面的有效高度按《建筑地基基础设计规范》（GB 50007—2011）附录U计算。

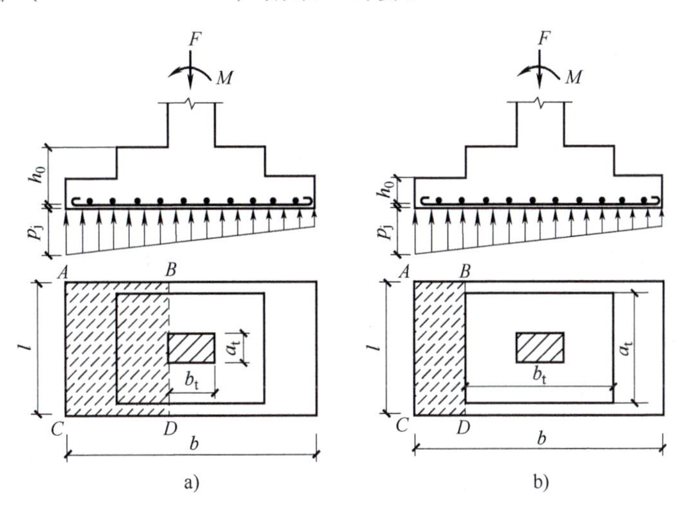

图7-14 验算阶型基础受剪承载力示意图

a）柱与基础交接处 b）基础变阶处

3. 基础底板配筋计算

（1）弯矩计算

在轴心荷载或单向偏心荷载作用下，当台阶的宽高比小于或等于2.5和偏心距小于或等于1/6基础宽度时，柱下矩形独立基础任意截面的底板弯矩可按下列简化方法进行计算（图7-15）：

$$M_{\mathrm{I}}=\frac{1}{12}a_1^2\left[(2l+a')\left(p_{\max}+p-\frac{2G}{A}\right)+(p_{\max}-p)l\right] \tag{7-23}$$

$$M_{\mathrm{II}}=\frac{1}{48}(l-a')^2(2b+b')\left(p_{\max}+p_{\min}-\frac{2G}{A}\right) \tag{7-24}$$

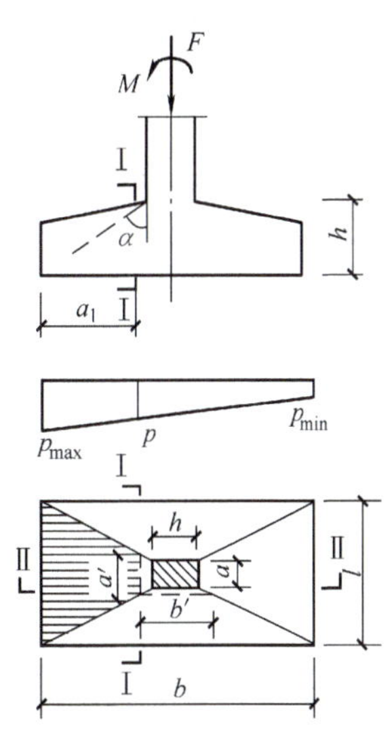

图7-15 矩形基础底板的计算示意图

式中 M_{I}、M_{II}——任意截面Ⅰ—Ⅰ、Ⅱ—Ⅱ处相应于作用的基本组合时的弯矩设计值（kN·m）；

a_1——任意截面Ⅰ—Ⅰ至基底边缘最大反力处的距离（m）；

l、b——基础底面的边长（m）；

$p_{\max}$、$p_{\min}$——相应于作用的基本组合时的基础底面边缘最大和最小地基反力设计值（kPa）；

p——相应于作用的基本组合时在任意截面Ⅰ—Ⅰ处基础底面地基反力设计值（kPa）；

G——考虑作用分项系数的基础自重及其上的土自重（kN）；当组合值由永久作用控制时，作用分项系数可取1.35。

对于计算截面取柱边，把a'和b'换成柱子截面尺寸a和h，并把$a_1=(b-h)/2$代入式（7-23）、式（7-24）则

$$M_{\mathrm{II}}=\frac{1}{48}(b-h)^2\left[(2l+a)\left(p_{\max}+p-\frac{2G}{A}\right)+(p_{\max}-p)l\right] \tag{7-25}$$

$$M_{\mathrm{II}}=\frac{1}{48}(l-a)^2(2b+h)\left(p_{\max}+p_{\min}-\frac{2G}{A}\right) \tag{7-26}$$

式中　h——柱子的长边（m）。

任意截面处的地基反力 p，可由比例关系求得

$$p=p_{\min}+(p_{\max}-p_{\min})\frac{b+h}{2b} \tag{7-27}$$

（2）底板配筋

基础底板配筋除满足计算和最小配筋率要求外，尚应符合扩展基础的构造要求，计算最小的配筋率时，对阶形或锥形基础截面，可将其截面折算成矩形截面，截面的折算宽度和截面的有效高度按《建筑地基基础设计规范》（GB 50007—2011）附录 U 计算。

垂直于Ⅰ—Ⅰ剖面的受力钢筋面积按下式计算：

$$A_{s\mathrm{I}}=\frac{M_{\mathrm{I}}}{0.9h_0f_y} \tag{7-28}$$

垂直于Ⅱ—Ⅱ剖面的受力钢筋面积按下式计算：

$$A_{s\mathrm{I}}=\frac{M_{\mathrm{II}}}{0.9(h_0-d)f_y} \tag{7-29}$$

式中　f_y——钢筋的抗拉强度设计值（MPa）；

h_0——基础有效高度（mm）；

d——钢筋直径（mm）。

当柱下独立柱基底面长短边之比 ω 在大于或等于 2、小于或等于 3 的范围时，基础底板短向钢筋应按下述方法布置：将短向全部钢筋面积乘以 λ 后求得的钢筋，均匀分布在与柱中心线重合的宽度等于基础短边的中间带宽范围内（图 7-16），其余的短向钢筋则均匀分布在中间带宽的两侧。长向配筋应均匀分布在基础全宽范围内，λ 按下式计算：

$$\lambda=1-\frac{\omega}{6} \tag{7-30}$$

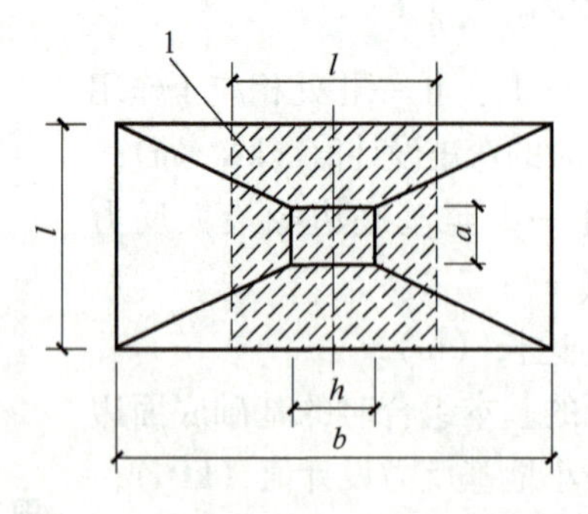

图 7-16　基础底板短向钢筋布置示意图

1—λ 倍短向全部钢筋面积均匀布置在阴影范围内

例 7-4　某厂房柱断面尺寸为 400mm×400mm。地基土分为两层，第一层土为填土 $\gamma=17\mathrm{kN/m^3}$，厚度为 1.8m；第二层土为粉质黏土，$\gamma=19.1\mathrm{kN/m^3}$，$d_s=2.72$，$w=24\%$，$w_L=30\%$，$w_P=22\%$，$f_{ak}=210\mathrm{kPa}$。基础埋置深度为 1.5m，基础底尺寸为 2.3m×1.5m，传至基

础顶面竖向荷载基本组合值 $F=720\text{kN}$，力矩基本组合值 $M=130\text{kN}\cdot\text{m}$。试设计该扩展基础。

解：（1）基底压力和基底净反力计算

$$b=2.3\text{m},\ l=1.5\text{m},\ G=20\times1.5\times2.3\times1.5\text{kN}=103.5\text{kN}$$

基底压力和基底净反力计算如下：

$$p_{\max}=\frac{F+G}{lb}+\frac{6M}{lb^2}=\left(\frac{720+103.5}{1.5\times2.3}+\frac{6\times130}{1.5\times2.3^2}\right)\text{kPa}=337.0\text{kPa}$$

$$p_{\min}=\frac{F+G}{lb}-\frac{6M}{lb^2}=\left(\frac{720+103.5}{1.5\times2.3}-\frac{6\times130}{1.5\times2.3^2}\right)\text{kPa}=140.4\text{kPa}$$

$$p_{\text{jmax}}=\frac{F}{lb}+\frac{6M}{lb^2}=\left(\frac{720}{1.5\times2.3}+\frac{6\times130}{1.5\times2.3^2}\right)\text{kPa}=307.0\text{kPa}$$

$$p_{\text{jmin}}=\frac{F}{lb}-\frac{6M}{lb^2}=\left(\frac{720}{1.5\times2.3}-\frac{6\times130}{1.5\times2.3^2}\right)\text{kPa}=110.4\text{kPa}$$

（2）基础抗冲切验算

设基础高度 $h=600\text{mm}$，取保护层厚度80mm，则基础净高度 $h_0=520\text{mm}$，$a_t=400\text{mm}$，$b_t=400\text{mm}$，$l=1.5\text{m}>a_t+2h_0=(0.4+2\times0.52)\text{m}=1.44\text{m}$。

冲切力作用面积 A_l 按式（7-17）计算：

$$A_l=\left(\frac{2.3}{2}-\frac{0.4}{2}-0.52\right)\times1.5\text{m}^2-\left(\frac{1.5}{2}-\frac{0.4}{2}-0.52\right)^2\text{m}^2=0.644\text{m}^2$$

$$F_l=p_jA_l=p_{\text{jmax}}A_l=307.0\times0.644\text{kN}=197.7\text{kN}$$

$$a_mh_0=(a_t+h_0)h_0=(0.4+0.52)\times0.52\text{m}^2=0.478\text{m}^2$$

当 $h\leqslant800\text{mm}$ 时，取 $\beta_{hp}=1.0$。

采用C20混凝土，其抗拉强度设计值 $f_t=1.1\text{MPa}$，则

$$0.7\beta_{hp}f_ta_mh_0=0.7\times1.0\times1.1\times10^3\times0.478\text{kN}=368.1\text{kN}>F_l$$

所以基础高度满足要求。

（3）基础底板配筋计算

验算截面Ⅰ—Ⅰ、Ⅱ—Ⅱ均应选在柱边缘处，则

$$a'=400\text{mm},b'=400\text{mm},a_1=(2300-400)\text{mm}/2=950\text{mm}$$

Ⅰ—Ⅰ截面处

$$p=140.4\text{kPa}+(337.0-140.4)\times\frac{2.3+0.6}{2\times2.3}\text{kPa}=264.3\text{kPa}$$

弯矩按式（7-23）或式（7-24）计算

$$M_{\text{I}}=\frac{1}{12}\times0.95^2\times\left[(2\times1.5+0.4)\times\left(337.0+264.3-\frac{2\times103.5}{2.3\times1.5}\right)+(337.0-264.3)\times1.5\right]\text{kN}\cdot\text{m}$$
$$=146.6\text{kN}\cdot\text{m}$$

Ⅱ—Ⅱ截面处：

$$M_{\text{II}}=\frac{1}{48}\times(1.5-0.4)^2\times(2\times2.3+0.4)\times\left(337.0+264.3-\frac{2\times103.5}{2.3\times1.5}\right)\text{kN}\cdot\text{m}=68.2\text{kN}\cdot\text{m}$$

选取钢筋等级为HPB300级，则 $f_y=270\text{MPa}$，$A_{s\text{I}}=\dfrac{146.6\times10^6}{0.9\times270\times520}\text{mm}^2=1160\text{mm}^2$

则基础的长边方向选取Φ12@90（$A_{s\text{I}}=1257\text{mm}^2$）。

$$A_{s\text{II}}=\frac{68.2\times10^6}{0.9\times(510-14)\times270}\text{mm}^2=565\text{mm}^2$$

基础短边方向由构造要求选取Φ10@130（$A_{s\mathrm{II}}=604\mathrm{mm}^2$）。

7.5.2 墙下钢筋混凝土条形基础

墙下钢筋混凝土条形基础（简称墙下条形基础）在上部结构的荷载比较大，地基土质软弱，用一般砖石和混凝土砌体不经济时采用。

1. 基础高度确定

（1）地基净反力

地基净反力由下式计算：

当外荷载为中心受压时，地基土净反力为

$$p_j=\frac{F}{b} \tag{7-31}$$

式中 F——基本荷载组合下，上部传至基础顶部的垂直荷载（kN/m）；

b——基础宽度（m）。

当外荷载为偏心受压时，地基土净反力为

$$p_{j\min}^{j\max}=\frac{F}{b}\left(1\pm\frac{6e}{b}\right) \tag{7-32}$$

式中 e——偏心距（m）。

（2）基础底板高度

基础底板的高度按抗剪强度确定，由于底板内部配置弯起筋及箍筋，根据《混凝土结构设计规范》（GB 50010—2010）（2015年版）规定，其底板高度应满足

$$V\leqslant 0.07f_c h_0 l \tag{7-33}$$

式中 V——底板最大剪力设计值，取悬臂端根截面的剪力（kN/m），按式（7-34）或式（7-35）计算；

f_c——混凝土轴心抗压确定设计值（MPa）；

h_0——底板有效高度，$h_0=h-a$，底板下设垫层时，$a=40\mathrm{mm}$，无垫层时，$a=75\mathrm{mm}$；

l——墙长度，取1m。

2. 底板基础配筋

底板在地净反力的作用下产生剪力和弯矩，底板设计时一般以悬臂端根部截面为控制截面（图7-17）。

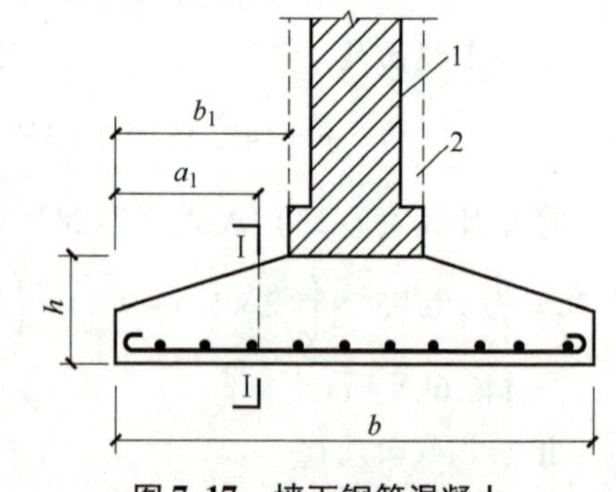

图7-17 墙下钢筋混凝土条形基础内力计算

1—砖墙 2—混凝土墙

（1）剪力设计值

混凝土墙 $$V=p_j b_1 \tag{7-34}$$

砖墙 $$V=p_j(b_1+0.06) \tag{7-35}$$

式中 p_j——基底平均净反力（kPa），偏心受压时，$p_j=(p_{j\max}+p_{j1})/2$；

p_{j1}——墙边净反力（kPa）；

b_1——基础边缘至砖墙或混凝土墙角边的距离（m）。

（2）弯矩设计值

混凝土墙 $$M=\frac{1}{2}p_j b_1^2 \tag{7-36}$$

砖墙 $$M=\frac{1}{2}p_j(b_1+0.06)^2 \tag{7-37}$$

（3）配筋计算

底板配筋面积
$$A_s=\frac{M}{0.9h_0f_y} \tag{7-38}$$

式中 f_y——钢筋抗压强度设计值（MPa）；

h_0——基础有效高度（mm）。

例7-5 已知某砖墙厚240mm，相应于荷载效应标准组合及基本组合时作用在基础顶面的轴心荷载为 $F_k=144\text{kN/m}$ 和 $F=190\text{kN/m}$，已知基础埋置深度 $d=0.5\text{m}$，地基承载力特征值 $f_{ak}=106\text{kPa}$。试设计此基础。

解： 因基础埋深为0.5m，故采用钢筋混凝土条形基础。混凝土强度等级采用C20，$f_t=1.1\text{N/mm}^2$，钢筋用HPB300级，$f_y=270\text{N/mm}^2$。

（1）初步确定基础底面尺寸

$$b=\frac{F_k}{f_a-\gamma_G d}=\frac{144}{106-20\times0.5}\text{m}=1.5\text{m}$$

（2）地基净反力
$$p_j=\frac{F}{b}=\frac{190}{1.5}\text{kPa}=126.7\text{kPa}$$

基础边缘至砖墙计算截面的距离：

$$b_1=\frac{1}{2}(1.5-0.24)\ \text{m}=0.63\text{m}$$

（3）基础有效高度

$$h_0\geqslant\frac{p_jb_1}{0.7f_t\beta_{hs}}=\frac{126.7\times0.63}{0.7\times1100\times1}\text{m}=0.104\text{m}=104\text{mm}$$

取基础高度 $h=300\text{mm}$，$h_0=(300-40-5)\ \text{mm}=255\text{mm}>104\text{mm}$

$$M=\frac{1}{2}p_jb_1^2=\frac{1}{2}\times126.7\times0.63^2\text{kN}\cdot\text{m}=25.1\text{kN}\cdot\text{m}$$

$$A_s=\frac{M}{0.9f_yh_0}=\frac{25.1\times10^6}{0.9\times270\times255}\text{mm}^2=405\text{mm}^2$$

配钢筋Φ8@120（$A_s=419\text{mm}^2$），纵向分布钢筋Φ8@250，垫层采用C10混凝土。

思考题

1. 浅基础的类型有哪些？各有什么特点？
2. 什么是基础埋置深度？选择基础埋置深度时应考虑哪些因素？
3. 地基土冻胀性分类所考虑的主要因素有哪些？确定基础埋深时，是否必须将基础底面设置到冻深之下？
4. 刚性基础有什么特点？怎样确定刚性基础的剖面尺寸？
5. 地下水位变化对浅基础工程有什么影响？
6. 试述刚性基础和柔性基础的区别。

习题

1. 已知某承重墙厚240mm，基础埋置深度0.8m，$p_k=200\text{kPa}$，经计算基础底面宽度

1.2m，要求基础顶面至少低于室外地面0.1m。设计此条形基础。

2. 某办公室为砖混承重结构，拟采用钢筋混凝土墙下条形基础。外墙厚为370mm，上部结构传至±0.000处的荷载标准值为$F_k=200\text{kN/m}$，$M_k=45\text{kN}\cdot\text{m/m}$；荷载基本值$F=250\text{kN/m}$，$M=63\text{kN}\cdot\text{m/m}$，基础平均埋深为1.7m，经深度修正后的地基持力层承载力特征值$f_a=158\text{kPa}$。混凝土强度等级为C20（$f_c=9.6\text{N/mm}^2$），钢筋采用HPB300级钢筋（$f_y=270\text{N/mm}^2$）。试设计钢筋混凝土墙下条形基础。

3. 已知如图7-18所示的某矩形基础，试计算该基础底面尺寸（荷载均为标准值）。

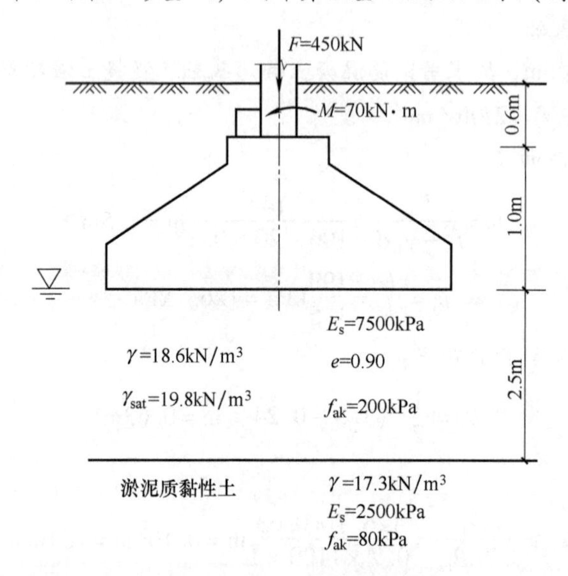

图 7-18

4. 某住宅楼为砖混结构，底层墙厚0.37m，荷载效应基本组合时，作用在基础顶面上的荷载$F=200\text{kN/m}$，基础埋深$d=1.5\text{m}$，已知条形基础的宽度$b=2\text{m}$，如图7-19所示，基础采用C20混凝土（$f_t=1.1\text{N/mm}^2$）和HPB300钢筋（$f_y=270\text{N/mm}^2$）。试确定墙下钢筋混凝土条形基础的底板厚度及配筋。

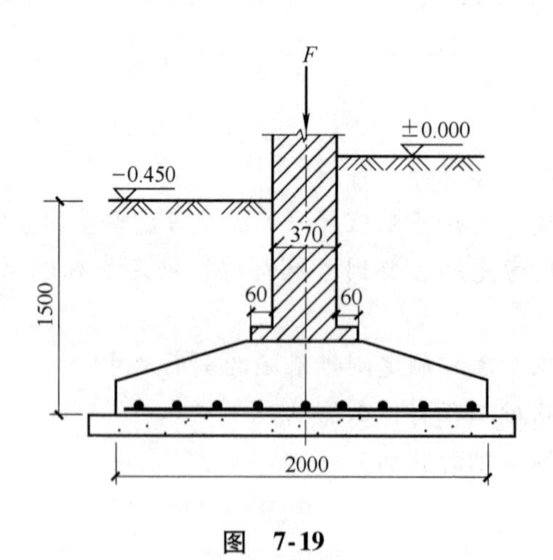

图 7-19

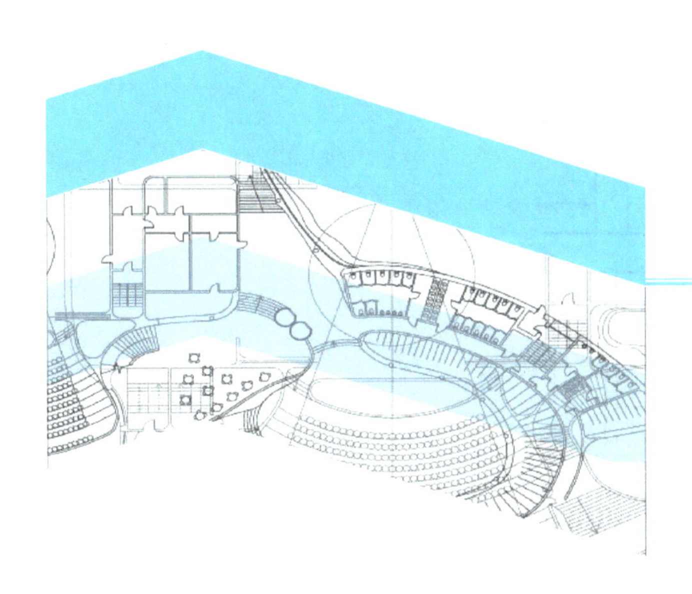

项目 8
桩 基 础

内容提要

本项目主要介绍了桩基础的分类，单桩承载力确定方法，桩基础的设计步骤。

学习要求

知识要点	能力要求	相关知识
桩基础的一般知识	1）熟悉桩基础的作用和组成 2）了解桩基础的应用范围 3）熟悉桩基础的类型	桩基础的作用、组成、适用范围和类型
单桩承载力	1）了解单桩轴向荷载传递机理和特点 2）掌握单桩竖向承载力标准值的确定 3）掌握单桩竖向承载力特征值的确定	单桩轴向荷载传递机理、单桩竖向极限承载力标准值、单桩竖向极限承载力特征值
桩基础的设计	1）熟悉桩基础设计的一般步骤 2）熟悉桩的选型、规格、数量和平面布置 3）掌握桩的竖向承载力计算	桩的设计步骤、要点和计算
桩基础的构造	1）了解桩的一般构造要求 2）了解承台的一般构造要求	基桩和承台的构造

任务 1　桩基础的一般知识

8.1.1　桩基础的作用和组成

桩基础是一种既古老又现代的高层建筑物和重要建筑物工程中被广泛采用的基础形式。桩基础的作用是将上部结构较大的荷载通过桩穿过软弱土层传递到较深的坚硬土层上，以解决浅基础承载力不足和变形较大的地基问题。现广泛应用于高层建筑、桥梁、高铁等工程中。

桩基础由基桩和连接于桩顶的承台共同组成。建筑结构产生的荷载先传至承台，承台再将外力传递给各基桩，并箍住桩顶使各桩共同承受外力。由基桩传到较深的地基持力层上，各桩所承受的荷载由桩通过桩侧土的摩阻力及桩端土的抵抗力将荷载传到地基土中，如图 8-1 所示。

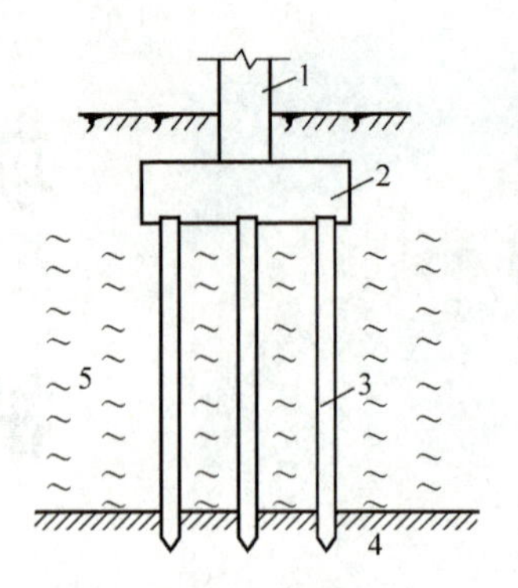

图 8-1　桩基础的组成

1—上部结构（墙或柱）　2—承台（承台梁）　3—基桩　4—坚硬土层　5—软弱土层

8.1.2　桩基础的适用条件

下列各种情况，可以考虑采用桩基础方案：

1）荷载较大，地基上部土层软弱，适宜的地基持力层位置较深，采用浅基础或人工地基在技术上、经济上不合理时。

2）河床冲刷较大、河道不稳定或冲刷深度不易计算正确，位于基础或结构物下面的土层有可能被侵蚀、冲刷，如采用浅基础不能保证基础安全时。

3）当地基计算沉降过大或建筑物对不均匀沉降敏感时，采用桩基础穿过松软土层，将荷载传到较坚实土层，以减少建筑物沉降并使沉降较均匀。

4）当建筑物承受较大的水平荷载，需要减少建筑物的水平位移和倾斜时。

5）当施工水位或地下水位较高，采用其他深基础施工不便或经济上不合理时。

6）地震区，在可液化地基中，采用桩基础可增加建筑物抗震能力，桩基础穿越可液化土层并深入下部密实土层，可消除或减轻地震对建筑物的危害。

8.1.3　桩基础的类型

桩基础可按承台位置高低、承载性质、桩身材料、使用功能、成桩方法、施工方法和桩径大小等进行分类。

1. 按承台位置高低分类

1）高承台桩基：由于结构设计上的需要，群桩承台底面有时设在地面或局部冲刷线之上，这种桩基称为高承台桩基。该桩基形式在桥梁、港口等工程中常用。

2）低承台桩基：凡是承台底面埋置于地面或局部冲刷线以下的桩基称为低承台桩基。房屋建筑工程的桩基多属于这一类如图 8-2 所示。

2. 按承载性质不同分类

（1）摩擦型桩

1）摩擦桩：在竖向荷载作用下，基桩的承载力以桩侧摩阻力为主，外部荷载主要通过桩身侧表面与土层之间的摩擦阻力传递给周围的土层，桩尖部分承受的荷载很小。主要用于岩层埋置很深的地基。这类桩基的沉降较大，稳定时间也较长。

2）端承摩擦桩：在极限承载力状态下，桩顶荷载主要由桩侧摩擦阻力承受。即在外荷载作用下，桩的端阻力和侧壁摩擦力同时发挥作用，但桩侧摩擦阻力大于桩尖阻力。如穿过软弱地层嵌入较坚实的硬黏土的桩。

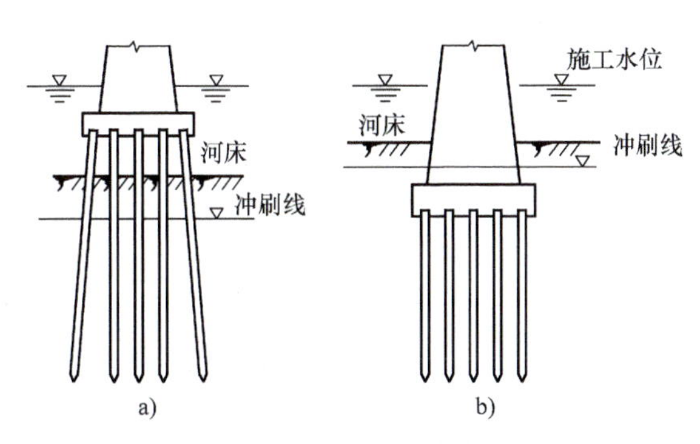

图 8-2 高承台桩基与低承台桩基

a）高承台桩基 b）低承台桩基

(2) 端承型桩

1）端承桩：在极限荷载作用状态下，桩顶荷载由桩端阻力承受的桩。如通过软弱土层桩尖嵌入基岩的桩，外部荷载通过桩身直接传给基岩，桩的承载力由桩的端部提供，不考虑桩侧摩擦阻力的作用。

2）摩擦端承桩：在极限承载力状态下，桩顶荷载主要由桩端阻力承受的桩。如通过软弱土层桩尖嵌入基岩的桩，由于桩的细长比很大，在外部荷载作用下，桩身被压缩，使桩侧摩擦阻力得到部分发挥，如图 8-3 所示。

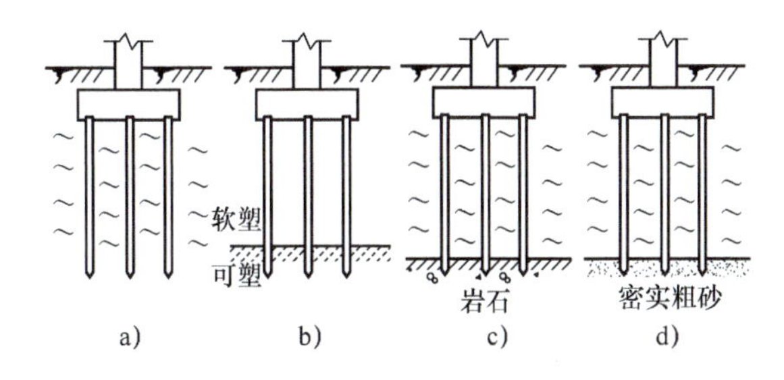

图 8-3 摩擦型桩与端承型桩

a）摩擦桩 b）端承摩擦桩 c）端承桩 d）摩擦端承桩

3. 按桩身材料分类

根据桩身材料桩可分为钢筋混凝土桩、钢桩、木桩、灰土桩和砂石桩等。

(1) 钢筋混凝土桩

钢筋混凝土桩是目前应用最广泛的桩，具有制作方便，桩身强度高，耐腐蚀性能好，价格较低等优点。它可分为预制混凝土方桩、预应力混凝土空心管桩和灌注混凝土桩等。

(2) 钢桩

钢桩由钢管桩和型钢桩组成。钢桩桩身材料强度高，桩身表面积大而截面积小，在沉桩时贯透能力强而挤土影响小，在饱和软黏土地区可减少对邻近建筑物的影响。型钢桩常见有工字型钢桩和 H 型钢桩。钢管桩由各种直径和壁厚的无缝钢管制成。由于钢桩价格昂贵，耐腐蚀性能差，应用受到一定的限制。

(3) 木桩

目前已经很少使用，只在某些加固工程或能就地取材的临时工程中使用。在地下水位以下时，木材有很好的耐久性，而在干湿交替的环境下，木材很容易腐蚀。

（4）灰土桩

灰土桩主要用于地基加固。

（5）砂石桩

砂石桩主要用于地基加固和挤密土壤。

4. 按桩的使用功能分类

1）竖向抗压桩：竖向抗压桩主要承受竖向荷载，是主要的受荷形式。根据荷载传递特征，可分为摩擦桩、端承摩擦桩、摩擦端承桩及端承桩四类。

2）竖向抗拔桩：主要承受竖向抗拔荷载的桩，应进行桩身强度和抗裂性能以及抗拔承载力验算。

3）水平受荷桩：港口工程的板桩、基坑的支护桩等，都是主要承受水平荷载的桩。桩身的稳定依靠桩侧土的抗力，往往还要设置水平支撑或拉锚以承受部分水平力。

4）复合受荷桩：承受竖向、水平荷载均较大的桩，应按竖向抗压桩及水平受荷桩的要求进行验算。

5. 按成桩方法分类

（1）非挤土桩

非挤土桩是指成桩过程中桩周土体基本不受挤压的桩。在成桩过程中，将与桩体积相同的土挖出，因而桩周围的土很少受到扰动。这类桩主要有干作业法、泥浆护壁法和套管护壁法钻挖孔灌注桩，或钻孔桩、井筒管桩和预钻孔埋桩等。

（2）部分挤土桩

部分挤土桩在设置过程中，由于挤土作用轻微，故桩周土的工程性质变化不大。这类桩主要有打入的截面厚度不大的工字型钢桩和 H 型钢桩、开口钢管桩和螺旋钻成孔桩等。

（3）挤土桩

挤土桩在成桩过程中，桩周围的土被挤密或挤开，使桩周围的土受到严重扰动，土的原始结构遭到破坏，土的工程性质发生很大变化。挤土桩主要有打入或压入的混凝土方桩、预应力管桩、钢管桩和木桩。另外沉管式灌注桩也属于挤土桩。

6. 按施工方法分类

桩基础按施工方法可分为预制桩（如锤击桩、静力压桩和振动桩）和灌注桩（如人工挖孔桩、钻孔桩和沉管桩）。

7. 按桩径（设计直径 d）大小分类

1）小直径桩：$d \leqslant 250\text{mm}$。

2）中等直径桩：$250\text{mm} < d < 800\text{mm}$。

3）大直径桩：$d \geqslant 800\text{mm}$。

任务 2　单桩竖向承载力的确定

桩基础由若干根基桩组成。在设计桩基础时，首先要知道单根桩的承载力，然后结合桩基础的结构和构造形式进行整个桩基础的受力分析和计算，从而确定整个桩基础的承载力。在实际工程中，桩大多是承受竖向荷载的，所以下面主要研究单桩竖向承载力。

单桩承载力是指单桩达到破坏状态时所能承受的最大轴向静荷载，单桩承载力主要由土对桩的支承力所控制；但对于端承桩、外露段较长的桩、超长桩、混凝土质量不易控制的就地灌注桩等，有时可能由桩身材料强度所控制。

8.2.1 单桩轴向荷载的传递机理和特点

桩在轴向压力荷载作用下，桩顶将发生轴向位移（沉降）。其值为桩身弹性压缩与桩底土层压缩之和。置于土中的桩与其侧面土是紧密接触的，当桩相对于土向下位移时就产生土对桩向上作用的桩侧摩阻力。桩顶荷载沿桩身向下传递的过程中，必须不断地克服这种摩阻力，桩身轴向力就随深度逐渐减小，传至桩底轴向力也即桩底支承反力，它等于桩顶荷载减去全部桩侧摩阻力。桩顶荷载是桩通过桩侧摩阻力和桩底阻力传递给土体，土对桩的支承力为桩侧摩阻力和桩底阻力之和。所以，桩的极限荷载（或称极限承载力）等于桩侧极限摩阻力和桩底极限阻力两者之和。

桩侧摩阻力和桩底阻力的发挥程度与桩土间的变形性态有关，并且各自达到极限值时所需要的位移量是不相同的。试验表明：桩底阻力的充分发挥需要有较大的位移值，在黏性土中约为桩底直径的25%，在砂性土中约为8%~10%，而桩侧摩阻力只要桩土间有不太大的相对位移就能得到充分的发挥，具体数量认识尚不能有一致的意见，但一般认为黏性土为4~6mm，砂性土为6~10mm。

桩侧摩阻力实质上是桩侧土的剪切问题。桩的刚度较小时，桩顶截面的位移较大而桩底位移较小，桩顶处桩侧摩阻力常较大；当桩刚度较大时，桩身各截面位移较接近，由于桩下部侧面土的初始法向应力较大，土的抗剪强度也较大，以致桩下部桩侧摩阻力大于桩上部。由于桩底地基土的压缩是逐渐完成的，因此桩侧摩阻力所承担荷载将随时间由桩身上部向桩下部转移。在桩基施工过程中及完成后桩侧土的性质、状态在一定范围内会有变化，影响桩侧摩阻力，并且往往也有时间效应。

桩底极限阻力取决于持力层土的抗剪强度和上覆荷载及桩径大小的影响。桩底地基土的受压刚度和抗剪强度大，则桩底阻力也大。由于桩底地基土层受压固结作用是逐渐完成的，桩底阻力将随土层固结度提高，会随着时间而增长。另外，桩底阻力还会随着桩的入土深度，特别是进入持力层的深度的大小而变化。

8.2.2 单桩竖向极限承载力标准值

单桩竖向极限承载力标准值是基桩承载力的最基本参数，其他如特征值、设计值都是根据竖向极限承载力标准值计算出来的。《建筑桩基技术规范》（JGJ 94—2008）对单桩竖向极限承载力标准值的定义是：单桩在竖向荷载作用下达到破坏状态前或出现不适于继续承载的变形时所对应的最大荷载，它取决于对桩的支承阻力和桩身承载力。

设计采用的单桩竖向极限承载力标准值应符合下列规定：

1）设计等级为甲级的建筑桩基，应通过单桩静载试验确定。

2）设计等级为乙级的建筑桩基，当地质条件简单时，可参照地质条件相同的试桩资料，结合静力触探等原位测试和经验参数综合确定；其余均应通过单桩静载试验确定。

3）设计等级为丙级的建筑桩基，可根据原位测试和经验参数确定。

根据《建筑桩基技术规范》（JGJ 94—2008），下面介绍经验参数法确定单桩竖向极限承载力标准值。

1. 小直径桩（桩径 $d<0.8\text{m}$）

当根据土的物理指标与承载力参数之间的经验关系确定单桩竖向极限承载力标准值时，宜按下式估算：

$$Q_{uk} = Q_{sk} + Q_{pk} = u\sum q_{sik} l_i + q_{pk} A_p \tag{8-1}$$

式中 q_{sik}——桩侧第 i 层土的极限侧阻力标准值，如无当地经验时，可按表 8-1 取值；

q_{pk}——极限端阻力标准值，如无当地经验时，可按表 8-2 取值。

表 8-1 桩的极限侧阻力标准值 q_{sik} （单位：kPa）

土 的 名 称	土 的 状 态		混凝土预制桩	泥浆护壁钻（冲）孔桩	干作业钻孔桩
填土	—		22 ~ 30	20 ~ 28	20 ~ 28
淤泥	—		14 ~ 20	12 ~ 28	12 ~ 18
淤泥质土	—		22 ~ 30	20 ~ 28	20 ~ 28
黏性土	流塑	$I_L > 1$	24 ~ 40	21 ~ 38	21 ~ 38
	软塑	$0.75 < I_L \leqslant 1$	40 ~ 55	38 ~ 53	38 ~ 53
	可塑	$0.50 < I_L \leqslant 0.75$	55 ~ 70	53 ~ 68	53 ~ 66
	硬可塑	$0.25 < I_L \leqslant 0.50$	70 ~ 86	68 ~ 84	66 ~ 82
	硬塑	$0 < I_L \leqslant 0.25$	86 ~ 98	84 ~ 96	82 ~ 94
	坚硬	$I_L \leqslant 0$	98 ~ 105	96 ~ 102	94 ~ 104
红黏土	$0.7 < a_w \leqslant 1$		13 ~ 32	12 ~ 30	12 ~ 30
	$0.5 < a_w \leqslant 0.7$		32 ~ 74	30 ~ 70	30 ~ 70
粉土	稍密	$e > 0.9$	26 ~ 46	24 ~ 42	24 ~ 42
	中密	$0.75 \leqslant e \leqslant 0.9$	46 ~ 66	42 ~ 62	42 ~ 62
	密实	$e < 0.75$	66 ~ 88	62 ~ 82	62 ~ 82
粉细砂	稍密	$10 < N \leqslant 15$	24 ~ 48	24 ~ 46	22 ~ 46
	中密	$15 < N \leqslant 30$	48 ~ 66	46 ~ 64	46 ~ 64
	密实	$N > 30$	66 ~ 88	64 ~ 86	64 ~ 86
中砂	中密	$15 < N \leqslant 30$	54 ~ 74	53 ~ 72	53 ~ 72
	密实	$N > 30$	74 ~ 95	72 ~ 94	72 ~ 94
粗砂	中密	$15 < N \leqslant 30$	74 ~ 95	74 ~ 95	76 ~ 98
	密实	$N > 30$	95 ~ 116	95 ~ 116	98 ~ 120
砾砂	稍密	$5 < N_{63.5} \leqslant 15$	70 ~ 110	50 ~ 90	60 ~ 100
	中密（密实）	$N_{63.5} > 15$	116 ~ 138	116 ~ 130	112 ~ 130
圆砾、角砾	中密、密实	$N_{63.5} > 10$	160 ~ 200	135 ~ 150	135 ~ 150
碎石、卵石	中密、密实	$N_{63.5} > 10$	200 ~ 300	140 ~ 170	150 ~ 170
全风化软质岩	—	$30 < N \leqslant 50$	100 ~ 120	80 ~ 100	80 ~ 100
全风化硬质岩	—	$30 < N \leqslant 50$	140 ~ 160	120 ~ 140	120 ~ 150
强风化软质岩	—	$N_{63.5} > 10$	160 ~ 240	140 ~ 200	140 ~ 220
强风化硬质岩	—	$N_{63.5} > 10$	220 ~ 300	160 ~ 240	160 ~ 260

注：1. 对于尚未完成自重固结的填土和以生活垃圾为主的杂填土，不计算其侧阻力。

2. a_w 为含水比，$a_w = w/w_l$，w 为土的天然含水率，w_l 为土的液限；

3. N 为标准贯入击数，$N_{63.5}$ 为重型圆锥动力触探击数；

4. 全风化、强风化软质岩和全风化、强风化硬质岩系指其母岩分别为 $f_{rk} \leqslant 15\text{MPa}$、$f_{rk} > 30\text{MPa}$ 的岩石。

表 8-2　桩的极限阻力标准值 q_{pk}

（单位：kPa）

土名称	土的状态	桩型	混凝土预制桩桩长 l/m				泥浆护壁钻（冲）孔桩桩长 l/m				干作业钻孔桩桩长 l/m		
			$l \leqslant 9$	$9 < l \leqslant 16$	$16 < l \leqslant 30$	$l > 30$	$5 \leqslant l < 10$	$10 \leqslant l < 15$	$15 \leqslant l < 30$	$30 \leqslant l$	$5 \leqslant l < 10$	$10 \leqslant l < 15$	$15 \leqslant l$
黏土性	软塑	$0.75 < I_L \leqslant 1$	210～850	650～1400	1200～1800	1300～1900	150～250	250～300	300～450	300～450	200～400	400～700	700～950
	可塑	$0.50 < I_L \leqslant 0.75$	850～1700	1400～2200	1900～2800	2300～3600	350～450	450～600	600～750	750～800	500～700	800～1100	1000～1600
	硬可塑	$0.25 < I_L \leqslant 0.50$	1500～2300	2300～3300	2700～3600	3600～4400	800～900	900～1000	1000～1200	1200～1400	850～1100	1500～1700	1700～1900
	硬塑	$0 < I_L \leqslant 0.25$	2500～3800	3800～5500	5500～6000	6000～6800	1100～1200	1200～1400	1400～1600	1600～1800	1600～1800	2200～2400	2600～2800
粉土	中密	$0.75 \leqslant e \leqslant 0.9$	950～1700	1400～2100	1900～2700	2500～3400	300～500	500～650	650～750	750～850	800～1200	1200～1400	1400～1600
	密实	$e \leqslant 0.75$	1500～2600	2100～3000	2700～3600	3600～4400	650～900	750～950	900～1100	1100～1200	1200～1700	1400～1900	1600～2100
粉砂	稍密	$10 < N \leqslant 15$	1000～1600	1500～2300	1900～2700	2100～3000	350～500	450～600	600～700	650～750	500～950	1300～1600	1500～1700
	中密、密实	$N > 15$	1400～2200	2100～3000	3000～4500	3800～5500	600～750	750～900	900～1100	1100～1200	900～1000	1700～1900	1700～1900
细砂	中密、密实	$N > 15$	2500～4000	3600～5000	4400～6000	5300～7000	650～850	900～1200	1200～1500	1500～1800	1200～1600	2000～2400	2400～2700
中砂			4000～6000	5500～7000	6500～8000	7500～9000	850～1050	1100～1500	1500～1900	1900～2100	1800～2400	2800～3800	3600～4400
粗砂			5700～7500	7500～8500	8500～10000	9500～11000	1500～1800	2100～2400	2400～2600	2600～2800	2900～3600	4000～4600	4600～5200
砾砂	中密、密实	$N > 15$	6000～9500		9000～10500		1400～2000		2000～3200		3500～5000		
角砾、圆砾		$N_{63.5} > 10$	7000～10000		9500～11500		1800～2200		2200～3600		4000～5500		
碎石、卵石		$N_{63.5} > 10$	8000～1100		10500～13000		2000～3000		3000～4000		4500～6500		
全风化软质岩	—	$30 < N \leqslant 50$	4000～6000				1000～1600				1200～2000		
全风化硬质岩	—	$30 < N \leqslant 50$	5000～8000				1200～2000				1400～2400		
强风化软质岩	—	$N_{63.5} > 10$	6000～9000				1400～2200				1600～2600		
强风化硬质岩	—	$N_{63.5} > 10$	7000～11000				1800～2800				2000～3000		

注：1. 砂土和碎石类土中桩的极限端阻力取值，宜综合考虑土的密度，桩端进入持力层的深径比 h_b/d，土越密实，h_b/d 越大，取值越高；

2. 预制桩的岩石极限端阻力指桩端支承于中、微风化基岩表面或进入强风化岩，软质岩一定深度条件下极限端阻力；

3. 全风化、强风化软质岩和全风化、强风化硬质岩指其母岩分别为 $f_{rk} \leqslant 15$MPa、$f_{rk} > 30$MPa 的岩石。

2. 大直径桩（桩径 $d \geq 0.8$m）

大直径桩单桩极限承载力标准值可按下式计算：

$$Q_{uk}=Q_{sk}+Q_{pk}=u\sum\psi_{si}q_{sik}l_i+\psi_p q_{pk}A_p \tag{8-2}$$

式中 q_{sik}——桩侧第 i 层土极限侧阻力标准值，如无当地经验值时，可按表 8-1 取值，对于扩底桩变截面以上 $2d$ 长度范围不计侧阻力；

q_{pk}——桩径为 800mm 的极限端阻力标准值，对于干作业挖孔（清底干净）可采用深层载荷板试验确定；当不能进行深层载荷板试验时，可按表 8-3 取值；

ψ_{si}、ψ_p——大直径桩侧阻、端阻尺寸效应系数，按表 8-4 取值；

u——桩身周长，当人工挖孔桩桩周护壁为振捣密实的混凝土时，桩身周长可按护壁外直径计算。

表 8-3 干作业挖孔桩（清底干净，$D=800$mm）极限端阻力标准值 q_{pk}（单位：kPa）

土名称		状态		
黏性土		$0.25<I_L\leq0.75$	$0<I_L\leq0.25$	$I_L\leq0$
		800～1800	1800～2400	2400～3000
粉土			$0.75\leq e\leq0.9$	$e<0.75$
			1000～1500	1500～2000
砂土、碎石类土		稍密	中密	密实
	粉砂	500～700	800～1100	1200～2000
	细砂	700～1100	1200～1800	2000～2500
	中砂	1000～2000	2200～3200	3500～5000
	粗砂	1200～2200	2500～3500	4000～5500
	砾砂	1400～2400	2600～4000	5000～7000
	圆砾、角砾	1600～3000	3200～5000	6000～9000
	卵石、碎石	2000～3000	3300～5000	7000～11000

注：1. 当桩进入持力层的深度 h_b 分别为：$h_b\leq D$，$D<h_b\leq4D$，$h_b>4D$ 时，q_{pk} 可相应取低、中、高值；

2. 砂土密实度可根据标贯击数判定，$N\leq10$ 为松散，$10<N\leq15$ 为稍密，$15<N\leq30$ 为中密，$N>30$ 为密实；

3. 当桩的长径比 $l/d\leq8$ 时，q_{pk} 宜取较低值；

4. 当对沉降要求不严时，q_{pk} 可取高值。

表 8-4 大直径灌注桩侧阻尺寸效应系数 ψ_{si}、端阻尺寸效应系数 ψ_p

土类型	黏性土、粉土	砂土、碎石类土
ψ_{si}	$(0.8/d)^{1/5}$	$(0.8/d)^{1/3}$
ψ_p	$(0.8/D)^{1/4}$	$(0.8/D)^{1/3}$

8.2.3 单桩竖向承载力特征值

1. 按《建筑地基基础设计规范》(GB 50007—2011) 确定

单桩竖向承载力特征值的确定应符合下列规定：

1）单桩竖向承载力特征值应通过单桩竖向静载荷试验确定。在同一条件下的试桩数量，不宜少于总桩数的 1% 且不应少于 3 根。单桩竖向静载荷试验，应按《建筑地基基础设计规范》(GB 50007—2011) 附录 Q 进行。

2）当桩端持力层为密实砂卵石或其他承载力类似的土层时，对单桩竖向承载力很高的大直径端承型桩，可采用深层平板载荷试验确定桩端土的承载力特征值，试验方法应符合《建筑地基基础设计规范》（GB 50007—2011）附录D的规定。

3）地基基础设计等级为丙级的建筑物，可采用静力触探及标贯试验参数结合工程经验确定单桩竖向承载力特征值。

4）初步设计时单桩竖向承载力特征值可按下式进行估算：

$$R_a = q_{pa}A_p + u_p \sum q_{sia} l_i \tag{8-3}$$

式中 A_p——桩底端横截面面积（m^2）；

q_{pa}、q_{sia}——桩端阻力特征值、桩侧阻力特征值（kPa），由当地静载荷试验结果统计分析算得；

u_p——桩身周边长度（m）；

l_i——第 i 层岩土的厚度（m）。

5）桩端嵌入完整及较完整的硬质岩中，当桩长较短且入岩较浅时，可按下式估算单桩竖向承载力特征值：

$$R_a = q_{pa}A_p \tag{8-4}$$

式中 q_{pa}——桩端岩石承载力特征值（kPa）。

2. 按《建筑桩基规范》（JGJ 94—2008）确定

单桩竖向承载力特征值 R_a 应按下式确定：

$$R_a = \frac{1}{K}Q_{uk} \tag{8-5}$$

式中 Q_{uk}——单桩竖向极限承载力标准值；

K——安全系数，取 $K=2$。

对于端承型桩基，桩数少于4根的摩擦型柱下独立桩基、或由于地层土性、使用条件等因素不宜考虑承台效应时，基桩竖向承载力特征值应取单桩竖向承载力特征值。

对于符合下列条件之一的摩擦型桩基，宜考虑承台效应确定其复合基桩的竖向承载力特征值：①上部结构整体刚度较好、体型简单的建（构）筑物；②对差异沉降适应性较强的排架结构和柔性构筑物；③按变刚度调平原则设计的桩基刚度相对弱化区；④软土地基的减沉复合疏桩基础。

任务3　桩基础设计

8.3.1　桩基础的设计步骤

桩基础设计的一般流程：

1）结合地质报告选定桩型，并确定桩长和截面尺寸。

2）确定单桩承载力。

3）确定桩的数量并完成布桩。

4）桩身设计计算。

5）承台设计计算。

6）沉降等其他验算。

7）绘图，包括基础平面图、桩位图、详图等。

8.3.2　桩基础的选型

桩型与成桩工艺应根据建筑结构类型、荷载性质、桩端持力层、地下水位、施工设备、施工环境、施工经验以及制桩材料供应条件等，按安全适用、经济合理等诸因素进行比较择优采用。

1）应选择较硬土层作为桩端持力层。桩端全断面进入持力层的深度，对于黏性土，粉土不宜小于2d，砂土不宜小于1.5d，碎石类土不宜小于1d。当存在软弱下卧层时，桩端以下硬持力层厚度不宜小于3d。

2）对于嵌岩桩，嵌岩深度应综合荷载、上覆土层、基岩、桩径、桩长诸因素确定；对于嵌入倾斜的完整和较完整岩的全断面深度不宜小于0.4d且不小于0.5m，倾斜度大于30%的中风化岩，宜根据倾斜度及岩石完整性适当加大嵌岩深度；对于嵌入平整、完整的坚硬岩和较硬岩的深度不宜小于0.2d，且不应小于0.2m。

3）桩周围存在可液化土层时，基桩应予穿过，进入稳定土层的深度应由计算确定。

4）当地层不存在淤泥、砂层，地下水贫乏、补给源不丰富时，也可采用人工挖孔桩和扩大头人工挖孔桩，但孔深不超过25m。

5）当地层存在淤泥、砂层时，可采用深层搅拌桩、预应力管桩。预应力管桩可承受垂直荷载、水平荷载、抗拔力以及机器振动力作用，由单根、双根或多根桩组成，桩顶设承台，把各桩连成整体，将上部结构的荷载传递给桩。

8.3.3 桩的规格、数量和平面布置

1. 桩长

桩长是指自承台底到桩端的长度。桩长选择的关键在于选择桩底持力层，以保证承载力和变形要求。在承台底的标高确定后，确定桩长即是要选择持力层和确定桩端进入持力层深度的问题。一般应选择压缩性低、承载力大的土层作为桩端持力层，桩端进入持力层的深度可根据地质条件、荷载大小及施工工艺等因素确定，一般宜为1~3倍桩径。

2. 桩的断面尺寸

当桩的类型选定后，桩的断面尺寸可根据各类桩的特点及常用尺寸选择确定。如采用混凝土灌注桩，断面一般为圆形，其直径和成桩工艺有较大变化。对于沉管灌注桩，直径一般为300~500mm；对于钻（冲）孔灌注桩，直径多为500~1200mm；对于人工挖孔桩，直径一般大于800mm；混凝土预制桩断面常用方形，边长一般不超过550mm。

3. 桩的根数

桩基中所需要桩的根数可按承台荷载和单桩承载力确定。当轴心受压时，桩的数量n就满足下式要求：

$$n \geqslant \frac{F_k + G_k}{R_a} \tag{8-6}$$

式中 n——桩基中的桩数；

F_k——相应于作用的标准组合时，作用于桩基承台顶面的竖向力（kN）；

G_k——桩基承台自重及承台上土自重标准值（kN）。

偏心受压时，按式（8-3）计算的桩数量n可增加10%~20%。

4. 桩的平面布置

根据桩基的受力情况，桩可采用多种形式的平面布置，如等间距布置、不等间距布置，以及正方形、矩形、三角形和梅花形等布置形式。桩的间距宜取合适的距离，通常桩的中心距宜取3~4倍桩径d，且不小于表8-5的规定；当施工中采取减小挤土效应的可靠措施时，

可根据当地经验适当减小。

表 8-5 基桩的最小中心距

土类与成桩工艺		排数不少于3排且桩数不少于9根的摩擦型桩桩基	其他情况
非挤土灌注桩		3.0d	3.0d
部分挤土桩	非饱和土、饱和非黏性土	3.5d	3.0d
	饱和黏性土	4.0d	3.5d
挤土桩	非饱和土、饱和非黏性土	4.0d	3.5d
	饱和黏性土	4.5d	4.0d
钻、挖孔扩底桩		2D 或 D+2.0m（当 D>2m）	1.5D 或 D+1.5m（当 D>2m）
沉管夯扩、钻孔挤扩桩	非饱和土、饱和非黏性土	2.2D 且 4.0d	2.0D 且 3.5d
	饱和黏性土	2.5D 且 4.5d	2.2D 且 4.0d

注：1. d 为圆桩直径或方桩边长，D 为扩大端设计直径。
2. 当纵横向桩距不相等时，其最小中心距应满足“其他情况”一栏的规定。
3. 当为端承桩时，非挤土灌注桩的“其他情况”一栏可减小至 2.5d。

8.3.4 桩基础的计算

1. 桩顶作用效应计算

对于一般建筑物和受水平力（包括力矩与水平剪力）较小的高层建筑群桩基础，应按下列公式计算柱、墙、核心筒群桩中基桩或复合基桩的桩顶作用效应。

群桩中单桩桩顶竖向力应按下列公式进行计算。

（1）轴心竖向力作用下

$$N_{k}=\frac{F_{k}+G_{k}}{n} \tag{8-7}$$

式中 F_k——相应于作用的标准组合时，作用于桩基承台顶面的竖向力（kN）；
G_k——桩基承台自重及承台上土自重标准值（kN）；
N_k——相应于作用的标准组合时，轴心竖向力作用下任一单桩的竖向力（kN）；
n——桩基中的桩数。

（2）偏心竖向力作用下

$$N_{ik}=\frac{F_{k}+G_{k}}{n}\pm\frac{M_{yk}x_i}{\sum x_j^2}\pm\frac{M_{xk}y_i}{\sum y_j^2} \tag{8-8}$$

式中 N_{ik}——相应于作用的标准组合时，偏心竖向力作用下第 i 根桩的竖向力（kN）；
M_{yk}、M_{xk}——相应于作用的标准组合时，作用于承台底面通过桩群形心的 x、y 轴的力矩（kN·m）；
x_i、x_j、y_i、y_j——第 i、j 基桩或复合基桩至 y、x 轴的距离（m）。

2. 单桩竖向承载力计算

（1）荷载效应标准组合

轴心竖向力作用下：

$$N_k \leqslant R \tag{8-9}$$

偏心竖向力作用下，除满足上式外，尚应满足下列要求：

$$N_{kmax} \leqslant 1.2R \tag{8-10}$$

（2）地震作用效应和荷载效应标准组合

轴心竖向力作用下：

$$N_{Ek} \leqslant 1.25R \tag{8-11}$$

偏心竖向力作用下，除满足上式外，尚应满足下式的要求：

$$N_{Ekmax} \leqslant 1.5R \tag{8-12}$$

式中　N_{kmax}——荷载效应标准组合偏心竖向力作用下，桩顶最大竖向力；

N_{Ek}——地震作用效应和荷载效应标准组合下，基桩或复合基桩的平均竖向力；

N_{Ekmax}——地震作用效应和荷载效应标准组合下，基桩或复合基桩的最大竖向力；

R——基桩或复合基桩竖向承载力特征值。

例 8-1　某框架柱下采用桩基础，桩的分布、方形承台尺寸及埋深等资料如图 8-4 所示。承台下设 5 根直径为 0.8m 的钻孔灌注桩，在作用效应的标准组合下，上部结构传至承台顶面处的轴向力 $F_k = 10000$kN，弯矩 $M_{yk} = 480$kN·m，荷载作用位置及方向如图所示。设承台及填土的自重标准值为 $G_k = 500$kN，基桩竖向受压承载力特征值至少应达到多少才能满足要求？

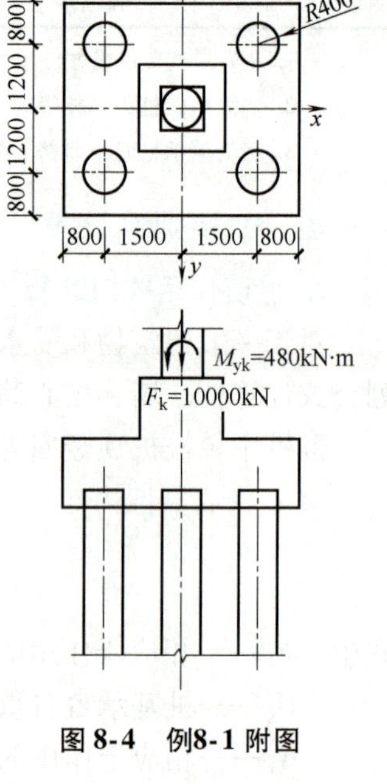

图 8-4　例8-1 附图

解：　$N_k = \dfrac{F_k + G_k}{n} = \dfrac{10000 + 500}{5}\text{kN} = 2100\text{kN}$

$$N_{kmax} = \frac{F_k + G_k}{n} + \frac{M_{yk}x_i}{\sum x_j^2}$$

$$= \left(\frac{10000 + 500}{5} + \frac{480 \times 1.5}{4 \times 1.5^2}\right)\text{kN}$$

$$= 2180\text{kN}$$

由 $N_k \leqslant R$ 可得，$R \geqslant N_k = 2100$kN

由 $N_{kmax} \leqslant 1.2R$ 可得，$R \geqslant \dfrac{N_{kmax}}{1.2} = \left(\dfrac{2180}{1.2}\right)\text{kN} = 1817\text{kN}$

所以，取 $R_k = 2100$kN。

任务 4　桩 基 构 造

8.4.1　基桩构造

1. 灌注桩

（1）配筋

1）配筋率：当桩身直径为 300 ~ 2000mm 时，正截面配筋率可取 0.65% ~ 0.2%（小直径桩取高值）；对受荷载特别大的桩、抗拔桩和嵌岩端承桩应根据计算确定配筋率，并不应小于上述规定值。

2）配筋长度。

① 端承型桩和位于坡地、岸边的基桩应沿桩身等截面或变截面通长配筋。

② 摩擦型桩配筋长度不应小于2/3 桩长；当受水平荷载时，配筋长度尚不宜小于4.0/α（α 为桩的水平变形系数）。

③ 对于受地震作用的基桩，桩身配筋长度应穿过可液化土层和软弱土层，进入稳定土层的深度不应小于《建筑桩基技术规范》（JGJ 94—2008）规定的深度。

④ 受负摩阻力的桩、因先成桩后开挖基坑而随地基土回弹的桩，其配筋长度应穿过软弱土层并进入稳定土层，进入的深度不应小于2~3 倍桩身直径。

⑤ 抗拔桩及因地震作用、冻胀或膨胀力作用而受拔力的桩，应等截面或变截面通长配筋。

3）对于受水平荷载的桩，主筋不应小于8ϕ12；对于抗压桩和抗拔桩，主筋不应少于6ϕ10；纵向主筋应沿桩身周边均匀布置，其净距不应小于60mm。

4）箍筋应采用螺旋式，直径不应小于6mm，间距宜为200~300mm；受水平荷载较大桩基、承受水平地震作用的桩基以及考虑主筋作用计算桩身受压承载力时，桩顶以下5d 范围内的箍筋应加密，间距不应大于100mm；当桩身位于液化土层范围内时箍筋应加密；当考虑箍筋受力作用时，箍筋配置应符合现行国家标准《混凝土结构设计规范》（GB 50010—2010）（2015 年版）的有关规定；当钢筋笼长度超过4m 时，应每隔2m 设一道直径不小于12mm 的焊接加劲箍筋。

（2）桩身混凝土及混凝土保护层厚度

1）桩身混凝土强度等级不得小于C25，混凝土预制桩尖强度等级不得小于C30。

2）灌注桩主筋的混凝土保护层厚度不应小于35mm，水下灌注桩的主筋混凝土保护层厚度不得小于50mm。

3）四类、五类环境中桩身混凝土保护层厚度应符合国家现行标准《港口工程混凝土结构设计规范》（JTJ 267—1998）、《工业建筑防腐蚀设计规范》（GB 50046—2008）的相关规定。

2. 混凝土预制桩

1）混凝土预制桩的截面边长不应小于200mm；预应力混凝土预制实心桩的截面边长不宜小于350mm。

2）预制桩的混凝土强度等级不宜低于C30；预应力混凝土实心桩的混凝土强度等级不应低于C40；预制桩纵向钢筋的混凝土保护层厚度不宜小于30mm。

3）预制桩的桩身配筋应按吊运、打桩及桩在使用中的受力等条件计算确定。采用锤击法沉桩时，预制桩的最小配筋率不宜小于0.8%。静压法沉桩时，最小配筋率不宜小于0.6%，主筋直径不宜小于14mm，打入桩桩顶以下4~5 倍桩身直径长度范围内箍筋应加密，并设置钢筋网片。

4）预制桩的分节长度应根据施工条件及运输条件确定；每根桩的接头数量不宜超过3 个。

5）预制桩的桩尖可将主筋合拢焊在桩尖辅助钢筋上，对于持力层为密实砂和碎石类土时，宜在桩尖处包以钢钣桩靴，加强桩尖。

3. 预应力混凝土空心桩

1）预应力混凝土空心桩按截面形式可分为管桩、空心方桩；按混凝土强度等级可分为预应力高强混凝土管桩（PHC）和空心方桩（PHS）、预应力混凝土（PC）桩和空心方桩（PS）。离心成型的先张法预应力混凝土桩的截面尺寸、配筋、桩身极限弯矩、桩身竖向受压承载力设计值等参数可按桩基规范确定。

2）预应力混凝土空心桩桩尖形式宜根据地层性质选择闭口形或敞口形；闭口形分为平底

十字形和锥形。

3）预应力混凝土空心桩质量要求，尚应符合国家现行标准《先张法预应力混凝土管桩》（GB/T 13476—2009）和《预应力混凝土空心方桩》（JG 197—2006）及其他的有关标准规定。

4）预应力混凝土桩的连接可采用端板焊接连接、法兰连接、机械啮合连接、螺纹连接。每根桩的接头数量不宜超过3个。

5）桩端嵌入遇水易软化的强风化岩、全风化岩和非饱和土的预应力混凝土空心桩，沉桩后，应对桩端以上约2m范围内采取有效的防渗措施，可采用微膨胀混凝土填芯或在内壁预涂柔性防水材料。

4. 钢桩

1）钢桩可采用管形、H形或其他异形钢材。

2）钢桩的分段长度宜为12～15m。

3）钢桩焊接接头应采用等强度连接。

4）钢桩的端部形式，应根据桩所穿越的土层、桩端持力层性质、桩的尺寸、挤土效应等因素综合考虑确定，并可按《建筑桩基技术规范》（JGJ 94—2008）的规定采用。

8.4.2 承台构造

1. 一般要求

1）柱下独立桩基承台的最小宽度不应小于500mm，边桩中心至承台边缘的距离不应小于桩的直径或边长，且桩的外边缘至承台边缘的距离不应小于150mm。对于墙下条形承台梁，桩的外边缘至承台梁边缘的距离不应小于75mm。承台的最小厚度不应小于300mm。

2）高层建筑平板式和梁板式筏形承台的最小厚度不应小于400mm，墙下布桩的剪力墙结构筏形承台的最小厚度不应小于200mm。

3）高层建筑箱形承台的构造应符合《高层建筑筏形与箱形基础技术规范》（JGJ 6—2011）的规定。

4）承台混凝土材料及其强度等级应符合结构混凝土耐久性的要求和抗渗要求。

2. 承台的钢筋配置

1）柱下独立桩基承台钢筋应通长配置（图8-5a），对四桩以上（含四桩）承台宜按双向均匀布置，对三桩的三角形承台应按三向板带均匀布置，且最里面的三根钢筋围成的三角形应在柱截面范围内（图8-5b）。钢筋锚固长度自边桩内侧（当为圆桩时，应将其直径乘以0.8等效为方桩）算起，不应小于$35d_g$（d_g为钢筋直径）；当不满足时应将纵向钢筋向上弯折，此时水平段的长度不应小于$25d_g$，弯折段长度不应小于$10d_g$。承台纵向受力钢筋的直径不应小于12mm，间距不应大于200mm。柱下独立桩基承台的最小配筋率不应小于0.15%。

2）柱下独立两桩承台，应按现行国家标准《混凝土结构设计规范》（GB 50010—2010）（2015年版）中的深受弯构件配置纵向受拉钢筋、水平及竖向分布钢筋。承台纵向受力钢筋端部的锚固长度及构造应与柱下多桩承台的规定相同。

3）条形承台梁的纵向主筋应符合现行国家标准《混凝土结构设计规范》（GB 50010—2010）（2015年版）关于最小配筋率的规定（图8-5c），主筋直径不应小于12mm，架立筋直径不应小于10mm，箍筋直径不应小于6mm。承台梁端部纵向受力钢筋的锚固长度及构造应与柱下多桩承台的规定相同。

4）筏形承台板或箱形承台板在计算中当仅考虑局部弯矩作用时，考虑到整体弯曲的影

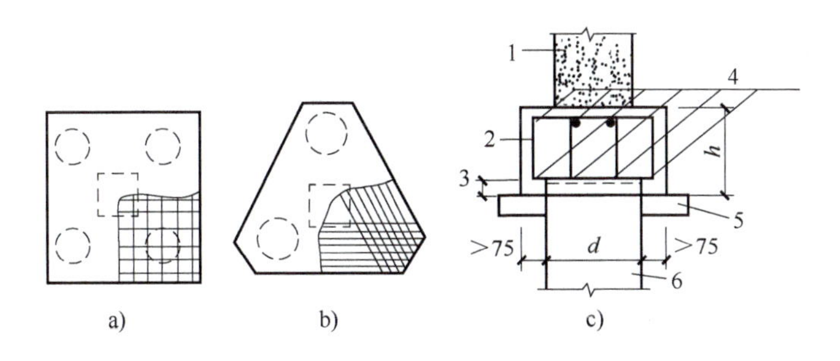

图 8-5 承台配筋图

a）矩形承台配筋 b）三桩承台配筋 c）墙下承台梁配筋

1—墙 2—箍筋直径≥6mm 3—桩顶入承台≥50mm

4—承台梁内主筋除须按计算配筋外尚应满足最小配筋率 5—垫层 100mm 厚 C10 混凝土 6—桩

响，在纵横两个方向的下层钢筋配筋率不宜小于0.15%；上层钢筋应按计算配筋率全部连通。当筏板的厚度大于2000mm时，宜在板厚中间部位设置直径不小于12mm、间距不大于300mm的双向钢筋网。

5）承台底面钢筋的混凝土保护层厚度，当有混凝土垫层时，不应小于50mm，无垫层时不应小于70mm；此外尚不应小于桩头嵌入承台内的长度。

3. 桩与承台的连接构造

1）桩嵌入承台内的长度对中等直径桩不宜小于50mm；对大直径桩不宜小于100mm。

2）混凝土桩的桩顶纵向主筋应锚入承台内，其锚入长度不宜小于35倍纵向主筋直径。对于抗拔桩，桩顶纵向主筋的锚固长度应按现行国家标准《混凝土结构设计规范》（GB 50010—2010）（2015年版）确定。

3）对于大直径灌注桩，当采用一柱一桩时可设置承台或将桩与柱直接连接。

4. 柱与承台的连接构造

1）对于一柱一桩基础，柱与桩直接连接时，柱纵向主筋锚入桩身内长度不应小于35倍纵向主筋直径。

2）对于多桩承台，柱纵向主筋应锚入承台不小于35倍纵向主筋直径；当承台高度不满足锚固要求时，竖向锚固长度不应小于20倍纵向主筋直径，并向柱轴线方向呈90°弯折。

3）当有抗震设防要求时，对于一、二级抗震等级的柱，纵向主筋锚固长度应乘以1.15的系数；对于三级抗震等级的柱，纵向主筋锚固长度应乘以1.05的系数。

5. 承台与承台之间的连接构造

1）一柱一桩时，应在桩顶两个主轴方向上设置连系梁。当桩与柱的截面直径之比大于2时，可不设连系梁。

2）两桩桩基的承台，应在其短向设置连系梁。

3）有抗震设防要求的柱下桩基承台，宜沿两个主轴方向设置连系梁。

4）连系梁顶面宜与承台顶面位于同一标高。连系梁宽度不宜小于250mm，其高度可取承台中心距的1/10～1/15，且不宜小于400mm。

5）连系梁配筋应按计算确定，梁上下部配筋不宜小于2根直径12mm钢筋；位于同一轴线上的连系梁纵筋宜通长配置。

思考题

1. 桩基础有什么特点，在什么场合适宜采用桩基础?
2. 端承桩和摩擦桩受力情况有什么不同?
3. 试从不同方面对桩基础进行分类。
4. 试说明单桩竖向承载力标准值和单桩竖向承载力特征值的含义及怎样确定。
5. 试说明桩基础设计的一般步骤。

习题

1. 某灌注桩，桩径 $d=0.8\text{m}$，桩长 $l=20\text{m}$。从桩顶往下的土层分布依次为：0～2m 填土，$q_{sia}=30\text{kPa}$；2～12m 淤泥，$q_{sia}=15\text{kPa}$；12～14m 黏土，$q_{sia}=50\text{kPa}$；14m 以下为密实粗砂层，$q_{sia}=80\text{kPa}$，$q_{pa}=2500\text{kPa}$，该层厚度大，桩未穿透。试计算单桩竖向极限承载力特征值。

2. 某框架柱采用预制桩基础，如图 8-6 所示，柱作用在承台顶面的荷载标准组合值为 $F_k=2500\text{kN}$，弯矩 $M_{yk}=300\text{kN}\cdot\text{m}$，承台埋深 $d=1\text{m}$，单桩承载力特征值为 $R_a=700\text{kN}$，试进行单桩竖向承载力验算。

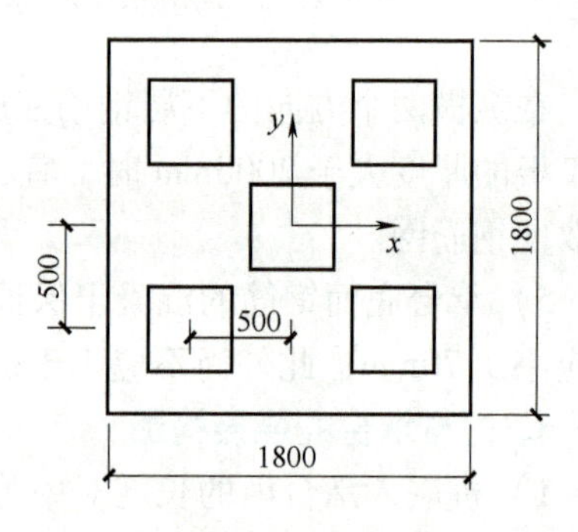

图 8-6 习题 2 附图

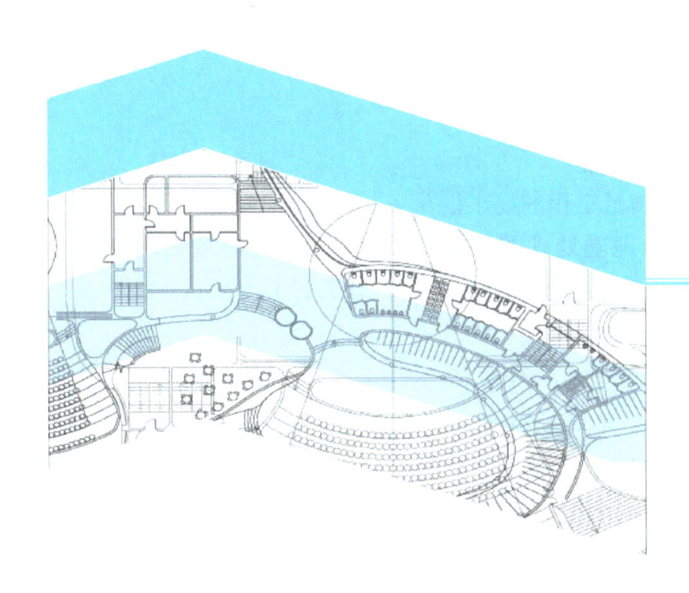

项目 9

地 基 处 理

内容提要

本项目主要介绍了几种地基处理方法的特点、适用条件及设计要点。

学习要求

知识要点	能力要求	相关知识
地基处理的一般知识	1）熟悉地基处理的目的 2）常见的几种不良地基土 3）了解常用地基处理的方法、原理及适用范围	地基处理的目的，常用的不良地基土类型及处理的方法、原理及适用范围
几种常见的地基处理方法	1）熟悉换土垫层法的设计要点，了解其施工要求和质量检验 2）熟悉强夯法的设计要点，了解其施工要求和质量检验 3）熟悉预压固结法的设计要点，了解其施工要求和质量检验 4）熟悉挤密法和振冲法的设计要点，了解其施工要求和质量检验 5）熟悉化学固结法的设计要点，了解其施工要求和质量检验	换土垫层法、强夯法、预压固结法、挤密法和振冲法、化学固结法

任务 1　地基处理的一般知识

地基处理（ground treatment）是指利用置换、夯实、挤密、排水、胶结、加筋和化学等方法对建筑物和设备基础下的受力层进行提高其强度和稳定性的强化处理。

9.1.1　地基处理的目的

地基处理的目的是选择合理的地基处理方法，对不能满足直接使用的天然地基进行有针对性的处理，以解决不良地基所存在的承载力、变形、液化及渗透等问题，从而满足工程建设的要求。

1）提高地基强度或增加其稳定性。

2）降低地基压缩性，以减少地基变形。

3）改善地基渗透性，以减少其渗漏或加强其渗透稳定性。

4）改善地基的动力特性，以提高其抗震性能。

5）改良地基的某种特殊不良特性，以满足工程的要求。

地基处理方法的分类有很多种，可以从地基处理的原理、目的、性质、时效和动机等不同角度进行分类。其中最常用的是根据地基处理的原理进行分类，见表 9-1。

9.1.2 常见的几种不良地基土

（1）软黏土

软黏土也称软土，是软弱黏性土的简称。它形成于第四纪晚期，属于海相、潟湖相、河谷相、湖沼相、溺谷相、三角洲相等的黏性沉积物或河流冲积物；多分布于沿海、河流中下游或湖泊附近地区。常见的软弱黏性土是淤泥和淤泥质土。淤泥为在静水或缓慢的流水环境中沉积，并经生物化学作用形成，其天然含水量大于液限、天然孔隙比大于或等于 1.5 的黏性土。当天然含水量大于液限而天然孔隙比小于 1.5 但大小或等于 1.0 的黏性土或粉土为淤泥质土。软黏土地基承载力低，强度增长缓慢，加荷后易变形且不均匀，变形速率大且稳定时间长，具有渗透性小、触变性及流变性大的特点。

（2）杂填土

杂填土主要出现在一些老居民区和工矿区内，是人们生活和生产活动所遗留或堆放的垃圾土。这些垃圾土一般分为三类：即建筑垃圾土、生活垃圾土和工业生产垃圾土。不同类型的垃圾土、不同时间堆放的垃圾土难以用统一强度指标、压缩指标、渗透性指标描述。其主要特点是无规划堆积、成分复杂、性质各异、厚薄不均、规律性差。同一场地也有压缩性和强度的明显差异，极易造成不均匀沉降，通常需要地基处理。

（3）冲填土

冲填土由人为水力冲填而沉积形成，近来多用于沿海滩涂开发及河漫滩造地。西北地区常见的水坠坝（也称冲填坝）即冲填土堆筑的坝。冲填土地基随静置时间增长逐渐达到正常固结状态。其工程性质取决于颗粒组成、均匀性、排水固结条件以及冲填后静置时间。

（4）饱和松散砂土

粉砂或细砂地基在静荷载作用下常具有较高的强度，但是当振动荷载（地震、机械振动等）作用时，饱和松散砂土地基则有可能产生液化或大量震陷变形，甚至丧失承载力。对这种地基进行处理主要是使它变得密实，消除在动荷载作用下产生液化的可能性。

（5）湿陷性黄土

在上覆土层自重应力作用下，或者在自重应力和附加应力共同作用下，因浸水后土的结构破坏而发生显著附加变形的土称为湿陷性土，属于特殊土，有些杂填土也具有湿陷性。黄土广泛分布于我国东北、西北、华中和华东部分地区。在湿陷性黄土地基上进行工程建设时，必须考虑地基湿陷可能引起的附加沉降，选择适宜的地基处理方法。

（6）膨胀土

膨胀土在我国分布广泛，是特殊土的一种，其矿物成分主要是蒙脱石，具有很强的亲水性，吸水时体积膨胀，失水时体积收缩。这种胀缩变形往往很大，极易对建筑物造成损坏。

（7）含有机质土和泥炭土

当土中含有不同的有机质时，将形成不同的有机质土，有机质含量超过一定含量时就形成泥炭土，具有不同的工程特性。有机质含量越高，对土质的影响越大，主要表现为强度低、压缩性大，并且对不同工程材料的掺入有不同影响。

(8) 山区地基土

山区地基土的地质条件较为复杂，主要体现在地基的不均匀性和场地稳定性两方面。由于自然环境和地基土的生成条件影响，场地中可能存在大孤石，场地环境也可能存在滑坡、泥石流、边坡崩塌等不良地质现象，易给建筑物造成威胁。

9.1.3 地基处理的方法、原理及适用范围

表9-1 常用地基处理的方法、原理及适用范围

分类	处理方法	原理及作用	适用范围
换土垫层法	机械碾压法	挖除浅层软弱土或不良土，分层碾压或夯实土，按回填的材料可分为砂（石）垫层、碎石垫层、粉煤灰垫层、矿渣垫层、土（灰土、粉质黏土）垫层等。它可提高持力层的承载力，减小沉降量，消除或部分消除土的湿陷性和胀缩性，防止土的冻胀作用及改善土的抗液化性	常用于基坑面积宽大、开挖土方量较大的回填土方工程，适用于处理浅层非饱和软弱地基、湿陷性黄土地基、膨胀土地基、季节性冻土地基、素填土和杂填土地基
	重锤夯实法		适用于地下水位以上稍湿的黏性土、砂土、湿陷性黄土、杂填土以及分层填土地基
	平板振动法		适用于处理非饱和无黏性土或黏粒含量少和透水性好的杂填土地基
	强夯挤淤法	采用边强夯、边填碎石、边挤淤的方法，在地基中形成碎石墩体，它可提高地基承载力和减小沉降	适用于厚度较小的淤泥和淤泥质土地基。应通过现场试验才能确定其适用性
	爆破法	由于振动而使土体产生液化和变形，从而达到较大密实度，用以提高地基承载力和减小沉降	适用于饱和净砂，非饱和但经常灌水饱和的砂、粉土和湿陷性黄土
深层密实法	强夯法及强夯置换法	利用强大的夯击能，迫使深层土液化和动力固结，使土体密实或置换形成密实墩体，用以提高地基承载力，减小沉降，消除土的湿陷性、胀缩性和液化性	强夯法适用于碎石土、砂土、素填土、杂填土、低饱和度的粉土和黏性土、湿陷性黄土强夯置换法适用于高饱和度的粉土与软塑~流塑的黏性土地基上对变形要求不严格的工程
	挤密法（碎石、砂石桩挤密法）（土、灰土桩挤密法）（石灰桩挤密法）	利用挤密或振动使深层土密实，并在振动或挤密过程中，回填砂、砾石、碎石、土、灰土等，形成砂桩、碎石桩、土桩、灰土桩，与桩间土一起组成复合基础，从而提高地基承载力，减小沉降，消除或部分消除土的湿陷性或液化性	砂（砂石）桩挤密法、振动水冲法、干振碎石桩法，一般适用于杂填土和松散砂土，对于软土地基经试验证明加固有效时方可使用；土桩、灰土桩挤密法一般适用于地下水位以上的粉土、黏性土、素填土、杂填土和湿陷性黄土等地基
预压固结法	堆载预压法、真空预压法真空和堆载联合预压	通过布置垂直排水井，改善地基的排水条件，及采取加压、抽气等措施，以加速地基土的固结和强度增长，提高地基土的稳定性，并使沉降提前完成	适用于处理淤泥质土、淤泥、冲填土等饱和黏性土地基
加筋法	加筋土、土锚、土钉、锚定板	在人工填土的路堤或挡墙内铺设土工合成材料、钢带、钢条、尼龙绳或玻璃纤维作为拉筋，或在软弱土层上设置树根桩等，使这种人工复合土体可承受抗拉、抗压、抗剪和抗弯作用，用以提高地基承载力，减小沉降和增加地基稳定性	加筋土适用于人工填土的路堤和挡墙结构。土锚、土钉、锚定板适用于土坡稳定
	土工合成材料		适用于砂土、黏性土和软土
	树根桩		适用于淤泥、淤泥质土、黏性土、粉土、砂土、碎石土及人工填土等

（续）

分类	处理方法	原理及作用	适用范围
化学加固法	注浆法（或灌浆法）	通过注入水泥浆液或化学浆液的措施，使土粒胶结，用以提高地基承载力，减小沉降，增加稳定性，防止渗漏	适用于建筑地基的局部加固处理，适用于砂土、粉土、黏性土和人工填土等地基加固
	高压喷射注浆法（旋喷桩）	将带有特殊喷嘴的注浆管，通过钻孔置入处理土层的预定深度，然后将浆液（常用水泥浆）以高压冲切土体。在喷射浆液的同时，以一定的速度旋转提升，即形成水泥土圆柱体；若喷嘴提升而不旋转，则形成墙状固结体。加固后可用以提高地基承载力，减小沉降，防止砂土液化、管涌和基坑隆起，建成防渗帷幕	适用于处理淤泥、淤泥质土、黏性土、粉土、黄土、砂土、人工填土等地基。当土中含有较多的大粒径块石、大量植物根茎和高含量的有机质时，应根据现场试验结果确定其适用性
	水泥土搅拌桩	水泥土搅拌法施工时分湿法（浆液搅拌法）和干法（粉体搅拌法）两种。湿法是利用深层搅拌机，将水泥浆和地基土在原位拌和；干法是利用喷粉机，将水泥粉或石灰粉与地基土在原位拌和。搅拌后形成柱状水泥土体，可提高地基承载力，减少沉降，增加稳定性和防止渗漏，建成防水帷幕	适用于处理正常固结的淤泥、淤泥质土、素填土、黏性土（塑、可塑）、粉土（稍密、中密）、粉细砂（松散、中密）、中粗砂（松散、稍密）、饱和黄土等土层

任务2　换土垫层法

当软弱土地基的承载力和变形满足不了建筑物的要求，而软土层的厚度又不是很大时，将基础底面以下处理范围内的软弱土层部分或全部挖去，然后分层换填强度较高的砂（碎石、灰土、高炉干渣、粉煤灰）或其他性能稳定、无侵蚀性的材料，并夯压（振实）至要求的密实度为止，这种地基处理方法称为换土垫层法。

换土垫层适用于浅层软弱土层或不均匀土层的地基处理。

换土垫层法的作用有：

1）提高地基承载力，并通过垫层的应力扩散作用，减少垫层下天然土层所承受的压力，从而使地基强度满足要求。

2）垫层置换了软弱土层，从而可减少地基的变形量。

3）加速软土层的排水固结。

4）调整不均匀地基的刚度。

5）对湿陷性黄土、膨胀土或季节性冻土等特殊土，可以消除或部分消除地基土的湿陷性、胀缩性或冻胀性。

应根据建筑体型、结构特点、荷载性质、场地土质条件、施工机械设备及填料性质和来源等进行综合分析，进行换填垫层的设计和选择施工方法。

9.2.1　设计要点

1. 垫层材料

换填垫层根据换填材料不同可分为土、石垫层和土工合成等材料。

1）砂石。宜选用碎石、卵石、角砾、圆砾、砾砂、粗砂、中砂或石屑，并应级配良好，不含植物残体、垃圾等杂质。当使用粉细砂或石粉时，应掺入不少于总重30%的碎石或卵石。砂石的最大粒径不宜大于50mm。对湿陷性黄土或膨胀土地基，不得选用砂石等透水性材料。

2）粉质黏土。土料中有机质含量不得超过5%，且不得含有冻土或膨胀土。当含有碎石时，其最大粒径不宜大于50mm。用于湿陷性黄土或膨胀土地基的粉质黏土垫层，土料中不得夹有砖、瓦和石块。

3）灰土。体积配合比宜为2∶8或3∶7。土料宜选用粉质黏土，不宜使用块状黏土，且不得含有松软杂质，土料并应过筛且最大粒径不得大于15mm。石灰宜选用新鲜的消石灰，其最大粒径不得大于5mm。

4）粉煤灰。可用于道路、堆场和小型建筑、构筑物等的换填垫层。粉煤灰垫层上宜覆土0.3~0.5m。粉煤灰垫层中采用掺加剂时，应通过试验确定其性能及适用条件。作为建筑物地基垫层的粉煤灰应符合有关建筑材料标准要求。粉煤灰垫层中的金属构件、管网宜采取防腐措施。大量填筑粉煤灰时，应经场地地下水和土壤环境的不良影响评价合格后，方可使用。

5）矿渣。垫层使用的矿渣是指高炉重矿渣，可分为分级矿渣、混合矿渣及原状矿渣。矿渣垫层主要用于堆场、道路和地坪，也可用于小型建筑、构筑物地基。选用矿渣的松散重度不应小于11kN/m^3，有机质及含泥总量不得超过5%。设计、施工前必须对选用的矿渣进行试验，在确认其性能稳定并满足腐蚀性和放射性安全的要求。对易受酸、碱影响的基础或地下管网不得采用矿渣垫层。大量填筑矿渣时，应经场地地下水和土壤环境的不良影响评价合格后，方可使用。

6）其他工业废渣。在有充分依据或成功经验时，也可采用质地坚硬、性能稳定、透水性强、无腐蚀性和无放射性危害的其他工业废渣材料，但应经过现场试验证明其经济技术效果良好且施工措施完善后方可使用。

7）土工合成材料加筋垫层所选用土工合成材料的品种与性能及填料，应根据工程特性和地基土质条件，按照现行国家标准《土工合成材料应用技术规范》（GB/T 50290—2014）的要求，通过设计计算并进行现场试验后确定。作为加筋的土工合成材料应采用抗拉强度较高、耐久性好、抗腐蚀的土工带、土工格栅、土工格室、土工垫或土工织物等土工合成材料。垫层填料宜用碎石、角砾、砾砂、粗砂、中砂等材料。当工程要求垫层具有排水功能时，垫层材料应具有良好的透水性。在软土地基上使用加筋垫层时，应满足建筑物稳定性并满足允许变形的要求。

2. 垫层厚度和宽度

垫层设计不但要满足建筑物对地基承载力和变形的要求，而且应符合经济合理的原则，其内容主要是确定断面的合理厚度和宽度。一般情况下，换土垫层的厚度不宜小于0.5m，也不宜大于3m。垫层过薄，作用不明显；过厚需挖深坑，费工耗料，经济、技术上不合理。

（1）垫层厚度的确定

垫层的厚度应根据需置换软弱土（层）的深度或下卧土层的承载力确定，并符合下式要求：

$$p_z + p_{cz} \leqslant f_{az} \tag{9-1}$$

式中 p_z——相应于荷载标准组合时，垫层底面处的附加应力值（kPa）；

p_{cz}——垫层底面处土的自重应力值（kPa）；

f_{az}——垫层底面处经深度修正后的地基承载力特征值（kPa）。

垫层底面处的附加应力值可分别按式（9-2）和式（9-3）计算：

条形基础

$$p_z = \frac{b(p_k - p_c)}{b + 2z\tan\theta} \tag{9-2}$$

矩形基础

$$p_z = \frac{bl(p_k - p_c)}{(b + 2z\tan\theta)(l + 2z\tan\theta)} \tag{9-3}$$

式中　b——矩形基础或条形基础底面的宽度（m）；

l——矩形基础底面的长度（m）；

p_k——荷载效应标准组合时，基础底面的平均压力值（kPa）；

p_c——基础底面处土的自重压应力值（kPa）；

z——基础底面下垫层的厚度（m）；

θ——垫层的压力扩散角，宜通过试验确定，当无试验资料时，可按表 9-2 采用。

表 9-2　垫层的压力扩散角 θ　（单位：°）

换填材料 / z/b	中砂、粗砂、砾砂、圆砾、角砾、石屑、卵石、碎石、矿渣	粉质黏土、粉煤灰	灰土
0.25	20	6	28
≥0.50	30	23	

注：1. 当 $z/b<0.25$，除灰土取 $\theta=28°$ 外，其他材料均取 $\theta=0°$，必要时宜由试验确定。
2. 当 $0.25<z/b<0.5$ 时，θ 值可内插求得。
3. 土工合成材料加筋垫层其压力扩散角宜由现场静载荷试验确定。

（2）垫层宽度的确定

垫层底面的宽度应满足基础底面应力扩散的要求，可按下式确定：

$$b' \geqslant b + 2z\tan\theta \tag{9-4}$$

式中　b'——垫层底面宽度（m）；

θ——压力扩散角，可按表 9-2 采用；当 $z/b<0.25$ 时，仍按表中 $z/b=0.25$ 取值。

整片垫层底面的宽度可根据施工的要求适当加宽。垫层顶面宽度可从垫层底面两侧向上，按基坑开挖期间保持边坡稳定的当地经验放坡确定。垫层顶面每边超出基础底边不应小于300mm。

例 9-1　某四层砖混结构住宅，承重墙下为条形基础，宽 1.2m，埋深为 1.0m，上部建筑物作用于基础的地表上荷载为 120kN/m，基础及基础上土的平均重度为 20.0kN/m^3。场地土质条件为第一层粉质黏土，层厚 1.0m，重度为 17.5kN/m^3；第二层为淤泥质黏土，层厚 15.0m，重度为 17.8kN/m^3，含水率为 65%，承载力特征值为 45kPa；第三层为密实砂砾石层，地下水距地表为 1.0m。如采用砂垫层，试设计垫层厚度和宽度。

解：（1）确定砂垫层厚度

1）先假设砂垫层厚度为 1.0m，并要求分层碾压夯实。

2）试算砂垫层厚度。基础底面的平均压力值为

$$p_k = \frac{120 + 1.2 \times 1.0 \times 20.0}{1.2}\text{kPa} = 120\text{kPa}$$

3）砂垫层底面的附加压力为

$$\frac{z}{b} = \frac{1.0}{1.2} = 0.83 > 0.5，则\ \theta = 30°$$

$$p_z=\frac{b(p_k-p_c)}{b+2z\tan\theta}=\frac{1.2\times(120-17.5\times1.0)}{1.2+2\times1.0\times\tan30^\circ}\text{kPa}=52.2\text{kPa}$$

4）垫层底面处土的自重压力为

$$p_{cz}=17.5\times1.0\text{kPa}+(17.8-10.0)\times1.0\text{kPa}=25.3\text{kPa}$$

5）垫层底面处经深度修正后的地基承载力特征值为

$$f_{az}=f_{ak}+\eta_d\gamma_m(d-0.5)=45\text{kPa}+1.0\times\frac{17.5\times1.0+7.8\times1.0}{2}\times(2.0-0.5)\text{kPa}=64.0\text{kPa}$$

$$p_z+p_{cz}=(52.2+25.3)\text{kPa}=77.5\text{kPa}>64.0\text{kPa}$$

以上说明设计的垫层厚度不够，再重新设计垫层厚度为1.7m，同理可得

$$p_z=\frac{b(p_k-p_c)}{b+2z\tan\theta}=\frac{1.2\times(120-17.5\times1.0)}{1.2+2\times1.7\times\tan30^\circ}\text{kPa}=38.9\text{kPa}$$

$$p_{cz}=17.5\times1.0\text{kPa}+(17.8-10.0)\times1.7\text{kPa}=30.8\text{kPa}$$

$$f_{az}=f_{ak}+\eta_d\gamma_m(d-0.5)=45\text{kPa}+1.0\times\frac{17.5\times1.0+7.8\times1.7}{2.7}\times(2.7-0.5)\text{kPa}=70.1\text{kPa}$$

$$p_z+p_{cz}=(38.9+30.8)\text{kPa}=69.7\text{kPa}<70.1\text{kPa}$$

说明满足设计要求，故垫层厚度取1.7m。

（2）确定垫层宽度

$$b'=b+2z\tan\theta=(1.2+2\times1.7\times\tan30^\circ)\text{m}=3.2\text{m}$$

取垫层宽度为3.2m。

9.2.2 施工要求

1）垫层施工应根据不同的换填材料选择施工机械。粉质黏土、灰土垫层宜采用平碾、振动碾或羊足碾，以及蛙式夯、柴油夯。砂石垫层等宜用振动碾。粉煤灰垫层宜采用平碾、振动碾、平板振动器、蛙式夯。矿渣垫层宜采用平板振动器或平碾，也可采用振动碾。

2）垫层的施工方法、分层铺填厚度、每层压实遍数宜通过现场试验确定。除接触下卧软土层的垫层底部应根据施工机械设备及下卧层土质条件确定厚度外，其他垫层的分层铺填厚度宜为200~300mm。为保证分层压实质量，应控制机械碾压速度。

3）粉质黏土和灰土垫层土料的施工含水率宜控制在最优含水量 $w_{op}\pm2\%$ 的范围内，粉煤灰垫层的施工含水量宜控制在 $w_{op}\pm4\%$ 的范围内。最优含水量可通过击实试验确定，也可按当地经验取用。粉质黏土及灰土垫层分段施工时，不得在柱基、墙角及承重窗间墙下接缝。垫层上下两层的缝距不得小于500mm且接缝处应夯压密实。灰土应拌和均匀并应当日铺填夯压；灰土夯压密实后3d内不得受水浸泡。粉煤灰垫层铺填后宜当日压实，每层验收后应及时铺填上层或封层，防止干燥后松散起尘污染，同时应禁止车辆碾压通行。

4）当垫层底部存在古井、古墓、洞穴、旧基础、暗塘等软硬不均的部位时，应根据建筑对不均匀沉降的要求予以处理，并经检验合格后，方可铺填垫层。

5）基坑开挖时应避免坑底土层受扰动，可保留约180~220mm厚的土层暂不挖去，待铺填垫层前再由人工挖至设计标高。严禁扰动垫层下的软弱土层，防止其被践踏、受冻或受水浸泡。在碎石或卵石垫层底部宜设置150~300mm厚的砂垫层或铺一层土工织物，以防止软弱土层表面的局部破坏，同时应防止基坑边坡塌土混入垫层中。

6）换填垫层施工时，应采取基坑排水措施。除砂垫层宜采用水撼法施工外，其余垫层施工均不得在浸水条件下进行。工程需要时应采用降低地下水位的措施。

7）垫层底面宜设在同一标高上，如深度不同，基坑底土面应挖成阶梯或斜坡搭接，并按先深后浅的顺序进行垫层施工，搭接处应夯压密实。垫层竣工验收合格后，应及时进行基础施工与基坑回填。

9.2.3 质量检验

1）对粉质黏土、灰土、粉煤灰垫层的施工质量可选用环刀取样、静力触探、轻型动力触探或标准贯入试验等方法进行检验；对砂石、矿渣垫层的施工质量可采用重型动力触探试验等进行检验。压实系数可采用灌砂法、灌水法或其他方法进行检验。

2）换填垫层的施工质量检验应分层进行，并应在每层的压实系数符合设计要求后铺填上层。

3）采用环刀取样检验垫层的施工质量时，取样点应选择位于每层厚度的2/3深度处。检验点数量，条形基础下垫层每10～20m不应少于1个点，独立柱基、单个基础下垫层不应少于1个点，其他基础下垫层每50～100m^2不应少于1个点。采用标准贯入试验或动力触探法检验垫层的施工质量时，每分层平面上检验点的间距不应大于4m。

4）竣工验收应采用静载荷试验检验垫层承载力，且每个单体工程不宜少于3个点；对于大型工程则应按单体工程的数量或工程划分的面积确定检验点数。

5）对加筋垫层中土工合成材料应进行如下检验：①土工合成材料质量应符合设计要求，外观无破损、无老化、无污染；②土工合成材料应可张拉、无皱折、紧贴下承层，锚固端应锚固牢靠；③上下层土工合成材料搭接缝要交替错开，搭接强度应满足设计要求。

任务3 强 夯 法

强夯法是一种利用起重机械将重锤（一般为10～60t）从几米至几十米的高处自由落下，在很大的冲击能作用下，在地基土中出现冲击波和动应力，对地基进行强力夯击的地基处理方法。

这种方法由法国Menard技术公司于1969年首创。可提高地基土的强度、降低土的压缩性、改善砂土的抗液化条件、消除湿陷性黄土的湿陷性等。同时，夯击能还可提高土层的均匀程度，减少将来可能出现的差异沉降。具有施工简单、加固效果好、使用经济等优点。

强夯法适用于处理碎石土、砂土、低饱和度的粉土与黏性土、湿陷性黄土、素填土和杂填土等地基。

9.3.1 设计要点

1）强夯法的有效加固深度，应根据现场试夯或地区经验确定。在缺少试验资料或经验时可按表9-3预估。

表9-3 强夯法的有效加固深度 （单位：m）

单击夯击能 $E/(kN \cdot m)$	碎石土、砂土等粗颗粒土	粉土、粉质黏土、湿陷性黄土等细颗粒土
1000	4.0～5.0	3.0～4.0
2000	5.0～6.0	4.0～5.0
3000	6.0～7.0	5.0～6.0
4000	7.0～8.0	6.0～7.0

（续）

单击夯击能 E/(kN·m)	碎石土、砂土等粗颗粒土	粉土、粉质黏土、湿陷性黄土等细颗粒土
5000	8.0~8.5	7.0~7.5
6000	8.5~9.0	7.5~8.0
8000	9.0~9.5	8.0~8.5
10000	9.5~10.0	8.5~9.0
12000	10.0~11.0	9.0~10.0

注：强夯法的有效加固深度应从最初起夯面算起；单击夯击能 E 大于 12000kN·m 时，强夯的有效加固深度应通过试验确定。

2）夯点的夯击次数，应按现场试夯得到的夯击次数和夯沉量关系曲线确定，并应同时满足下列条件：

① 最后两击的平均夯沉量，宜满足表 9-4 的要求，当单击夯击能 E 大于 12000kN·m 时，应通过试验确定。

表 9-4　强夯法最后两击平均夯沉量　　（单位：mm）

单击夯击能 E/(kN·m)	最后两击平均夯沉量不大于/mm
$E<4000$	50
$4000\leq E<6000$	100
$6000\leq E<8000$	150
$8000\leq E<12000$	200

② 夯坑周围地面不应发生过大的隆起。

③ 不因夯坑过深而发生提锤困难。

3）夯击遍数应根据地基土的性质确定，可采用点夯 2~4 遍，对于渗透性较差的细颗粒土，应适当增加夯击遍数；最后再以低能量满夯 2 遍，满夯可采用轻锤或低落距锤多次夯击，锤印搭接。

4）两遍夯击之间，应有一定的时间间隔，间隔时间取决于土中超静孔隙水压力的消散时间。当缺少实测资料时，可根据地基土的渗透性确定，对于渗透性较差的黏性土地基，间隔时间不应少于 2~3 周；对于渗透性好的地基可连续夯击。

5）夯击点位置可根据基底平面形状，采用等边三角形、等腰三角形或正方形布置。第一遍夯击点间距可取夯锤直径的 2.5~3.5 倍，第二遍夯击点位于第一遍夯击点之间。以后各遍夯击点间距可适当减小。对处理深度较深或单击夯击能较大的工程，第一遍夯击点间距宜适当增大。

6）强夯处理范围应大于建筑物基础范围，每边超出基础外缘的宽度宜为基底下设计处理深度的 1/2~2/3，并不应小于 3m。对可液化地基，基础边缘的处理宽度，不应小于 5m；对湿陷性黄土地基，应符合现行国家标准《湿陷性黄土地区建筑规范》（GB 50025—2004）有关规定。

7）根据初步确定的强夯参数，提出强夯试验方案，进行现场试夯。应根据不同土质条件，待试夯结束一周至数周后，对试夯场地进行检测，并与夯前测试数据进行对比，检验强夯效果，确定工程采用的各项强夯参数。

8）根据基础埋深和试夯时所测得的夯沉量，确定起夯面标高、夯坑回填方式和夯后标高。

9）强夯地基承载力特征值应通过现场静载荷试验确定。

10）强夯地基变形计算，应符合现行国家标准《建筑地基基础设计规范》有关规定。夯后有效加固深度内土层的压缩模量应通过原位测试或土工试验确定。

9.3.2 施工要求

1）强夯夯锤质量可取10～60t，其底面形式宜采用圆形，锤底面积宜按土的性质确定，锤底静接地压力值宜为25～80kPa，单击夯击能高时取大值，单击夯击能低时取小值，对于细颗粒土宜取小值。锤的底面宜对称设置若干个上下贯通的排气孔，孔径宜为300～400mm。

2）强夯法施工（图9-1）应按下列步骤进行：

① 清理并平整施工场地。

② 标出第一遍夯点位置，并测量场地高程。

③ 起重机就位，夯锤置于夯点位置。

④ 测量夯前锤顶高程。

⑤ 将夯锤起吊到预定高度，开启脱钩装置，待夯锤脱钩自由下落后，放下吊钩，测量锤顶高程；若发现因坑底倾斜而造成夯锤歪斜时，应及时将坑底整平。

⑥ 重复步骤⑤，按设计规定的夯击次数及控制标准，完成一个夯点的夯击。当夯坑过深，出现提锤困难，但无明显隆起，而尚未达到控制标准时，宜将夯坑回填至与坑顶齐平后，继续夯击。

⑦ 换夯点，重复步骤③～⑥，完成第一遍全部夯点的夯击。

⑧ 用推土机将夯坑填平，并测量场地高程。

⑨ 在规定的间隔时间后，按上述步骤逐次完成全部夯击遍数；最后，用低能量满夯，将场地表层松土夯实，并测量夯后场地高程。

3）起吊夯锤的起重机械宜采用带有自动脱钩装置的履带式起重机，夯锤的质量不应超过起重机械自身额定起重质量。履带式起重机应在臂杆端部设置辅助门架或采取其他安全措施，防止起落锤时机架倾覆。

4）当场地表土软弱或地下水位较高，宜采用人工降低地下水位或铺填一定厚度的砂石材料的施工措施。施工前，宜将地下水位降低至坑底面以下2m。施工时，坑内或场地积水应及时排除。对细颗粒土，尚应采取晾晒等措施降低含水量。当地基土的含水量低，影响处理效果时，宜采取增湿措施。

5）施工前，应查明施工影响范围内地下建（构）筑物和地下管线的位置，并采取必要措施予以保护。

6）当强夯施工所引起的振动和侧向挤压对邻近建构筑物产生不利影响时，应设置监测点，并采取挖隔振沟等隔振或防振措施。

7）施工过程中应有专人负责下列监测工作：

① 开夯前，应检查夯锤质量和落距，以确保单击夯击能量符合设计要求。

② 在每一遍夯击前，应对夯点放线进行复核，夯完后检查夯坑位置，发现偏差或漏夯应及时纠正。

③ 按设计要求检查每个夯点的夯击次数、每击的夯沉量、最后两击的平均夯沉量和总夯沉量、夯点施工起止时间。对强夯置换尚应检查置换深度。

④ 施工过程中应对各项参数及施工情况进行详细记录。

8）夯实地基施工结束后，应根据地基土的性质和采用的施工工艺，待土层休止期后再进行基础施工。

图 9-1　强夯法施工

9.3.3　质量检验

1）检查施工过程中的各项测试数据和施工记录，不符合设计要求时应补夯或采取其他有效措施。

2）强夯处理后的地基承载力检验，应在施工结束后间隔一定时间进行，对于碎石土和砂土地基，间隔时间宜为 7～14d；粉土和黏性土地基，间隔时间宜为 14～28d；强夯置换地基，间隔时间宜为 28d。

3）强夯地基均匀性检验，可采用动力触探试验或标准贯入试验、静力触探试验等原位测试，以及室内土工试验。检验点的数量，可根据场地复杂程度和建筑物的重要性确定，对于简单场地上的一般建筑物，按每 400m^2 不少于 1 个检测点，且不少于 3 点；对于复杂场地或重要建筑地基，每 300m^2 不少于 1 个检验点，且不少于 3 点。强夯置换地基，可采用超重型或重型动力触探试验等方法，检查置换墩着底情况及承载力与密度随深度的变化，检验数量不应少于墩点数的 3%，且不少于 3 点。

4）强夯地基承载力检验的数量，应根据场地复杂程度和建筑物的重要性确定，对于简单场地上的一般建筑物，每个建筑地基的载荷试验检验点不应少于 3 点；对于复杂场地或重要建筑地基应增加检验点数。强夯置换地基载荷试验数量不应少于墩点数的 1%，且不应少于 3 点；对饱和粉土地基，当处理后墩间土能形成 2.0m 以上厚度的硬层时，其地基承载力可通过现场单墩复合地基静载荷试验确定，检验数量不应少于墩点数的 1%，且每个建筑载荷试验检验点不应少于 3 点。

任务4　预压固结法

预压地基是指采用堆载预压、真空预压或真空和堆载联合预压处理淤泥质土、淤泥、冲填土等饱和黏性土地基。

预压处理地基应预先通过勘察查明土层在水平和竖直方向的分布、层理变化，查明透水层的位置、地下水类型及水源补给情况等。并应通过土工试验确定土层的先期固结压力、孔隙比与固结压力的关系、渗透系数、固结系数、三轴试验抗剪强度指标以及通过原位十字板试验确定土的抗剪强度。对重要工程，应在现场选择试验区进行预压试验，在预压过程中应进行地基竖向变形、侧向位移、孔隙水压力、地下水位等项目的监测并进行原位十字板剪切试验和室内土工试验。根据试验区获得的监测资料确定加载速率控制指标，推算土的固结系数、固结度及最终竖向变形等，分析地基处理效果，对原设计进行修正，并指导整个场区的设计与施工。

9.4.1 设计要点

1. 堆载预压

1）对深厚软黏土地基，应设置塑料排水带或砂井等排水竖井。当软土层厚度不大或软土层中含较多薄粉砂夹层，且固结速率能满足工期要求时，可不设置排水竖井。

2）堆载预压处理地基的设计应包括下列内容：

① 选择塑料排水带或砂井，确定其断面尺寸、间距、排列方式和深度。

② 确定预压区范围、预压荷载大小、荷载分级、加载速率和预压时间。

③ 计算堆载荷载作用下地基土的固结度、强度增长、稳定性和变形。

3）排水竖井分普通砂井、袋装砂井和塑料排水带。普通砂井直径宜为300～500mm，袋装砂井直径宜为70～120mm。

4）排水竖井的平面布置应符合下列规定：

① 可采用等边三角形或正方形排列。

② 等边三角形排列时，竖井的有效排水直径与间距的关系为1.05:1。

③ 正方形排列时，竖井的有效排水直径与间距的关系为1.13:1。

5）排水竖井的间距可根据地基土的固结特性和预定时间内所要求达到的固结度确定。塑料排水带或袋装砂井的间距可按井径比$n=15\sim22$选用，普通砂井的间距可按井径比$n=6\sim8$选用。

6）排水竖井的深度应符合下列规定：

① 根据建筑物对地基的稳定性、变形要求和工期确定。

② 对以地基抗滑稳定性控制的工程，竖井深度应大于最危险滑动面以下2.0m。

③ 对以变形控制的建筑工程，竖井深度应根据在限定的预压时间内需完成的变形量确定。竖井宜穿透受压土层。

7）预压荷载大小、范围、加载速率应符合下列规定：

① 预压荷载大小应根据设计要求确定。对于沉降有严格限制的建筑，应采用超载预压法处理，超载量大小应根据预压时间内要求完成的变形量通过计算确定，并宜使预压荷载下受压土层各点的有效竖向应力大于建筑物荷载引起的相应点的附加应力。

② 预压荷载顶面的范围应不小于建筑物基础外缘的范围。

③ 加载速率应根据地基土的强度确定。当天然地基土的强度满足预压荷载下地基的稳定性要求时，可一次性加载，否则应分级逐渐加载，待前期预压荷载下地基土的强度增长满足下一级荷载下地基的稳定性要求时，方可加载。

8）预压处理地基应在地表铺设与排水竖井相连的砂垫层，砂垫层应符合下列规定：

① 厚度不应小于500mm。

② 砂垫层砂料宜用中粗砂，黏粒含量不应大于3%，砂料中可含有少量粒径不大于50mm

的砾石。砂垫层的干密度应大于1.5g/m^3，其渗透系数应大于1×10^{-2}cm/s。

9）在预压区边缘应设置排水沟，在预压区内宜设置与砂垫层相连的排水盲沟。

10）砂井的砂料应选用中粗砂，其黏粒含量不应大于3%。

2. 真空预压

1）真空预压处理地基应设置排水竖井。设计内容包括：竖井断面尺寸、间距、排列方式和深度的选择；预压区面积和分块大小；真空预压工艺；要求达到的真空度和土层的固结度；真空预压和建筑物荷载下地基的变形计算；真空预压后地基承载力增长计算。

2）排水竖井的间距可参照堆载预压法相关条款选用。

3）砂井的砂料应选用中粗砂，其渗透系数应大于1×10^{-2}cm/s。

4）真空预压竖向排水通道宜穿透软土层，但不应进入下卧透水层。当软土层较厚、且以地基抗滑稳定性控制的工程，竖向排水通道的深度不应小于最危险滑动面下2.0m。对以变形控制的工程，竖井深度应根据在限定的预压时间内需完成的变形量确定，且宜穿透主要受压土层。

5）真空预压区边缘应大于建筑物基础轮廓线，每边增加量不得小于3.0m。

6）真空预压的膜下真空度应稳定地保持在86.7kPa（650mmHg）以上，且应均匀分布，排水竖井深度范围内土层的平均固结度应大于90%。

7）对于表层存在良好的透气层或在处理范围内有充足水源补给的透水层时，应采取有效措施隔断透气层或透水层。

8）真空预压加固面积较大时，宜采取分区加固，每块预压面积应尽可能大且呈方形，分区面积宜为20000～40000m^2。

9）真空预压所需抽真空设备的数量，可按加固面积的大小、形状和土层结构特点，以每套设备可抽真空的面积为1000～1500m^{2}确定。

3. 真空和堆载联合预压

1）当设计地基预压荷载大于80kPa时，且进行真空预压处理地基不能满足设计要求时可采用真空和堆载联合预压地基处理。

2）堆载体的坡肩线宜与真空预压边线一致。

3）对于一般软黏土，上部堆载施工宜在真空预压膜下真空度稳定地达到86.7kPa（650mmHg）且抽真空时间不少于10d后进行。对于高含水量的淤泥类土，上部堆载施工宜在真空预压膜下真空度稳定地达到（650mmHg）且抽真空20～30d后可进行。

4）当堆载较大时，真空和堆载联合预压法应采用分级加载，分级数应根据地基土稳定计算确定。分级加载时，应待前期预压荷载下地基的承载力增长满足下一级荷载下地基的稳定性要求时，方可加载。

9.4.2 施工要求

1. 堆载预压

1）塑料排水带的性能指标应符合设计要求，并应在现场妥善保护，防止阳光照射、破损或污染。破损或污染的塑料排水带不得在工程中使用。

2）砂井的灌砂量，应按井孔的体积和砂在中密状态时的干密度计算，其实际灌砂量不得小于计算值的95%。

3）灌入砂袋中的砂宜用干砂，并应灌制密实。

4）塑料排水带和袋装砂井施工时，宜配置深度检测设备。

5）塑料排水带需接长时，应采用滤膜内芯带平搭接的连接方法，搭接长度宜大于200mm。

6）塑料排水带施工所用套管应保证插入地基中的带子不扭曲。袋装砂井施工所用套管内径应大于砂井直径。

7）塑料排水带和袋装砂井施工时，平面井距偏差不应大于井径，垂直度允许偏差应为±1.5%，深度应满足设计要求。

8）塑料排水带和袋装砂井砂袋埋入砂垫层中的长度不应小于500mm。

9）堆载预压加载过程中，应满足地基承载力和稳定控制要求，并应进行竖向变形、水平位移及孔隙水压力的监测。根据监测资料控制加载速率，应满足下列要求：①竖井地基，最大竖向变形量不应超过15mm/d；②天然地基，最大竖向变形量不应超过10mm/d；③堆载预压边缘处水平位移不应超过5mm/d；④根据上述观察资料综合分析、判断地基的承载力和稳定性。

2. 真空预压

1）真空预压的抽气设备宜采用射流真空泵，真空泵空抽吸力不应低于95kPa。真空泵的设置应根据地基预压面积、形状、真空泵效率和工程经验确定，每块预压区至少应设置两台真空泵。

2）真空管路设置应符合下列规定：

① 真空管路的连接应密封，真空管路中应设置止回阀和截门。

② 水平向分布滤水管可采用条状、梳齿状及羽毛状等形式，滤水管布置宜形成回路。

③ 滤水管应设在砂垫层中，其上覆盖厚度宜为100~200mm的砂层。

④ 滤水管可采用钢管或塑料管，应外包尼龙纱或土工织物等滤水材料。

3）密封膜应符合下列规定：

① 密封膜应采用抗老化性能好、韧性好、抗穿刺性能强的不透气材料。

② 密封膜热合时，宜采用双热合缝的平搭接，搭接宽度应大于15mm。

③ 密封膜宜铺设三层，膜周边可采用挖沟埋膜，平铺并用黏土覆盖压边、围埝沟内及膜上覆水等方法进行密封。

4）地基土渗透性强时，应设置黏土密封墙。黏土密封墙宜采用双排搅拌桩，搅拌桩直径不宜小于700mm；当搅拌桩深度小于15m时，搭接宽度不宜小于200mm；当搅拌桩深度大于15m时，搭接宽度不宜小于300mm；成桩搅拌应均匀，黏土密封墙的渗透系数应满足设计要求。

3. 真空和堆载联合预压

1）采用真空和堆载联合预压时，应先抽真空，当真空压力达到设计要求并稳定后，再进行堆载，并继续抽真空。

2）堆载前应在膜上铺设编织布或无纺布等土工编织布等保护层。保护层上铺设100~300mm厚的砂垫层。

3）堆载时应采用轻型运输工具，并不得损坏密封膜。

4）在进行上部堆载施工时，应监测膜下真空度的变化，发现漏气应及时处理。

5）堆载加载过程中，应满足地基稳定性设计要求，对竖向变形、边缘水平位移及孔隙水压力的监测应满足下列要求：

① 地基向加固区外的侧移速率不应大于5mm/d。

② 地基竖向变形速率不应大于10mm/d。

③ 根据上述观察资料综合分析、判断地基的稳定性。

6）真空和堆载联合预压施工除上述规定外，尚应符合堆载预压和真空预压的有关规定。

9.4.3 质量检验

1）施工过程质量检验和监测应包括下列内容：

① 对塑料排水带应进行纵向通水量、复合体抗拉强度、滤膜抗拉强度、滤膜渗透系数和等效孔径等性能指标现场随机抽样测试。

② 对不同来源的砂井和砂垫层砂料，应取样进行颗粒分析和渗透性试验。

③ 对以抗滑稳定性控制的工程，应在预压区内预留孔位，在加载不同阶段进行原位十字板剪切试验和取土进行室内土工试验；加固前的地基土检测，应在打设塑料排水带之前进行。

④ 对预压工程，应进行地基竖向变形、侧向位移和孔隙水压力等监测。

⑤ 真空预压、真空和堆载联合预压工程，除应进行地基变形、孔隙水压力的监测外，尚应进行膜下真空度和地下水位监测。

2）预压地基竣工验收检验应符合下列规定：

① 排水竖井处理深度范围内和竖井底面以下受压土层，经预压所完成的竖向变形和平均固结度应满足设计要求。

② 应对预压的地基土进行原位试验和室内土工试验。

3）原位试验可采用十字板剪切试验或静力触探，检验深度不应小于设计处理深度。原位试验和室内土工试验，应在卸载 3d ~ 5d 后进行。检验数量按每个处理分区不少于 6 点进行检测，对于堆载斜坡处应增加检验数量。

4）预压处理后的地基承载力应按《建筑地基处理技术规范》附录 A 确定。检验数量按每个处理分区不应少于 3 点进行检测。

任务5 挤密法和振冲法

挤密地基是指利用沉管、冲击、夯扩、振冲、振动沉管等方法在土中挤压、振动成孔，使桩孔周围土体得到挤密、振密，并向桩孔内分层填料形成的地基。适用于处理湿陷性黄土、砂土、粉土、素填土和杂填土等地基。

当以消除地基土的湿陷性为主要目的时，宜选用土挤密桩。当以提高地基土的承载力或增强其水稳性为主要目的时，宜选用灰土挤密桩（或其他具有一定胶凝强度桩如二灰桩、水泥土桩等）。当以消除地基土液化为主要目的时，宜选用振冲或振动挤密法。

9.5.1 设计要点

1. 土桩、灰土桩挤密地基

1）挤密地基的处理面积，当采用局部处理时，对非自重湿陷性黄土、素填土和杂填土等地基，每边不应小于基底宽度的25%，且不应小于0.50m；对自重湿陷性黄土地基，每边不应小于基底宽度的75%，且不应小于1.00m；当采用整片处理时，应大于基础或建筑物底层平面的面积，超出建筑物外墙基础底面外缘的宽度，每边不宜小于处理土层厚度的1/2，且不应小于2m。

2）挤密地基的厚度宜为3 ~ 15m，应根据建筑场地的土质情况、工程要求和成孔及夯实设备等综合因素确定。对湿陷性黄土地基，应符合现行国家标准的有关规定。

3）桩孔直径宜为300 ~ 600mm，并可根据所选用的成孔设备或成孔方法确定。桩孔宜按等边三角形布置，桩孔之间的中心距离，可为桩孔直径的2.0 ~ 3.0 倍，也可按《建筑地基处理技术规范》(JGJ 79—2012)中有关公式估算。

4)桩孔的数量可按《建筑地基处理技术规范》中有关公式估算。

5)桩孔内的灰土填料，其消石灰与土的体积配合比，宜为2:8或3:7。土料宜选用粉质黏土，土料中的有机质含量不应超过5%，且不得含有冻土，渣土垃圾粒径不应超过15mm。石灰可选用新鲜的消石灰或生石灰粉，粒径不应大于5mm。消石灰的质量应合格，有效CaO+MgO含量不得低于60%。

6)孔内填料应分层回填夯实，填料的平均压实系数$\bar{\lambda}_c$不应低于0.97，其中压实系数最小值不应低于0.93。

7)桩顶标高以上应设置300~600mm厚的褥垫层。垫层材料可根据工程要求采用2:8或3:7灰土、水泥土等。其压实系数均不应小于0.95。

2. 振冲挤密地基

1)地基处理范围应根据建筑物的重要性和场地条件确定，宜在基础外缘扩大1~3排桩。当要求消除地基液化时，在基础外缘扩大宽度不应小于基底下可液化土层厚度的1/2，且不应小于5m。

2)桩位布置，对大面积满堂基础和独立基础，可采用三角形、正方形、矩形布桩；对条形基础，可沿基础轴线采用单排布桩或对称轴线多排布桩。

3)桩的间距应通过现场试验确定，振冲桩的间距应根据上部结构荷载大小和场地土层情况，并结合所采用的振冲器功率大小综合考虑。

4)桩长的确定：当相对硬层埋深不大时，应按相对硬层埋深确定；当相对硬层埋深较大时，应按建筑物地基变形允许值确定；在可液化地基中，桩长应按要求处理液化的深度确定。桩长不宜小于4m。

5)振冲桩的直径一般为0.8~1.2m，桩的平均直径可按每根桩所用填料量计算。

6)振冲法桩体材料可用含泥量不大于5%的碎石、卵石、矿渣或其他性能稳定的硬质材料，不宜使用风化易碎的石料。

9.5.2 施工要求

1. 土桩、灰土桩挤密地基

1)成孔应按设计要求、成孔设备、现场土质和周围环境等情况，选用沉管（振动、锤击）、冲击或钻孔等方法。

2)桩顶设计标高以上的预留覆盖土层厚度，宜符合下列要求：沉管成孔，不宜小于0.5m；冲击成孔、钻孔夯扩法，不宜小于1.2m。

3)成孔时，地基土宜接近最优（或塑限）含水量，当土的含水量低于12%时，宜对拟处理范围内的土层进行增湿，应于地基处理前4~6d，将需增湿的水通过一定数量和一定深度的渗水孔，均匀地浸入拟处理范围内的土层中。

4)成孔和孔内回填夯实应符合下列规定：

① 成孔和孔内回填夯实的施工顺序，当整片处理时，宜从里（或中间）向外间隔1~2孔依次进行，对大型工程，可采取分段施工；当局部处理时，宜从外向里间隔1~2孔依次进行。

② 向孔内填料前，孔底应夯实，并应检查桩孔的直径、深度和垂直度。

③ 桩孔的垂直度允许偏差。

④ 孔中心距允许偏差应为桩距的±5%。

⑤ 经检验合格后，应按设计要求，向孔内分层填入筛好的素土、灰土或其他填料，并应分层夯实至设计标高。

5）铺设灰土垫层前，应按设计要求将桩顶标高以上的预留松动土层挖除或夯（压）密实。

6）施工过程中，应有专人监督成孔及回填夯实的质量，并应做好施工记录。如发现地基土质与勘察资料不符，应立即停止施工，待查明情况或采取有效措施处理后，方可继续施工。

7）雨期或冬期施工，应采取防雨或防冻措施，防止填料受雨水淋湿或冻结。

2. 振冲挤密地基

1）振冲施工可根据设计荷载的大小、原土强度的高低、设计桩长等条件选用不同功率的振冲器。施工前应在现场进行试验，以确定水压、振密电流和留振时间等各种施工参数。

2）升降振冲器的机械可用起重机、自行井架式施工平车或其他合适的设备。施工设备应配有电流、电压和留振时间自动信号仪表。

3）振冲施工可按下列步骤进行：

① 清理平整施工场地，布置桩位。

② 施工机具就位，使振冲器对准桩位。

③ 启动供水泵和振冲器，水压宜为200～600kPa，水量宜为200～400L/min，将振冲器徐徐沉入土中，造孔速度宜为0.5～2.0m/min，直至达到设计深度；记录振冲器经各深度的水压、电流和留振时间。

④ 造孔后边提升振冲器边冲水直至孔口，再放至孔底，重复2～3次扩大孔径并使孔内泥浆变稀，开始填料制桩。

⑤ 大功率振冲器投料可不提出孔口，小功率振冲器下料困难时，可将振冲器提出孔口填料，每次填料厚度不宜大于50cm。将振冲器沉入填料中进行振密制桩，当电流达到规定的密实电流值和规定的留振时间后，将振冲器提升30～50cm。

⑥ 重复以上步骤，自下而上逐段制作桩体直至孔口，记录各段深度的填料量、最终电流值和留振时间。

⑦ 关闭振冲器和水泵。

4）施工现场应事先开设泥水排放系统，或组织好运浆车辆将泥浆运至预先安排的存放地点，应设置沉淀池，重复使用上部清水。

5）桩体施工完毕后，应将顶部预留的松散桩体挖除，铺设垫层并压实。

6）不加填料振冲加密宜采用大功率振冲器，造孔速度宜为8～10m/min，到达设计深度后，宜将射水量减至最小，留振至密实电流达到规定时，上提0.5m，逐段振密直至孔口，每米振密时间约1min。在粗砂中施工，如遇下沉困难，可在振冲器两侧增焊辅助水管，加大造孔水量，降低造孔水压。

7）振密孔施工顺序，宜沿直线逐点逐行进行。

8）地基施工后应检查施工各项记录，如有遗漏或不符合规定要求的桩或振冲点，应补做或采取有效的补救措施。

9.5.3 质量检验

1. 土桩、灰土桩挤密地基

1）桩孔质量检验应在成孔后及时进行，所有桩孔均需检验并做出记录，检验合格或经处理后方可进行夯填施工。

2）应随机抽样检测夯后桩长范围内灰土或土填料的平均压实系数 $\overline{\lambda}_c$，抽检的数量不应少于桩总数的1%，且不得少于9根。对灰土桩桩身强度有怀疑时，尚应检验消石灰与土的体积配合比。

3）应抽样检验处理深度内桩间土的平均挤密系数 $\overline{\eta}_c$，检测探井数不应少于总桩数的0.3%，且每项单体工程不得少于3个。

4）承载力检验应在成桩后14～28d后进行，检测数量不应少于总桩数的1%，且每项单体工程复合地基静载荷试验不应少于3点。

2. 振冲挤密地基

1）施工结束后，应间隔一定时间后方可进行质量检验。对粉质黏土地基间隔时间不宜少于21d，对粉土地基不宜少于14d，对砂土和杂填土地基，不宜少于7d。

2）施工质量的检验，对桩体可采用重型动力触探试验；对桩间土可采用标准贯入、静力触探、动力触探或其他原位测试等方法；对消除液化的地基检验应采用标准贯入试验。桩间土质量的检测位置应在等边三角形或正方形的中心。检验深度不应小于处理地基深度，检测数量不应少于桩孔总数的2%。

任务6　化学加固法

化学加固法是利用水泥浆液、黏土浆液或其他化学浆液，通过灌注压入、高压喷射或机械搅拌，使浆液与土颗粒胶结起来，以改善地基土的物理和力学性质的地基处理方法。

常用的化学加固法有水泥土搅拌桩和高压喷射注浆法两种方法。

水泥土搅拌桩的施工工艺分为浆液搅拌法（以下简称湿法）和粉体搅拌法（以下简称干法）。适用于处理正常固结的淤泥、淤泥质土、素填土、黏性土（软塑、可塑）、粉土（稍密、中密）、粉细砂（松散、中密）、中粗砂（松散、稍密）饱和黄土等土层。不适用于含大孤石或障碍物较多且不易清除的杂填土、欠固结的淤泥和淤泥质土、硬塑及坚硬的黏性土、密实的砂类土以及地下水渗流影响成桩质量的土层。

高压喷射注浆法是利用钻机把带有喷嘴的注浆管钻进至土层的预定位置后，以高压设备使浆液或水、气成为20～60MPa的高压射流从喷嘴中喷射出来，切割破坏土体，同时钻杆以一定速度渐渐向上提升，将浆液与土粒强制搅拌混合，浆液凝固后，在土中形成固结体，从而提高地基土的强度、降低压缩性或减小渗透性的地基处理方法。高压喷射注浆法形成的固结体形状与喷射流移动方向有关，一般分为旋转喷射（简称旋喷）、定向喷射（简称定喷）和摆动喷射（简称摆喷）三种形式。下面主要介绍旋喷桩。旋喷桩复合地基适用于处理淤泥、淤泥质土、黏性土（流塑、软塑和可塑）、粉土、砂土、黄土、素填土和碎石土等地基对土中含有较多的大直径块石、大量植物根茎和高含量的有机质，以及地下水流速较大的工程，应根据现场试验结果确定其适应性。

9.6.1　设计要点

1. 水泥土搅拌桩

1）设计前，应进行处理地基土的室内配比试验。针对现场拟处理地基土层的性质，选择合适的固化剂、外掺剂及其掺量，为设计提供不同龄期、不同配比的强度参数。对竖向承载的水泥土强度宜取90d龄期试块的立方体抗压强度平均值。

2）竖向承载搅拌桩的长度，应根据上部结构对地基承载力和变形的要求确定，并应穿透软弱土层到达地基承载力相对较高的土层；设置的搅拌桩同时为提高抗滑稳定性时，其桩长应超过危险滑弧以下不少于2.0m。

3）水泥土搅拌桩复合地基的承载力特征值应通过现场单桩或多桩复合地基静载荷试验确定。

4）桩的平面布置可根据上部结构特点及对地基承载力和变形的要求，采用柱状、壁状、格栅状或块状等加固形式。独立基础下的桩数不宜少于4根。

5）当搅拌桩处理范围以下存在软弱下卧层时，应按现行国家标准《建筑地基基础设计规范》（GB 50007—2011）的有关规定进行下卧层地基承载力验算。

2. 旋喷桩

1）高压旋喷桩方案确定后，应结合工程情况进行现场试验，确定施工参数及工艺。

2）旋喷桩复合地基宜在基础和桩顶之间设置褥垫层。褥垫层厚度可取150～300mm，其材料可选用中砂、粗砂和级配砂石等，最大粒径不宜大于20mm。褥垫层的夯填度不应大于0.9。

3）旋喷桩的平面布置可根据上部结构和基础形式确定。独立基础下的桩数不应少于4根。

4）旋喷桩加固体强度和直径，应通过现场试验确定。

5）旋喷桩复合地基承载力特征值和单桩竖向承载力特征值应通过现场载荷试验确定。初步设计时也可按规范有关公式确定。

6）当旋喷桩处理范围以下存在软弱下卧层时，应按现行国家标准《建筑地基基础设计规范》（GB 50007—2011）的有关规定进行下卧层承载力验算。

9.6.2 施工要求

1. 水泥土搅拌桩（图9-2a）

1）水泥土搅拌桩施工现场事先应予以平整，清除地上和地下的障碍物。

2）水泥土搅拌桩施工前应根据设计进行工艺性试桩，数量不得少于3根，多轴搅拌不得少于3组。应对工艺试桩的质量进行检验，确定施工参数

3）水泥土搅拌桩施工主要步骤应为：

① 搅拌机械就位、调平。

② 预搅下沉至设计加固深度。

③ 边喷浆（或粉）、边搅拌提升直至预定的停浆（或灰）面。

④ 重复搅拌下沉至设计加固深度。

⑤ 根据设计要求，喷浆（或粉）或仅搅拌提升直至预定的停浆（或灰）面。

⑥ 关闭搅拌机械。

在预（复）搅下沉时，也可采用喷浆（粉）的施工工艺，确保全桩长上下至少再重复搅拌一次。对地基土进行干法咬合加固时，如复搅困难，可采用慢速搅拌，保证搅拌的均匀性。

2. 旋喷桩（图9-2b）

1）旋喷桩施工，应根据工程需要和土质条件选用单管法、双管法和三管法。

2）施工前，应根据现场环境和地下埋设物的位置等情况，复核旋喷桩的设计孔位。

3）旋喷注浆，宜采用强度等级为42.5级的普通硅酸盐水泥，可根据需要可加入适量的外加剂及掺合料。外加剂和掺合料的用量，应通过试验确定。

4）旋喷桩的施工工艺及参数应根据土质条件、加固要求通过试验或根据工程经验确定，并在施工中严格加以控制，用浆量和提升速度应采用自动记录装置，并做好各项施工记录。

5）旋喷桩的施工工序为机具就位、贯入喷射管、喷射注浆、拔管和冲洗等。

6）喷射孔与高压注浆泵的距离不宜大于50m。钻孔位置的允许偏差应为±50mm。垂直度允许偏差应为±1%。

7）当喷射注浆管贯入土中，喷嘴达到设计标高时，即可喷射注浆。在喷射注浆参数达到规定值后，随即按旋喷的工艺要求，提升喷射管，由下而上旋转喷射注浆。喷射管分段提升的搭接长度不得小于100mm。

8）对需要局部扩大加固范围或提高强度的部位，可采用复喷措施。

9）在旋喷注浆过程中出现压力骤然下降、上升或冒浆异常时，应查明原因并及时采取措施。

10）旋喷注浆完毕，应迅速拔出喷射管。为防止浆液凝固收缩影响桩顶高程，可在原孔位采用冒浆回灌或第二次注浆等措施。

11）施工中应做好废泥浆处理，及时将泥浆运出或在现场短期堆放后作土方运出。

a）

b）

图9-2 化学加固法施工

a）水泥土搅拌法 b）高压旋喷注浆法

9.6.3 质量检验

1. 水泥土搅拌桩

1）施工过程中应随时检查施工记录和计量记录。

2）水泥土搅拌桩的施工质量检验可采用下列方法：

① 成桩3d内，采用轻型动力触探（N_{10}）检查上部桩身的均匀性，检验数量为施工总桩数的1%，且不少于3根；

② 成桩7d后，采用浅部开挖桩头进行检查，开挖深度宜超过停浆（灰）面下0.5m，检查搅拌的均匀性，量测成桩直径，检查数量不少于总桩数的5%。

3）静载荷试验宜在成桩28d后进行。水泥土搅拌桩复合地基承载力检验应采用复合地基静载荷试验和单桩静载荷试验，验收检验数量不少于总桩数的1%，复合地基静载荷试验数量不少于3台（多轴搅拌为3组）。

4）对变形有严格要求的工程，应在成桩28d后，采用双管单动取样器钻取芯样作水泥土抗压强度检验，检验数量为施工总桩数的0.5%，且不少于6点。

5）基槽开挖后，应检验桩位、桩数与桩顶桩身质量，如不符合设计要求，应采取有效补强措施。

2. 旋喷桩

1）旋喷桩可根据工程要求和当地经验采用开挖检查、钻孔、取芯、标准贯入试验、动力触探和静载荷试验等方法进行检验。

2）检验点应布置在下列部位：有代表性的桩位；施工中出现异常情况的部位；地基情况复杂，可能对旋喷桩质量产生影响的部位。

3）成桩质量检验点的数量不少于施工孔数的2%，并不应少于6点。

4）承载力检验宜在成桩28d后进行。

5）竣工验收时，旋喷桩复合地基承载力检验应采用复合地基静载荷试验和单桩静载荷试验。检验数量不得少于总桩数的1%，且每个单体工程复合地基静载荷试验的数量不得少于3台。

思考题

1. 地基处理的目的有哪些？
2. 试述换土垫层法的作用、适用的土质条件和质量检验方法。
3. 试说明强夯法的加固机理。
4. 预压固结法有哪几种加载方法，有什么不同？
5. 阐述挤密法和振冲法的工作原理。
6. 试述水泥土搅拌桩的适用土质条件和施工过程。

习题

1. 某工程采用换填垫层法处理地基，基底宽度为10m，基底下铺厚度为2.0m的灰土垫层，为了满足基础底面应力扩散要求，试求垫层底面宽度。

2. 某砖混结构条形基础（图9-3），基础及基础上土的加权平均重度$\gamma = 20.0\text{kN/m}^3$，作用在基础顶面的竖向荷载$F_k = 130\text{kN/m}$，土层分布：0~1.3m填土，$\gamma = 17.5\text{kN/m}^3$，承载力特征值$f_a = 150\text{kPa}$；1.3~7.8m淤泥质土，$w = 47.5\%$，$\gamma = 17.8\text{kN/m}^3$，$f_{ak} = 76\text{kPa}$，地下水位为0.8m。试设计换填垫层法处理地基（设砂垫层厚0.8m）。

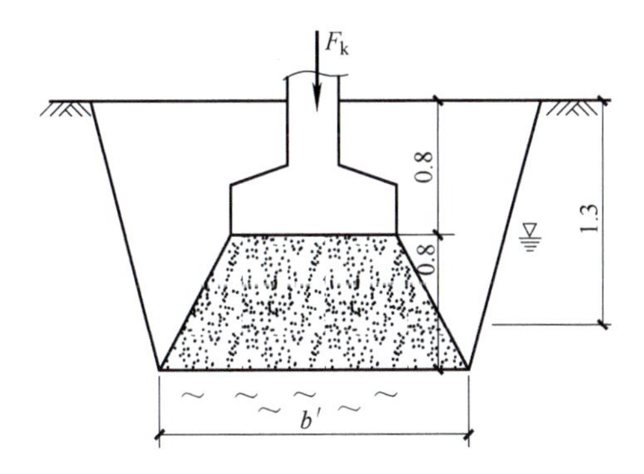

图9-3 习题2附图

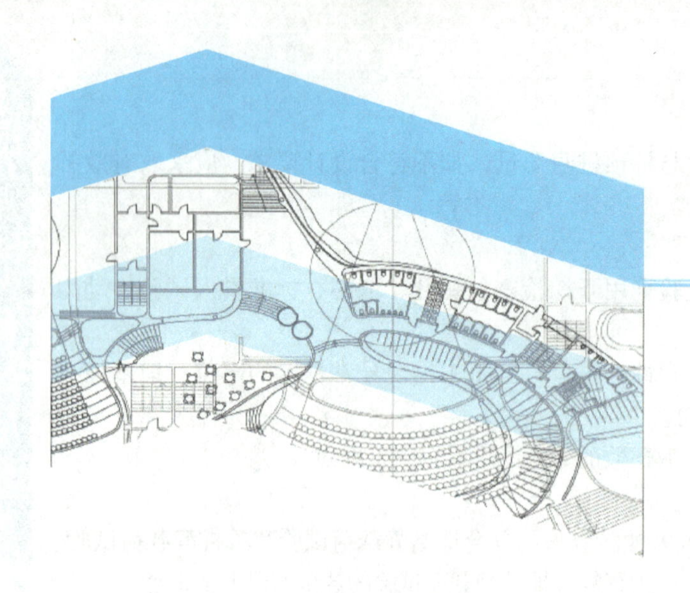

项目 10

土 工 试 验

土工试验是在学习了土力学理论的基础上进行的，它有利于培养学生动手能力、分析解决问题能力，是必不可少的教学环节。本项目介绍了几个常用的土工试验程序。

试验 1　含水率试验（烘干法）

一、试验目的

含水率是土中水的质量与土粒质量的比值，以百分数表示。测定土的含水率，以了解土的含水情况。含水率是计算土的孔隙比、液性指数、饱和度和其他物理力学性质指标不可缺少的一个基本指标，也是检测土工构筑物施工质量的指标。

二、试验方法

测定含水率的方法有烘干法、酒精燃烧法、炒干法等。本试验采用烘干法，将土样置于 105 ~ 110℃的电热烘箱中烘干至恒量。

三、仪器设备

（1）电热烘箱：采用电热烘箱或温度能保持在 105 ~ 110℃的其他能源烘箱。

（2）天平：称量 200g，分度值 0.01g。

（3）其他：干燥器、调土刀、称量盒等。

四、操作步骤

（1）称量湿土：选取具有代表性的试样 15 ~ 30g，放入称量盒内，立即盖好盒盖，称出盒与湿土的总质量，准确到 0.01g。

（2）烘干：打开盒盖，放入烘箱内，在温度 105 ~ 110℃下烘干至恒量。烘干时间对黏土、粉土不少于 8h；对砂类土不少于 6h。

（3）称重：将烘干试样从烘箱中取出，盖上盒盖放入干燥器内冷却至室温，称出盒与干土质量，准确至 0.01g。

五、计算公式

含水率的计算公式：

$$w = \frac{m_1 - m_2}{m_2 - m_0} \times 100\%$$

式中 w——含水率，准确至0.1%；

m_0——盒质量（g）；

m_1——盒加湿土质量（g）；

m_2——盒加干土质量（g）。

本试验需要进行两次平行测定，取其算术平均值，允许平行差值见表10-1。

表10-1 含水率测定的允许平行差值

含水率 w（%）	允许平行差值（%）
$w<10$	0.5
$10\leq w<40$	1
$w\geq 40$	2

六、试验记录

含水率试验记录表（烘干法），见表10-2。

表10-2 含水率试验记录表（烘干法）

工程名称__________ 试验日期__________

试样编号__________ 试验者__________

盒号	盒质量/g	盒加湿土质量/g	盒加干土质量/g	水分质量/g	干土质量/g	含水率（%）	平均含水率（%）

试验2 密度试验（环刀法）

一、试验目的

土的密度ρ是指土的单位体积质量，是土的基本物理性质指标之一。测定土的密度，以了解土的疏密和干湿状态，供换算土的其他物理性质指标和工程设计以及控制施工质量之用。

二、试验方法

密度试验方法有环刀法、蜡封法、灌水法和灌砂法等。对于细粒土，宜采用环刀法；对于易碎裂、难以切削的土，可用蜡封法；对于现场粗粒土，可用灌水法或灌砂法。环刀法是采用一定体积环刀切取土样并称土质量的方法，环刀内土的质量与体积之比即为土的密度。

三、仪器设备

（1）环刀：内径6~8cm，高2~3cm。

（2）天平：称量200g，最小分度值0.01g。

（3）其他：切土刀、钢丝锯、玻璃板、凡士林等。

四、操作步骤

（1）切取土样：称取环刀质量，并涂一薄层凡士林在环刀内壁。将环刀的刃口向下放在土样上，然后将环刀垂直下压，并用切土刀沿环刀外侧切削土样，边压边削使土样上端伸出环刀为止，然后用钢丝锯或切土刀将环刀两端的余土削平。

（2）称量土样：擦净环刀外壁，称出环刀和土的总质量。

五、计算公式

密度的计算公式：

$$\rho = \frac{m_1 - m_2}{V}$$

式中 ρ——密度，计算至 0.01g/cm³；

m_1——环刀加湿土质量（g）；

m_2——环刀质量（g）；

V——环刀体积（cm³）。

密度试验需进行两次平行测定，要求平行差值不得大于 0.03g/cm³，取两次试验结果的算术平均值。

六、试验记录

密度试验记录表（环刀法），见表 10-3。

表 10-3 密度试验记录表（环刀法）

工程名称________ 试验日期________

试样编号________ 试验者________

环刀号	环刀加湿土质量/g	环刀质量/g	湿土质量/g	环刀体积/cm³	密度/(g/cm³)	平均密度/(g/cm³)

试验 3 界限含水率试验（联合测定法）

一、试验目的

液限是指黏性土处于可塑状态与流动状态之间的界限含水率。

塑限是指黏性土处于半固态与可塑状态之间的界限含水率。

测定黏性土的液限 w_L 和塑限 w_P，以计算塑性指数 I_P 和液性指数 I_L，进行黏性土分类及判断黏性土的软硬程度，界限含水率是估计地基承载力的一个重要依据。

二、试验方法

液限、塑限联合测定法适用于粒径 $d \leqslant 5$mm，有机质含量≤试样干土总质量 5% 的土。试验是根据圆锥入土深度与其相应的含水率在双对数坐标上具有线性关系的特性来进行的。根据圆锥质量为 76g 的液塑限联合测定仪测得土在不同含水率时的圆锥入土深度，在对数坐标系中绘制其关系直线图，再在图上查得圆锥下沉深度为 17mm 所对应的含水率即为液限，查得圆锥下沉深度为 2mm 所对应的含水率即为塑限。

三、仪器设备

（1）液塑限联合测定仪：圆锥仪质量 76g，锥角 30°，如图 10-1 所示。

（2）天平：称量 200g，最小分度值 0.01g。

（3）其他：调土刀、不锈钢杯、凡士林、称量盒、烘箱、干燥器等。

四、操作步骤

（1）制备试样：当土样均匀时，采用天然含水率的土制备土样，取 250g；当土样不均匀

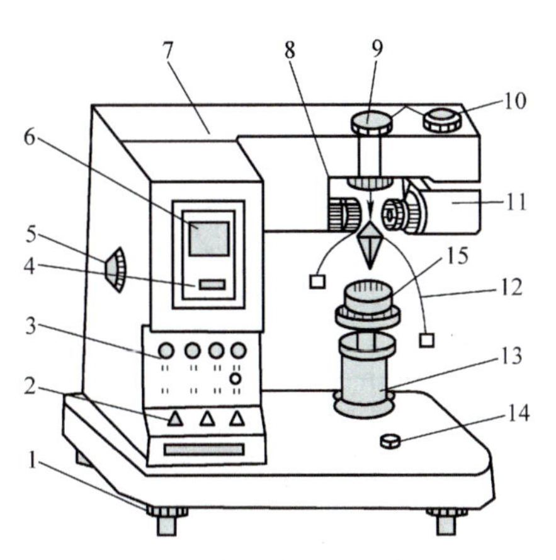

图 10-1　光电式液塑限联合测定仪

1—水平调节螺钉　2—控制开关　3—指示发光管　4—零线调节螺钉　5—反光镜调节螺钉　6—屏幕　7—机壳　8—物镜调节螺钉　9—电磁装置　10—光源调节螺钉　11—光源装置　12—圆锥仪　13—升降台　14—水平泡　15—盛土杯

时，采用风干土样，取通过0.5mm筛的代表性土样，取200g，将土样用纯水分别调成接近液限、塑限和两者中间状态的均匀土膏，分别放入调土皿，制备成3个试样，浸润24h。

（2）装土入试样杯：将土膏调拌均匀，分层密实填入试样杯中，填满后用刮土刀刮平表面。

（3）接通电源：将试样杯放在联合测定仪的升降台上，在圆锥仪锥尖上涂抹一薄层凡士林，接通电源，使电磁装置吸住圆锥仪。

（4）调节零线调节螺钉：将零线调节螺钉调到零位刻线处，调整升降台，使锥尖刚好与试样面接触，指示灯亮时圆锥仪在自重下沉入试样，经5s后测读圆锥下沉深度。

（5）测含水率：取出试样杯，挖去锥尖沉入土处的凡士林，取锥尖附近土样10～15g，放入称量盒，测定试样的含水率。

（6）重复以上步骤，测定其余两个试样的圆锥下沉深度和含水率。一般圆锥下沉深度宜为3～4mm、7～9mm、15～17mm。

五、计算与绘图

（1）计算各试样的含水率：

$$w=\frac{m_1-m_2}{m_2-m_0}\times 100\%$$

式中　w——含水率，准确至0.1%；

m_0——盒质量（g）；

m_1——盒加湿土质量（g）；

m_2——盒加干土质量（g）。

（2）以含水率为横坐标，圆锥下沉深度为纵坐标，在双对数坐标纸上绘制三个含水率与下沉深度关系曲线，三点应在一条直线上。当三点不在一直线上时，可通过高含水率的一点与其余两点连成两条直线，在下沉深度为2mm处查得相应的含水率。当两个含水率的差值≥2%时，应重做试验。当两个含水率的差值<2%时，以这两个含水率的平均值与高含水率的点连成一条直线。

（3）在圆锥下沉深度与含水率的关系图上，查得下沉深度为17mm所对应的含水率为液限；查得下沉深度为2mm所对应的含水率为塑限。

圆锥入土深度与含水率关系图，如图10-2所示。

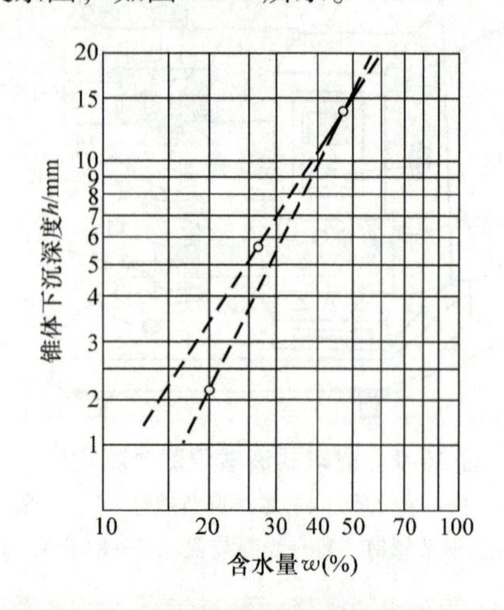

图10-2　圆锥下沉深度与含水率关系图

六、试验记录

液限，塑限联合试验记录表，见表10-4。

表10-4　液限、塑限联合试验记录表

工程名称________　　　　试验日期________

试样编号________　　　　试验者________

圆锥下沉深度/mm	盒号	盒质量/g	盒加湿土质量/g	盒加干土质量/g	水质量/g	干土质量/g	含水率(%)	液限(%)	塑限(%)

试验4　固结试验

一、试验目的

土的固结是指土体在压力作用下，压缩量随时间增长的过程。

试验目的是测定试样在侧限与轴向排水条件下的变形与压力关系曲线，确定土的压缩系数a和压缩模量E_s，判别土的压缩性和计算建筑物地基沉降量。

二、试验方法

在饱和土中，水具有流动性，在外力作用下沿着土中孔隙排出，从而引起土体积减小而发生压缩，试验时金属环刀及刚性护环限制土样不发生侧向变形，土样在压力作用下只能产生竖向压缩。

三、仪器设备

（1）固结仪：如图10-3所示，试样面积30cm²，高2cm。

（2）百分表：量程10mm，最小分度0.01mm。

（3）其他：修土刀、钢丝锯、电子天平、秒表等。

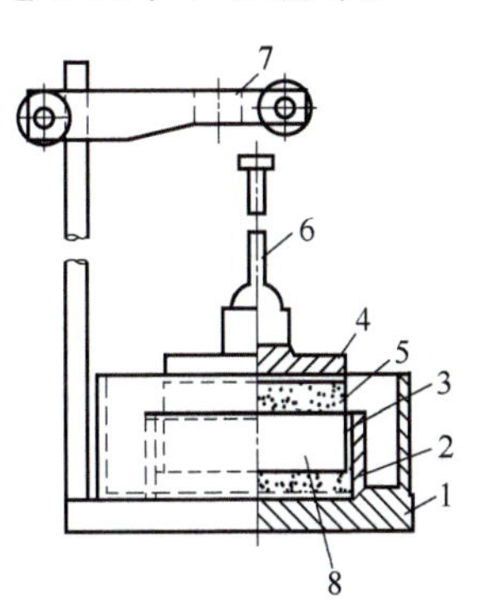

图10-3 固结仪示意图

1—水槽 2—护环 3—环刀 4—加压上盖 5—透水石 6—量表导杆 7—量表架 8—试样

四、操作步骤

（1）切取试样：根据工程需要，用环刀切取原状土样或制备所需状态的扰动土样。

（2）测定试样含水率：取削下的余土测定含水率，需要时对试样进行饱和。

（3）安装试样：在容器内顺次放上透水石、滤纸和护环，将装有试样的环刀刃口向下放入护环内，在试样上面依次放上滤纸、透水石和加压上盖。

（4）检查设备：检查加压设备是否灵敏，利用平衡砣调整杠杆，使之水平。

（5）安装量表：将装好试样的压缩容器放在加压台的正中，装上量表，调节小指针至整数位，大指针至零，调节量表杆头使其可伸长的长度不小于8mm，并检查量表是否灵活和垂直。

（6）施加预压：为确保压缩仪各部位接触良好，施加1kPa的预压荷载，然后调整量表读数至零处。

（7）加压观测：

① 去掉预压荷载，根据需要施加各压力，压力等级一般为12.5kPa、25kPa、50kPa、100kPa、200kPa、400kPa、800kPa、1600kPa、3200kPa。最后一级压力应大于上覆土层计算压力100~200kPa。

② 如为饱和试样，应在施加第一级荷重后，立即向容器中注满水。如为非饱和试样，需用湿棉纱围住加压盖板四周，避免水分蒸发。

③ 测记在每级压力下固结稳定后的量表读数，压缩稳定的标准是每级压力下固结24h，或量表读数每小时变化小于0.01mm认为稳定，测记压缩稳定读数后，加下一级荷重，依次加荷直至试验结束。

④ 试验结束后吸去容器中水，迅速拆除仪器各部件，取出试样，必要时测定试验后土的含水率。

五、计算及制图

（1）计算试样的初始孔隙比：

$$e_0 = \frac{d_s \rho_w (1 + w_0)}{\rho_0} - 1$$

（2）计算各级荷重下压缩稳定后的孔隙比 e_i：

$$e_i = e_0 - (1 + e_0)\frac{\Delta h_i}{h_0}$$

式中 d_s——土粒相对密度；

ρ_w——水的密度（g/cm^3）；

w_0——试样起始含水率（%）；

ρ_0——试样起始密度（g/cm^3）；

Δh_i——某一压力下试样固结稳定后的总变形量（mm）；

h_0——试样起始高度，即环刀高度（mm）。

（3）绘制压缩曲线。以孔隙比 e 为纵坐标，压力 p 为横坐标，绘制孔隙比与压力的关系曲线，如图 3-3 所示。

（4）按下式计算压缩系数 a_{1-2} 与压缩模量 E_s。

$$a_{1-2} = \frac{e_1 - e_2}{p_2 - p_1} \times 1000$$

$$E_s = \frac{1 + e_0}{a_{1-2}}$$

六、试验记录

固结试验记录表，见表 10-5。

表 10-5　固结试验记录表

工程名称________　　试验日期________　　试样编号________

试验者________　　试验面积________ cm^2　　土粒相对密度________

试验前试样高度 h_0________ mm　　试验前孔隙比 e_0________

压力历时	压力 p	量表读数	仪器变形量	试样变形量 Δh_i	单位沉降量 s_i	压缩后孔隙比
h	kPa	mm	mm	mm	$\Delta h_i/h_0$	$e_i = e_0 - (1 + e_0)\frac{\Delta h_i}{h_0}$
1	50					
1	100					
1	200					
1	400					

试验 5　土的剪切试验（快剪法）

一、试验目的

土的抗剪强度是指土体抵抗剪切破坏的极限能力。试验目的是测定土抗剪强度参数内摩擦角 φ 和黏聚力 c。

二、试验方法

通常采用 4 个试样为一组，分别在不同的垂直压力 σ 下，施加水平剪应力进行剪切，求得破坏时的剪应力 τ，然后根据库仑定律确定土的抗剪强度参数内摩擦角 φ 和黏聚力 c。

快剪试验是在试样上施加垂直压力后立即快速施加水平剪切力，以 0.8～1.2mm/min 的速率剪切，一般使试样在 3～5min 内剪破。快剪法适用于渗透系数小于 6～10cm/s 的细粒土，测定黏性土天然强度。

三、仪器设备

（1）应变控制式直接剪切仪：如图4-5所示，有剪切盒（水槽、上剪切盒、下剪切盒）、垂直加压框架、剪切传动装置及测力计等。

（2）其他：量表、环刀、塑料薄膜、砝码等。

四、操作步骤

（1）切取试样：按工程需要，用环刀切取原状土样或制备预定密度和含水率的扰动土样，每组试样至少四个。

（2）安装试样：对准上下盒，插入固定销钉。在下盒内放入透水石，上覆塑料薄膜一张。将装有试样的环刀平口向下，对准剪切盒，试样上放塑料薄膜一张，其上再放上透水石，用透水石将试样徐徐推入剪切盒内，移去环刀。

（3）施加垂直压力：转动手轮，使上盒前端钢珠刚好与测力计接触，调整测力计中的量表读数为零。顺次加上盖板、钢珠压力框架。土的四个试样，分别施加各级垂直压力，一般可取四个垂直压力分别为100kPa、200kPa、300kPa、400kPa。

（4）剪切试样：施加垂直压力后，立即拔出固定销钉，开动秒表，以4～6r/min的均匀速率旋转手轮。使试样在3～5min内剪损。如测力计中的量表指针不再前进，或有显著后退时，表示试样已经被剪破。一般宜剪至剪切变形达4mm，若量表指针再继续增加，则剪切变形应达6mm为止。手轮每转一圈，同时测记测力计量表读数，直到试样剪破为止。

（5）拆卸试样：剪切结束后，吸去剪切盒中的积水，倒转手轮，尽快移去垂直加压框架、上盖板，取出试样。

五、计算及制图

（1）按下式计算各级垂直压力下所测的抗剪强度：

$$\tau_f = CR$$

式中 τ_f——土的抗剪强度（kPa）；

C——测力计率定系数（kPa/0.01mm）；

R——测力计量表读数（0.01mm）。

（2）绘制 τ_f-σ 关系曲线。以垂直压力 σ 为横坐标，以抗剪强度 τ_f 为纵坐标，纵横坐标必须同一比例，根据图中各点绘制 τ_f-σ 关系曲线，该直线的倾角为土的内摩擦角 φ，该直线在纵轴上的截距为土的黏聚力 c，如图10-4所示。

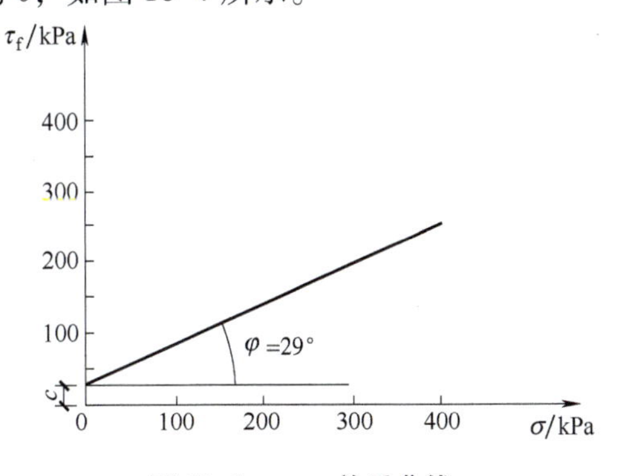

图10-4 τ_f-σ 关系曲线

六、试验记录

直接剪切试验记录表，见表10-6。

表10-6 直接剪切试验记录表

工程名称________ 试验日期________

试样编号________ 试验者________

试验方法 快剪 手轮转数 6r/min

仪 器 编 号	垂直压力 σ/kPa	量表读数 R	抗剪强度 τ_f/kPa
	100		
	200		
	300		
	400		

参考文献

[1] 中华人民共和国住房和城乡建设部. 岩土工程勘察规范（2009 年版）：GB 50021—2001［S］. 北京：中国建筑工业出版社，2009.
[2] 中华人民共和国住房和城乡建设部. 建筑地基基础设计规范：GB 50007—2011［S］. 北京：中国建筑工业出版社，2012.
[3] 中华人民共和国住房和城乡建设部. 混凝土结构设计规范：GB 50010—2010［S］. 北京：中国建筑工业出版社，2011.
[4] 中华人民共和国住房和城乡建设部. 建筑地基处理技术规范：JGJ 79—2012［S］. 北京：中国建筑工业出版社，2013.
[5] 中华人民共和国住房和城乡建设部. 建筑桩基技术规范：JGJ 94—2008［S］. 北京：中国建筑工业出版社，2008.
[6] 中华人民共和国水利部. 土工试验方法标准（2007 年版）：GB/T 50123—1999［S］. 北京：中国计划出版社，2008.
[7] 陈书申，陈晓平. 土力学与地基基础［M］. 武汉：武汉理工大学出版社，2015.
[8] 叶太炎. 土力学与地基基础［M］. 北京：北京大学出版社，2014.
[9] 李广信. 土力学［M］. 北京：清华大学出版社，2013.
[10] 肖先波. 地基与基础［M］. 上海：同济大学出版社，2009.
[11] 华南理工大学，浙江大学，湖南大学. 基础工程［M］. 北京：中国建筑工业出版社，2013.
[12] 赵树德，廖红建，王秀丽. 土力学［M］. 北京：高等教育出版社，2001.
[13] 陈希哲. 土力学地基基础［M］. 北京：清华大学出版社，1998.
[14] 杨小平. 土力学［M］. 广州：华南理工大学出版社，2001.